Mammutjäger in der Metro

William F. Allman arbeitet als Wissenschaftsjournalist für den *U.S. News and World Report* und berichtet vor allem über die Gebiete Anthropologie, Hirnforschung und menschliches Verhalten. Er lebt in Washington, D.C., und hat bereits mehrere Sachbücher veröffentlicht.

William F. Allman

Mammutjäger in der Metro

Wie das Erbe der Evolution unser Denken und Verhalten prägt

Aus dem Englischen übersetzt von Gerald Bosch

Spektrum Akademischer Verlag Heidelberg · Berlin

Originaltitel: The stone age present
Aus dem Englischen übersetzt von Gerald Bosch

Amerikanische Originalausgabe bei Simon and Schuster, New York

Die Deutsche Bibliothek – CIP-Einheitsaufnahme

Allman, William F.:
Mammutjäger in der Metro : wie das Erbe der Evolution unser Denken und Verhalten prägt / William F. Allman. Aus dem Engl. übers. von Gerald Bosch. – Heidelberg ; Berlin : Spektrum, Akad. Verl., 1999
Einheitssacht.: The stone age present ‹dt.›
ISBN 3-8274-0523-8

Lektorat: Frank Wigger, Marion Handgrätinger (Ass.)
Redaktion: Susanne Warmuth
Produktion: Myriam Nothacker, Brigitte Trageser
Einbandgestaltung: Kurt Bitsch, Birkenau
Druck und Verarbeitung: Franz Spiegel Buch, Ulm

Für Ryan Elizabeth und John Patrick

Gestern und Heute
sind beide im Morgen gegenwärtig,
gleich wie das Morgen im Gestern enthalten ist

T. S. Eliot

Inhalt

Vorwort

Für eine Behauptung ist es entscheidend, daß sie interessant erscheint, und weniger, daß sie der Wahrheit entspricht . . . Doch selbstverständlich ist eine wahre Behauptung in der Regel interessanter als eine, die nicht zutrifft.

Alfred North Whitehead

In vielerlei Hinsicht schreibe ich schon mein gesamtes Leben lang an diesem Buch. Bereits als Kind faszinierten mich alle Dinge, die mir zeigten, an welcher Stelle der Welt ich mich gerade befand. Ich starrte gebannt auf die Übersichtstafeln in Einkaufspassagen, die mir mit einem dicken Kreuz meinen eigenen „Standort" verrieten. Oder wenn ich während eines Floridaurlaubs einen Blick auf meine Karten warf, erfüllte mich der Gedanke, auf meiner Küstenwanderung nun gerade jene schwarze Linie entlangzumarschieren, welche die orangefarben dargestellte Halbinsel vom hellblauen Ozean trennte, mit einer besonderen Freude.

In der Geschichte der Menschheit ist die Wissenschaft der wohl ehrgeizigste Versuch einer Standortbestimmung. Genau wie jene Übersichtstafeln in den Einkaufspassagen versucht die Wissenschaft, uns zu zeigen, wo im Universum wir uns einzuordnen haben. Selbstverständlich ist die Wissenschaft weder mit dem Universum selbst identisch, noch liefert sie uns den einzigen Zugang zu dem, was sich „da draußen" abspielt. Doch sie vermittelt uns ein grundlegendes Ortsgefühl und damit womöglich eine ebenso tiefe Erfahrung wie irgendeine andere Form der Erkenntnis.

Meine Absicht beim Verfassen dieses Buches lag darin, eine Art Standortbestimmung für die Betrachtung jenes Objektes vorzunehmen, das wohl jedem besonders am Herzen liegt – nämlich des Menschen selbst. Der hohe Spezialisierungsgrad innerhalb der modernen Wissenschaft, die sich zudem in erheblichem Maße mit Anträgen für Fördermittel, internen Machtkämpfen und konträren Weltanschauungen befaßt, hat ein Bild von Wissenschaft entstehen lassen, das im Prinzip an eine Einkaufspassage erinnert: randvoll mit winzigen Läden und Boutiquen, die alle völlig unterschiedliche Waren anbieten und dem Kunden (manchmal) weismachen wollen, nur sie allein und niemand sonst böten in dieser Stadt Qualitätsprodukte an. Diese Kaufarkaden der wissenschaftlichen Erkenntnisse befinden sich zudem noch in einem fremden Land, in dem Dutzende von Sprachen gesprochen werden, unzählige fremde Sitten und Gebräuche zu beachten sind und viele „Waren" in unscheinbaren Verpackungen mit merkwürdigen Aufschriften angeboten werden.

Obgleich viele wissenschaftliche Ladenbesitzer dies nur sehr ungern eingestehen, handeln sie im Grunde genommen alle mit den gleichen Waren. Von der elektrischen Erregung einer Nervenzelle im Gehirn bis hin zu den Feinheiten unseres Gemeinschaftslebens, die wir Kultur nennen, läßt sich das menschliche Verhalten nur dann vollständig erklären, wenn sämtliche Erkenntnisse, die den Menschen betreffen – ob sie nun aus der Biologie, der Psychologie oder der Anthropologie stammen –, als Teile desselben Phänomens angesehen werden, welche fein ineinandergreifen. Während meiner bisherigen beruflichen Laufbahn habe ich mich mit vielen Wissensgebieten auseinandergesetzt, mit Hirnforschung, Psychologie, Kognitionswissenschaften, Informatik, Verhaltensbiologie, Linguistik, mit komplexen Systemen, mit Archäologie, Anthropologie sowie der Evolution des Menschen. Doch erst in den letzten Jahren ist mir allmählich bewußt geworden, daß sich diese Teilwissenschaften im Prinzip alle mit dem gleichen Thema beschäftigen, nämlich den Ursprüngen unseres Verhaltens. Die tägliche Praxis der modernen Wissenschaften hat dazu geführt, daß sich die einzelnen Forschungsbereiche immer weiter voneinander entfernt haben. Meine Absicht war es, sie wieder zusammenzubringen.

Die Folge war eine Flut von überraschenden Antworten auf die Fragen, wer wir sind und wie wir es wurden. Unser heutiges Verhalten hat seine Wurzeln in der Lebensweise unserer Ahnen aus der Steinzeit. Das relativ große Gehirn des Menschen entwickelte sich vor allem deshalb, weil unsere Vorfahren damals vor dem vielschichtigen Problem standen, miteinander umgehen zu müssen. Die entscheidende Anpassungsleistung unserer Art war weder die Jagd noch die Werkzeugentwicklung noch die Sprache, sondern vielmehr unser Kooperationsvermögen. Letztlich verdeutlichen die Ergebnisse meiner Arbeit, daß der beachtliche evolutionäre Erfolg des *Homo sapiens* auf einer Eigenschaft beruht, die von den meisten Menschen als selbstverständlich erachtet wird, tatsächlich jedoch bei den anderen Tieren dieses Planeten höchst selten vorkommt – wir können Freundschaften schließen.

Die weit auseinanderliegenden Felder der Erforschung des Menschen miteinander zu verbinden, wäre mir unmöglich gewesen, hätten mir nicht viele Wissenschaftler geholfen, indem sie mich bereitwillig in ihre Gedankenwelt einführten und mir geduldig – oft sogar stundenlang – ihre Vorstellungen erläuterten. Hierzu zählen Randy White, Steve Pinker, Paul Bloom, Margo Wilson, Martin Daly, David Buss, Don Symons, Robert Frank, Richard Leakey, Richard Klein, Donald Johanson, Napoleon Chagnon, Terrance D'Altroy, Craig Morris, Robert Tainter und viele andere. Besonders wichtig war die Unterstützung von Rick Potts, Robert Axelrod, Leda Cosmides und John Tooby, deren Ideen in vieler Hinsicht den Kern dieses Buches bilden. Selbstverständlich gehen sämtliche Fehler des Buches allein auf meine Unzulänglichkeit zurück.

Ich möchte hier auch all jenen Verlegern, Herausgebern und Lektoren danken, die mir während meiner beruflichen Karriere die Gelegenheit boten, Berichte zu veröffentlichen, in denen die menschliche Psyche und alltägliche Verhaltensweisen unter einem anderen Blickwinkel gesehen wurden. Eric Schrier, Alan Hammond, Steve Budiansky, Wray Herbert, Roger Rosenblatt, Mike Ruby und Merril McLouglin halfen mir, indem sie mir immer wieder Gelegenheit gaben, Kostproben einiger in diesem Buch dargestellter Thesen zu veröffentlichen. Christopher Ma, dessen Enthusiasmus für populärwissenschaftliche Veröffentlichungen schier unermüdlich ist, bin ich ganz besonders dankbar. Ferner möchte ich mich bei folgenden Personen bedanken: Sara Lippincott, Terry Monmaney, Paul Allman, Chris Nordlinger und Josh Horwitz, die den Text sorgfältig gelesen haben, Kristine Dahl, die mich andauernd bedrängte, dieses Buch zu schreiben, und ganz besonders Robert Asahina, dessen kritisches Auge als Lektor unschätzbar war.

Vor allem gilt mein Dank meiner Frau Patricia, ohne die dieses Buch niemals zustande gekommen wäre.

W. F. Allman

Einführung: Ein Verstand aus grauer Vorzeit – wie die Evolution unser heutiges Verhalten geformt hat

Nicht von ungefähr haben wir uns den wissenschaftlichen Namen *Homo sapiens sapiens*, also „der sehr weise Mensch“, gegeben. Ein völlig nackter, stumm und reglos dastehender Mensch zeigt noch starke Ähnlichkeit mit einem Vertreter der uns nahverwandten Primaten. Doch einmal „in Gang“ gesetzt, wird ein denkendes, planendes, fühlendes Wesen sichtbar, das sich grundsätzlich von allen anderen intelligenten Lebensformen dieses Planeten, wenn nicht sogar des Universums unterscheidet.

Der Mensch ist das aggressivste Tier der Erde – allerdings auch das Wesen mit der höchsten Kooperationsbereitschaft. Dank unserer technischen Fähigkeiten haben wir uns in allen Lebensräumen der Welt niedergelassen, von den eisigen Tundren der Arktis bis zu den dunstig-schwülen Regenwäldern am Äquator, von den Sandwüsten Afrikas bis zu den Betonwüsten New Yorks. Ob wir reden, Grimassen schneiden, gestikulieren und winken, auf und ab hüpfen, Saxophon spielen, Leinwand mit Ölfarbe bemalen, etwas auf Pergamentpapier kritzeln oder in den Computer eingeben, immer wird irgend jemand irgendwo, in einem abgeschiedenen Winkel des Globus oder auch Jahrhunderte später, verstehend mit dem Kopf nicken. Wir denken uns Welten aus, die es nicht gibt, lachen über völlig bedeutungslose Dinge und erfreuen uns an Bildern und Klängen, die in der Natur kein Gegenstück besitzen. Wir bieten wildfremden Menschen unsere Hand zum Gruß, verwöhnen unsere Freunde, binden uns fest an geliebte

Partner, verehren unsere Götter, bekämpfen unsere Feinde und betrauern unsere Toten. Wir sind selbstverständlich nicht die einzigen Lebewesen, die solche Verhaltensweisen zeigen. Doch während sie bei anderen Tieren, bildhaft ausgedrückt, einer einfachen Melodie entsprächen, müßte man menschliches Verhalten mit einem komplizierten Chorgesang gleichsetzen – wobei die Stimmen allerdings nicht immer perfekt harmonieren.

Doch woher stammt die Psyche, der Dirigent all unserer modernen Verhaltensweisen? Und wie bestimmen ihre frühzeitlichen Ursprünge auch heute noch maßgeblich unser Denken?

Jahrhundertelang waren diese Fragen die Domäne von Religion und Philosophie. Heute allerdings entwickelt sich ein völlig neues Verständnis von der Entstehung der menschlichen Psyche. Die Zahl der Anthropologen, Psychologen, Linguisten, Philosophen und anderer Wissenschaftler wächst, die einen grundlegenden Ansatz aus der Erforschung des Lebens auf der Erde – den Evolutionsgedanken – auf die Erforschung des menschlichen Geistes übertragen. Diese Wissenschaftler sind nicht etwa Sozialdarwinisten alter Schule, die überzeugt waren, das menschliche Verhalten sei genetisch fixiert und durch den Grundsatz vom „Überleben des Stärkeren" geprägt. Doch genausowenig hängen sie jener weitverbreiteten Lehrmeinung an, das Verhalten des Menschen sei fast ausschließlich Produkt des kulturellen Umfeldes, in dem er aufwachse, und somit formbar wie feuchter Ton und zufällig wie eine Sternschnuppe.

Statt dessen behaupten diese Forscher, die natürliche Selektion habe den Geist des Menschen im Laufe einer sehr langen Evolution auf die Lösung bestimmter Probleme programmiert, die für das Überleben unserer Vorfahren unerläßlich waren, und – das urzeitliche Erbe sei in unseren Köpfen heute noch lebendig. Niemand würde anzweifeln, daß Lunge und Magen in der Evolution zum Zweck der Sauerstoffaufnahme beziehungsweise Nahrungsverdauung entstanden sind. Warum sollte dann nicht auch der Geist auf spezielle Aufgaben ausgerichtet worden sein? Diese Aufgaben brauchen sich nicht zwangsläufig mit den täglichen Anforderungen an einen modernen Großstadtmenschen zu decken, der ja nur die Spitze des Eisbergs der menschlichen Evolution repräsentiert. Vielmehr sind Verstand und Psyche des Menschen in Reaktion auf jene alltäglichen Herausforderungen entstanden, mit denen unsere Vorfahren konfrontiert waren, die jahrtausendelang als Jäger und Sammler in kleinen Horden über die Savanne zogen.

Die Palette von Verhaltensweisen, die tief in unserer Geschichte verwurzelt sind, ist recht beachtlich: die Art, wie wir unsere Partner wählen, die Fähigkeit, in großen Gruppen zusammenzuleben, unsere Liebe zur Musik und unsere Vorstellungen von Schönheit, aber auch, daß wir über Treulosigkeit in Rage geraten oder uns gelegentlich gegen Menschen von anderem Aussehen feindselig verhalten – sogar die berüchtigte männliche Eigenheit, nie anhalten zu wollen, um nach dem Weg zu fragen, fällt in diese Sparte. Das gesamte Repertoire, das unser modernes Miteinander bestimmt, reicht bis in die Frühzeit der Menschheit zurück, als unsere Vorfahren in einer feindlichen Umwelt noch hart um ihr Überleben kämpfen mußten. Unabhängig von Kultur und technologischem Entwicklungsstand – ganz gleich, ob der einzelne als Buschmann die Savanne durchstreift oder als Astronaut den Mond umkreist – sind diese Denk- und Verhaltensschablonen bei jedem Inviduum Teil eines uralten Vermächtnisses, das auch heute noch eine wesentliche Komponente der Psyche und des Verhaltens des Menschen darstellt.

Obgleich dieser neue psychologische und ethologische Forschungsansatz noch in den Kinderschuhen steckt, wartet er schon mit einigen interessanten Erkenntnissen zum menschlichen Verhalten auf. So zeigen beispielsweise Untersuchungen zum Thema Sexualität und Partnerwahl, daß Frauen und Männer nicht nur biologisch verschieden sind, sondern sich ebenso deutlich in ihrer Psyche unterscheiden. Auf der ganzen Welt und in allen Kulturen sind Männern zum Beispiel an

Frauen ganz andere Dinge wichtig als umgekehrt. Männer und Frauen unterscheiden sich auch in der Art, wie sie um einen Partner werben, oder weswegen sie eifersüchtig reagieren. Die Ursachen hierfür liegen weit zurück in der Geschichte der Menschheit. Andere Untersuchungen belegen, daß unser Gehirn keineswegs als biologischer Universalcomputer fungiert, der mit jedem Problem gleich gut fertig wird; vielmehr brachte die Evolution ein Sondermodell hervor, das vor allem für knifflige Situationen, die für unsere Vorfahren lebensentscheidend waren (beispielsweise Gefahren zu vermeiden, Nahrung zu finden oder solche Menschen zu erwischen, die die sozialen Spielregeln unterlaufen), geeignet ist. Und in einer Reihe weiterer Studien zeigte sich, daß menschliche Gefühle, selbst Wutanfälle, keine bloßen animalischen, irrationalen Reaktionen auf eine bestimmte Situation darstellen. Vielmehr entwickelten sie sich als Instrumente, die dem Menschen bei der Navigation durch das komplexe Geflecht sozialer Beziehungen helfen, welche seit Jahrtausenden das menschliche Miteinander ausmachen.

Die wichtigste Erkenntnis der neuen Forschungsrichtung ist jedoch die Tatsache, daß die schwierigste, gefährlichste und lohnendste Herausforderung für unsere Vorfahren ihr *jeweiliges Gegenüber* darstellte. Paläoanthropologen haben unseren frühen Vorfahren lange Zeit als eine Art Robinson Crusoe beschrieben, der in einer fremden, abweisenden Umwelt in erster Linie Nahrung sowie ein Dach über dem Kopf finden mußte [1]. In Wirklichkeit bereitete jedoch nicht die Natur Robinson das größte Kopfzerbrechen, sondern vielmehr das Erscheinen seines Gefährten Freitag. »Wenn auch noch Freitags Freunde Montag, Dienstag, Mittwoch und Donnerstag aufgetaucht wären«, vermutet der Psychologe Nicholas Humphrey, einer der Pioniere der Erforschung „sozialer" Intelligenz, »hätte Robinson größte Mühe gehabt, einen klaren Kopf zu behalten.«

Diese Theorie über die Ursprünge der menschlichen Psyche entstand, als Paläoanthropologen und Archäologen bei ihren Ausgrabungen in Europa, Afrika und Asien Fossilien und Artefakte (bearbeitete Gegenstände) fanden, die das Alltagsleben der Frühmenschen (Eßgewohnheiten, Sozialgefüge, Technologien, Sprache und Kultur) in ein völlig neues Licht tauchen. Das Bild, das diese Forschung von unserem Vorfahren entwirft, mutet ganz anders an als die herkömmliche Vorstellung von dem merkwürdigen behaarten Vorläufermodell des modernen Menschen, die die Wissenschaft bis *dato* pflegte. Die neuen Erkenntnisse zeigen außerdem, daß der Erfolgskurs des *Homo sapiens sapiens* zu der Zeit, als die allerersten menschlichen Vorfahren von den Bäumen herabkletterten, keineswegs so vorgezeichnet war, wie man hätte vermuten können. Denn innerhalb der vergangenen drei Millionen Jahre gab es immerhin noch sechs weitere aufrecht gehende, intelligente, affenähnliche Wesen auf der Erde; einige von ihnen verschwanden erst vor 30 000 Jahren [2].

Die Relevanz dieser neuen Forschungsergebnisse besteht darin, daß der enorme Erfolg des heutigen Menschen nicht auf dem aufrechten Gang, einer besonderen Geschicklichkeit bei der Anfertigung von Werkzeugen oder gar der Befähigung zur Sprache beruht – schließlich gibt es eine Reihe von Tierarten, die dazu ansatzweise auch in der Lage sind. Vielmehr verbirgt sich der Schlüssel zur Erkenntnis, warum unsere Evolution so erfolgreich verlief und weshalb wir über ein Verhaltensrepertoire verfügen, das sich so grundlegend von dem aller anderen Lebewesen heute unterscheidet, in unseren einzigartigen sozialen Fähigkeiten.

Ein soziales Gehirn

Die außerordentlich knifflige Aufgabe, mit einer Vielzahl anderer Menschen auskommen zu müssen, war die Triebkraft für den gewaltigen Zuwachs, den das menschliche Gehirn im Verlauf der Jahrtausende erfuhr. Man braucht nicht besonders clever zu sein, um vor einem

Tiger Reißaus zu nehmen, ein sicheres Plätzchen zum Schlafen zu finden oder eine Banane zu pflücken – andere Tiere tun das ständig [3]. Doch mit einem Wesen handelseinig zu werden, das die gleichen geistigen Fähigkeiten besitzt, von dem man aber nicht weiß, ob es gute oder böse Absichten hat, das stellt enorme Anforderungen an die menschliche Psyche. Während der gesamten Evolution des Menschen bestand die größte Schwierigkeit, die ihm seine Umwelt auferlegte, darin, mit anderen Menschen, die genauso waren wie er selbst, zu kommunizieren: Mal mußte er Bündnisse schließen, mal verhandeln, mal ihnen Honig um den Bart schmieren oder mitunter auch drohen. Dabei manövrierte er sich durch ein soziales Umfeld, das ihm mehr oder weniger wohlgesonnen war, jedoch immer hohe Anforderungen stellte.

Eine Besonderheit, die das Gehirn zur Bewältigung dieses komplexen Soziallebens hervorbrachte, war die einzigartige Befähigung des Menschen zur Sprache. Sprache ist für den Menschen dermaßen wichtig, daß dieses Talent fest in unserer Hirnstruktur verankert ist: Jedem Mensch ist die Gabe angeboren, eine der 5 000 Sprachen, die heute auf der Welt verwendet werden, zu erlernen oder notfalls auch eine eigene Sprache zu erfinden. Sprache ist das universelle soziale Werkzeug, das es ermöglicht, soziale Beziehungen aus dem Hier und Jetzt herauszulösen: Zukünftige Taten können versprochen oder gar angedroht werden, Vergangenes oder Ereignisse, die in Abwesenheit geschehen sind, lassen sich berichten. Sprache dient außerdem dazu, das Verhalten jedes einzelnen Menschen zum Bestandteil des Gemeinschaftslebens zu machen: Gerüchte, Klatsch, Andeutungen und mündliche Berichte sind Teil einer sozialen Hotline, die uns hilft festzustellen (ohne daß wir die Erfahrungen selbst zu machen hätten), bei wem man sich einschmeicheln muß, wer bestochen werden will und wem man besser aus dem Weg gehen sollte [4].

Außer Sprache hält der Verstand noch eine Menge anderer Spezialwerkzeuge bereit, die dazu beitragen, das Räderwerk der sozialen

Beziehungen zu ölen. Einige Abschnitte des Gehirns reagieren beispielsweise auf Lächeln, Stirnrunzeln oder andere Stimmungssignale, die weltweit von allen Menschen verwendet und verstanden werden. Jüngeren Testergebnissen zufolge schaltet unser Verstand in bestimmten sozialen Situationen besser als beispielsweise bei der Lösung mathematischer Aufgaben oder logischer Probleme. Weiterhin können wir als einzige Lebewesen dieses Planeten vorhersagen, was andere Menschen denken. Wieder andere Untersuchungen machten deutlich, daß die physischen, emotionalen und gesellschaftlichen Faktoren, die entscheidenden Einfluß auf viele Bereiche des Lebens ausüben – Partnerwahl, geschlechtsspezifische Eifersuchtsreaktionen und Verhaltensweisen bei Untreue, die Domestizierung von Haustieren und Nutzpflanzen, die Fähigkeit, in einer komplexen Gesellschaft mit Regierenden und Gesetzen zu leben, ja selbst die Wertschätzung der Musik und der schönen Künste –, letztlich auf ein tiefgreifendes entwicklungsgeschichtliches Vermächtnis zurückgehen, dessen treibende Kraft die hohen Anforderungen eines sehr intensiven Soziallebens darstellen.

Während Evolution bisher gerne mit den Schlagworten „jeder gegen jeden“ oder „das Überleben des Stärkeren“ charakterisiert wurde, machen diese neuen Forschungsergebnisse deutlich, daß nette Menschen oftmals schneller ans Ziel gelangen. Der kontinuierliche Erfolg der Spezies *Homo sapiens* basiert letztlich auf dem Faktum, daß er das Lebewesen mit der höchsten *Kooperationsbereitschaft* ist. Wir Menschen knüpfen nicht nur mit Mitgliedern der eigenen Familien enge, langanhaltende Bande (ein Merkmal, das wir bei vielen Tierarten finden), sondern auch mit Menschen, die überhaupt nicht mit uns verwandt sind. Genauso wie die Frühmenschen der afrikanischen Savanne nehmen die Großstädter des ausgehenden 20. Jahrhunderts noch immer Kontakt mit anderen Menschen auf, die ihnen beim ersten Treffen völlig fremd sind. Daraus erwachsen langjährige Freundschaften oder sogar intime Paarbeziehungen, die für das Überleben der Art entscheidend sind.

Die lebenswichtige Fähigkeit des Menschen, Beziehungen aufbauen zu können, hat auch heute nicht an Bedeutung verloren – ob im Schlafzimmer oder im Büro, ob in einem entlegenen Winkel der Erde oder im Kiosk an der Ecke. Unser ganzes Leben lang müssen wir komplexe soziale Beziehungen zu anderen Menschen aufbauen, abbauen oder neu definieren. So entsteht ein großes soziales Netz aus Beziehungen zwischen Geschwistern, Eltern und Kindern, Ehepartnern, Arbeitskollegen, Nachbarn, Gemeinden, Regierungen und Nationen. Da wir gerne alles im Kontext sozialer Beziehungen sehen, neigen wir auch dazu, unser Verhältnis gegenüber nichtmenschlichen Wesen, leblosen Gegenständen und übernatürlichen Phänomenen zu vermenschlichen: Wir machen Katzen, Hunde, Pferde und andere Tiere zu Freunden, wir reden unseren Autos gut zu und streicheln liebevoll unsere Segeljachten; wir verfluchen den Regen, wenn er uns das Picknick verdirbt, und vereinen uns im Gelübde mit unseren Göttern.

Die Tatsache, daß unser heutiges Verhalten diese Altlast der Evolution mit sich herumschleppt, bedeutet aber nicht, daß dieses Vermächtnis im modernen Kontext auch zwangsläufig erwünscht, unvermeidbar oder unveränderlich ist. Unser Heißhunger auf Süßes beispielsweise spiegelt die Situation wider, daß süße, reife Früchte für die Frühmenschen eine energiereiche, wenn auch seltene Nahrungsquelle darstellten. In der heutigen Zeit, in der es Süßigkeiten und Schokolade im Übermaß gibt, bringt unser süßer Zahn jedoch nur Nachteile. Trotzdem können die meisten Menschen ihren Appetit auf Süßigkeiten ganz gut bremsen, und darüber hinaus gibt es Mittel und Wege, mit Hilfe von künstlichen Süßstoffen diese angeborene Verhaltensweise zu übertölpeln. Genauso wie wir warme Mäntel erfunden haben, weil uns die Evolution nur mit einem spärlichen Fell ausgestattet hat, kann die Erforschung der Ursprünge unseres Verhaltens zu sozialen „Erfindungen" beitragen – zum Beispiel in Form von Ernährungsrichtlinien, Gesetzen und gesellschaftlichen Normen, die uns wiederum bei der Orientierung in einer modernen Welt helfen, die von der unserer Vorfahren oft sehr verschieden ist.

Tatsächlich könnte man die heutige Welt auch als ungeplantes Experiment bezeichnen, dem unser Steinzeitgehirn unterzogen wird. Das psychologische Vermächtnis jener Tage, das in unseren heutigen Köpfen steckt, mag zwar den menschlichen Vorfahren, die in kleinen Jäger-und-Sammlerhorden lebten, ausgesprochen nützlich gewesen sein. Im 20. Jahrhundert mit seinen Fast-food-gemästeten, übervölkerten und anonymen Großstädten geht allerdings vieles davon verloren. Als die Menschen vor ein paar tausend Jahren zahlenmäßig so zugenommen hatten, daß sie begannen, erste Siedlungen und Städte zu gründen, waren sie plötzlich gezwungen, sich hinsichtlich Nahrungserwerb und Schutz auf wildfremde Menschen zu verlassen. Als Folge entstanden ein neues, soziales Umfeld, das sogar noch größere Risiken und verborgene Gefahren enthielt, und eine neue „kulturelle Evolution", die ihrerseits zu Gesetzen, Ritualen, Moral- und Wertvorstellungen sowie staatlicher Autorität führte, wobei letztere das soziale Gefüge dieser Gemeinschaft zusammenhielt. Gleichzeitig jedoch wurden die Menschen, die in komplexen Gemeinschaften leben, anfälliger für Phänomene wie Ausbeutung durch ihre Oberhäupter, Aggression zwischen Gruppen oder Unterdrückung durch Gruppen. Aus dem seßhaften Leben ergaben sich auch zunehmende Gesundheitsrisiken und Umweltprobleme. Deshalb glauben einige Wissenschaftler, daß die moderne Zivilisation trotz all ihrer Vorteile vielleicht doch nicht so gut für den *Homo sapiens* ist.

Die Frage, wie wir Menschen die Herausforderungen der modernen Gesellschaft meistern können, läßt die Suche nach den Ursprüngen menschlichen Verhaltens nicht mehr rein akademisch erscheinen. Immerhin steht hier mehr auf dem Spiel als, sagen wir, bei der Evolution von Igeln oder Apfelbäumen. Wie so viele Geschichten über die Ursprünge von Kultur und Wissen soll auch unsere Darstellung der menschlichen Evolution nicht nur aus einer Auflistung wissenschaftlicher Fakten bestehen, sondern gleichzeitig daran erinnern, daß wir ein Teil der Natur sind [5]. Wir mögen zwar die intelligentesten, gefährlichsten und kooperativsten Lebewesen sein, stellen aber keinesfalls den Endpunkt der unendlichen Geschichte des Lebens auf der Erde dar. Die Evolution unserer Art ist noch nicht abgeschlossen; wir erfinden unser Leben jeden Tag neu und gestalten die Welt um uns herum – das letzte Kapitel muß erst noch geschrieben werden. So gesehen ist es lebenswichtig, jenes Vermächtnis der Evolution, das auch heute noch das menschliche Verhalten beeinflußt, zu verstehen; denn dieses Wissen wird zweifellos eine wesentliche Rolle für das zukünftige Überleben des Menschen spielen.

1. Der Sturm auf die Festung

Niemand, der sich ernsthaft mit menschlichem Verhalten befaßt, wird abstreiten wollen, daß die Biologie im Laufe der Evolution unser kulturelles Leben in starkem Maße geprägt hat. Uns beschäftigt nicht die Frage, ob, sondern wie die Biologie uns beeinflußt [6].

Stephen Jay Gould

Trotz der enormen Komplexität und Vielfalt des menschlichen Verhaltens – oder vielleicht gerade deswegen – ignorieren die meisten Wissenschaftler, die seine Grundlagen erforschen, die fundamentale Frage, wie es überhaupt entstanden ist. Sicherlich hat die Natur – so nimmt man gemeinhin an – eine gewichtige Rolle bei der Größenzunahme des frühmenschlichen Gehirns gespielt, doch unser Verhalten im Alltag wird wesentlich stärker von den Einflüssen geprägt, die Umfeld oder Milieu auf dieses Gehirn ausüben. Für die meisten Sozialwissenschaftler ist das Gehirn zunächst ein unbeschriebenes Blatt, quasi eine Art Universalcomputer, der nur darauf wartet, von seiner Umwelt, der Kultur, programmiert zu werden. »Die Anthropologen gingen stets davon aus, daß die Evolution den Menschen bis zur Schwelle der Moderne gebracht und dort abgesetzt habe«, meint der Anthropologe Irven DeVore von der Harvard-Universität. »Anschließend habe dann die *Kultur* die Formung des menschlichen Verhaltens übernommen.« [7]

Tatsächlich jedoch wirken *Natur* und *Milieu* Hand in Hand, um unser Verhalten entstehen zu lassen. Immer mehr Wissenschaftler finden Belege dafür, daß die Grundlagen unseres alltäglichen Verhaltens – ganz gleich, ob es dabei um Sexualität, Kommunikation, Kooperativität oder Aggression geht – im Laufe der Jahrtausende durch die

Evolution zustande kamen und daß dieses steinzeitliche Erbe auch heute noch unser Leben prägt.

Diese Forscher behaupten, man könne unmöglich die Arbeitsweise des Verstandes nachvollziehen, ohne grundsätzlich seinen entwicklungsgeschichtlichen Sinn und Zweck hinterfragt zu haben. Leda Cosmides von der Universität von Kalifornien, die sich und Kollegen mit ähnlichen Ansichten als „Evolutionspsychologen" bezeichnet, erläutert das Problem an einem Beispiel: »Angenommen, Sie werden als außerirdischer Wissenschaftler auf eine Expedition zur Erde geschickt und hier zum ersten Mal mit einem Toaster konfrontiert. Sicherlich werden Sie eine Menge über das Gerät lernen, wenn Sie es auseinandernehmen, an seinem Kabel von einem Ast herabbaumeln lassen oder in eine volle Badewanne werfen. Ihre Bemühungen aber, die Arbeitsweise des Toasters zu verstehen, würden gewiß enorm davon profitieren, wenn Sie wüßten, daß man mit einem solchen Gerät *Brot röstet.*« [8] Analog dazu kann unser Verständnis menschlichen Verhaltens stark von der Erkenntnis profitieren, daß sich der Verstand in der Evolution ähnlich wie Lunge, Magen und andere Organe entwickelt hat, um bestimmte Aufgaben zu lösen, die für unsere Vorfahren einst überlebenswichtig waren. »Den Verstand begreifen zu wollen, ohne vorher seine *Funktion* zu verstehen, ähnelt dem Versuch, eine Horde Schimpansen wild auf Schreibmaschinen einhämmern zu lassen, um so an Shakespeares Gesamtwerke zu gelangen«, meint Cosmides.

Die Vorstellung, daß Menschen – wie alle anderen Tiere – in bestimmten Situationen (zum Beispiel bei Gefahr, der Aufteilung von Nahrung, der Partnerwahl und so weiter) einheitliche, arttypische und charakteristische Verhaltensreaktionen zeigen, steht im Gegensatz zur gängigen Lehrmeinung innerhalb der Sozialwissenschaften. »Die Anthropologen sind felsenfest davon überzeugt, daß jeder Mensch eine Entität darstellt, die passiv Kultur aufnimmt – und das ist das einzige, was wir alle gemeinsam haben«, meint der Anthropologe John Tooby, der mit Cosmides verheiratet und ebenfalls ein Vorreiter der neuen

Forschungsrichtung ist. »*Alles* übrige gilt als völlig variabel, da auch jede Kultur völlig unabhängig und unterschiedlich ist.« Die Evolutionspsychologen behaupten nun, für alle Menschen gäbe es kulturunabhängige psychologische Grundmuster. »Wenn wir beispielsweise Bilder von chinesischen Panzern auf dem Platz des Himmlischen Friedens, von einer Hungersnot in Afrika oder von sterbenden Kindern in einem fernen Land sehen, fragen wir uns nicht, ob wohl diese Menschen die gemachten Erfahrungen aufgrund ihrer andersartigen Kultur anders interpretieren«, meint Tooby. »Oh nein, wir sehen, was passiert, und wir verstehen „als Menschen", was diesen anderen Menschen gerade widerfährt.«

Fehlstarts und Sackgassen

Die Evolutionstheorie dürfte unter anderem auch deshalb aus der Erforschung von Geist und Verstand verbannt worden sein, weil mehrere Versuche, Darwins Theorie in die Untersuchung menschlichen Verhaltens zu integrieren, in der Vergangenheit katastrophal endeten. Zwar hatte die Biologie bereits lange vor Darwin zur Rechtfertigung von Rassismus, Unterdrückung und Ausbeutung herhalten müssen. Doch in der vom Kolonialismus geprägten Welt des ausgehenden 19. Jahrhunderts zog Darwins Theorie von der Evolution durch natürliche Selektion eine Menge Menschen an. Viele führende Anthropologen jener Zeit sahen primitive Kulturen mit niedrigem Technologiestand als Überbleibsel einer fernen Vergangenheit an, deren Los zwangsläufig darin bestand, von „höher entwickelten" Zivilisationen hinweggefegt zu werden. Tatsächlich war es der Sozialdarwinist Herbert Spencer, nicht Darwin, der den Slogan vom „Überleben des Stärkeren" (*survival of the fittest*) prägte – ein Schlagwort, mit dem er den Aufstieg reicher Eliteschichten und die Ausbeutung der Armen rechtfertigte.

Die These, daß Intelligenz und andere Eigenschaften von Mitgliedern sogenannter fortschrittlicher Gesellschaften auf den höheren Evolutionsgrad bestimmter Rassen zurückgehen, ließ dann die „Eugenikbewegung" entstehen, in der sich prominente Wissenschaftler dafür einsetzten, die Reinheit ihrer Rassen vor einer genetischen Durchmischung zu schützen [9]. Zu Beginn dieses Jahrhunderts erließen mehrere US-Bundesstaaten Gesetze, wonach die Sterilisation „unerwünschter Personen" erlaubt war [10], wenn diese, wie etwa in einem Dekret des Bundesstaates Kalifornien formuliert wurde, »psychisch labil« waren. Deutsche Wissenschaftler stellten Jahre vor dem Aufkommen des Nationalsozialismus die Fortschritte der amerikanischen Eugenikbewegung als einen beispielhaften Versuch dar, die Rassen rein zu erhalten.

Diese Ideen, die heute unerhört, wenn nicht sogar verbrecherisch erscheinen, dienen als warnendes Beispiel für die Gefahren, die im Mißbrauch von Wissenschaft für soziale und politische Ziele liegen. Sozialdarwinisten und Eugeniker waren keine wissenschaftlichen Randgruppen, sondern repräsentierten die damalige wissenschaftliche Denkweise. Sich selbst sahen diese Forscher als Weltverbesserer mit lauteren Absichten, die eine neue, bessere Menschheit formen, Gleichheit schaffen und die Menschen aus den Fesseln alter Denkstrukturen befreien wollten. In dieser Hinsicht unterschieden sie sich in keinster Weise von den vielen Frömmlern, Diktatoren und Vorkämpfern für soziale und politische Veränderungen, die es vor ihnen gegeben hat – und die es in anderer Form auch heute gibt. Dieser Ideologie wurde zum Teil deshalb soviel Gewicht beigemessen, weil sie von führenden Wissenschaftlern unterstützt wurde – eine Tradition, die sich bis heute fortsetzt, wenn auch mit anderen, allerdings oft nicht weniger diktatorischen Vorstellungen, wie die Gesellschaft zu ihrem Vorteil verändert werden könne. Die Evolutionstheorie wurde auch keineswegs nur von Frühkapitalisten und Faschisten zur Unterstützung ihrer sozialen Theorien herangezogen. Auch Marx und Engels beispielsweise sahen einfache Agrargesellschaften als primitive „Relikte“ der Entwicklungsgeschichte an.

Kultur als losgelöstes Phänomen

Zu Beginn des 20. Jahrhunderts erhoben sich laute Proteste gegen den Versuch, die verschiedenen Kulturen der Welt aufgrund ihres Entwicklungsgrades zu klassifizieren. Der Anthropologe Franz Boas, Begründer der „amerikanischen Schule“ in der Anthropologie, lehnte die sich auf die Evolutionslehre berufenden Trends in der damaligen Lehrmeinung mit der Begründung ab, daß die Mitglieder sogenannter primitiver Gesellschaften genausogut denken konnten wie Menschen aus sehr hochentwickelten Kulturkreisen. Als überzeugter Antirassist sträubte sich Boas dagegen, eine bestimmte Kultur als Entwicklungsstufe einer nach oben offenen Intelligenzleiter zu sehen. Statt dessen versuchten er und seine Schüler, zu denen unter anderem auch Margaret Mead zählte, jede Kultur individuell, losgelöst von anderen Kulturen und Zivilisationen, zu begreifen. Boas und seine Anhänger betrieben vor allem Feldforschung, und sie beschrieben einzelne Gesellschaften bis ins Detail. Dabei hoben sie weniger deren Gemeinsamkeiten als vielmehr ihre Unterschiede zu anderen Gesellschaften hervor. Außerdem versuchten sie, die Kultur einer Gesellschaft als Einheit zu verstehen, die völlig von Verstand, Biologie und Rasse ihrer Mitglieder losgelöst ist.

Boas begründete einen inzwischen tief verwurzelten Forschungsansatz, der sich heute in den Arbeiten führender Anthropologen wie Marvin Harris, Marshall Sahlins und Clifford Geertz fortsetzt [11]. Diese und andere moderne Anthropologen stehen für eine Forschungsrichtung, die auf drei Grundthesen bezüglich der natürlichen Selektion beruht: Kultur ist eine unabhängige Größe und kann nicht als bloße biologische oder psychologische Manifestation verstanden werden. Kultur verläuft willkürlich und kann innerhalb einer Gesellschaft unzählige Formvariationen annehmen. Und letztlich: Menschliches Verhalten wird grundsätzlich durch Kultur, und nicht etwa durch Biologie oder Genetik, bestimmt [12].

Die Behauptung der Boas-Schule, Biologie übe keinen Einfluß auf die Kultur aus, trug erfolgreich dazu bei, die unrichtigen, fehlgeleiteten und rassistischen Thesen, wonach eine Rasse oder Kultur entwicklungsgeschichtlich über einer anderen stehe, über den Haufen zu werfen. Nichtsdestotrotz stritten diese Wissenschaftler mit falschen Argumenten für die richtige Sache, und sie schütteten letzten Endes Darwins Kind zusammen mit dem Bade aus. Sicherlich steht keine Kultur auf einer höheren Stufe der Evolution als eine andere – allerdings nicht etwa deshalb, weil sie willkürlich, unbegrenzt variabel und von der Biologie losgelöst ist, wie die meisten Anthropologen glauben. Der eigentliche Grund besteht vielmehr darin, daß trotz aller überlagerter Unterschiedlichkeit die biologischen, psychischen und – letztlich auch – kulturellen Grundlagen bei allen Menschen die *gleichen* sind. Eine einzelne Gesellschaft kann unmöglich kulturell auf einer höheren Entwicklungsstufe als eine andere stehen, weil ihre Kultur nämlich immer eng mit der biologischen und psychischen Basis jedes einzelnen Mitgliedes verwoben ist. Diese Grundlagen stehen bei allen menschlichen Individuen und Gruppen auf dem gleichen Evolutionsniveau.

Ein lernfähiges Gehirn

Mit ihrer These, das menschliche Verhalten könne nur unter Berücksichtigung der Evolution voll verstanden werden, bieten die Evolutionspsychologen nun einen völlig neuen Lösungsansatz, um den menschlichen Verstand zu begreifen. Viele Menschen (Wissenschaftler, Fachautoren und -journalisten, aber auch Laien) glauben nach wie vor an jene fehlgeleitete, überholte und falsche Unterscheidung zwischen Natur und Milieu, Umwelt und Erbe, die seit Jahrzehnten in den Sozialwissenschaften umhergeistert. Das heißt, sie halten noch immer an der naiven Vorstellung fest, Verhalten werde entweder durch Kultur oder Sozialisierungsprozesse „erlernt" oder es sei als fester Bestandteil der menschlichen Natur sozusagen „in den Genen fixiert" und folglich gegenüber kulturellen Einflüssen immun. Daher sprechen Soziobiologen gerne davon, wie unsere Natur von der Kultur „in Schach gehalten" wird. Im Gegenzug behaupten Sozialwissenschaftler, daß beispielsweise bestimmte Stereotypen im männlichen beziehungsweise weiblichen Verhalten nur deshalb zustande kämen, weil die Menschen unter dem Diktat des Milieus (ihrer Kultur) dahingehend „sozialisiert" würden, sich so zu verhalten – was natürlich automatisch impliziert, daß Männer und Frauen theoretisch aus dem gleichen Grunde auch genau andersherum sozialisiert werden könnten.

Diese Ansichten sind das Ergebnis einer völlig falschen Vorstellung davon, was Gene tun. So kann man die zunächst einfach erscheinende Frage „Steckt diese Verhaltensweise in den Genen?" in der Tat unterschiedlich auslegen und beantworten. Die erste Antwort lautet, daß *sämtliche* Verhaltensweisen auf einer sehr grundlegenden Ebene genetisch bedingt sind; schließlich gäbe es ohne Gene kein Gehirn, folglich auch kein Verhalten. Dann gibt es Fragen der Art, ob die unterschiedlichen Verhaltensweisen zweier Personen darauf zurückzuführen sind, daß der eine Mensch das Gen für ein bestimmtes Verhalten besitzt, der andere jedoch nicht. Selbstverständlich gibt es in Teilbereichen des menschlichen Genoms individuelle Unterschiede, weshalb beispielsweise Hans eine große Nase besitzt, während Peters Nase klein ist. Doch obwohl diese genetischen Unterschiede bestehen, haben sie nichts mit Evolution zu tun. Vielmehr ist der Umstand, *überhaupt eine Nase zu besitzen*, von entwicklungsgeschichtlicher Relevanz, und so finden wir auch bei jedem Menschen Gene, die für die Anlage einer Nase sorgen – wobei es aus evolutionärer Sicht völlig gleichgültig ist, ob diese Nase groß oder klein ist. Weiterhin greifen manche Menschen gern auf die Formulierung zurück, ein bestimmtes Verhalten stecke „in den Genen", wenn sie ein bestimmtes Verhalten beschreiben wollen, das in ihren Augen vorherbestimmt und unvermeidlich ist: Wenn sich beispielsweise jemand ganz anders verhält, als seine Erziehung erwarten läßt, oder wenn sich wiederum gleiches Verhalten unabhängig von der Kultur oder Umgebung beobachten läßt. »Unserer Ansicht nach gibt es so etwas nicht«, behauptet Tooby. »Gene spielen immer und überall mit, doch das gilt auch für das Umfeld. Im Grunde genommen reduziert sich die gesamte Erbe-oder-Umwelt-Debatte darauf, daß es im Gehirn nach Ansicht der Evolutionspsychologen Hunderte von Fähigkeiten gibt, die für bestimmte Sonderaufgaben programmiert wurden. Die klassischen Sozialwissenschaftler hingegen gehen von einem allgemeineren Mechanismus aus, der ebenfalls angeboren ist (wobei sie den Begriff „angeboren" selbstverständlich nicht verwenden) und so etwas wie eine universelle Lernvorrichtung darstellt.«

Zu den bedeutendsten Mißverständnissen in dieser Debatte zählt die Auffassung, daß ein von der *Evolution* hervorgebrachtes Verhalten als „angeboren" oder „vorherbestimmt" betrachtet wird, während *erlernte* Verhaltensweisen automatisch als „flexibel", „veränderlich" und letztlich sogar als „verbesserungsfähig" gelten. Den Begriff eines beliebig formbaren menschlichen Verstandes finden – wie schon die Sozialdarwinisten der Vergangenheit – besonders diejenigen sehr attraktiv, die wissenschaftliche Erkenntnisse für politische und soziale Zwecke verwenden wollen. In einer von Konkurrenzkampf und Ungleichheit gezeichneten Welt ließe sich das menschliche Verhalten über einen so leicht manipulierbaren Verstand, der von der Gesellschaft auf beliebige Normen „programmiert" werden kann, letzten Endes auch durch Gesetze, Aufklärung und soziale Revolution verbessern. Selbstverständlich ist diese Manipulation am menschlichen

Sozialverhalten nur eine weitere Variante der Orwellschen Zukunftsvision: So bezeichnete der bekannte amerikanische Linguist Noam Chomsky das *Tabula rasa*-Modell des menschlichen Verstandes irgendwann einmal als »Wunschtraum eines totalitären Politikers« [13].

Tatsächlich jedoch stellen die Begriffe *erlernt* und *ererbt* keine Gegensätze dar. Die Lernfähigkeit ist *ebenfalls* ein angeborenes, ererbtes Merkmal innerhalb der biologischen Grenzen des jeweiligen Gehirns [14]. Auf ähnliche Weise, wie sich die Gestalt eines Menschen zunächst nach seinem genetischen Bauplan entwickelt, dann aber durch Ernährung und körperliche Belastungen geformt und verändert wird, entsteht auch seine Psyche aus dem untrennbaren Zusammenwirken von Evolution und Umwelt. »*Jedes Detail*«, so Cosmides und Tooby, »von den feinsten Nuancen in Richard Strauss' letzter Aufführung von Beethovens Fünfter bis zur Menge an Kalziumionen, die er bei seiner Geburt in den Knochen hatte, wird vollständig und zu gleichen Anteilen von Genom und Umwelt mitbestimmt.« Unsere genetisch fixierten geistigen Fähigkeiten entwickeln sich also im Rahmen ihres kulturellen Umfeldes, das wiederum festlegt, wie und in welchem Ausmaß diese Gene umgesetzt werden. Ein ererbter geistiger Mechanismus ermöglicht es einem Kind, sprechen zu lernen; Kultur und Umfeld, in denen das Kind aufwächst, legen jedoch fest, ob es Deutsch, Englisch, Indonesisch oder Kisuaheli sprechen wird.

Da demnach das gesamte Verhaltensrepertoire des Menschen auf der einzigartigen Biologie seines Gehirns beruht, steckt das Problem nicht in der Beantwortung der Streitfrage, ob die Natur (in Form der Gene) oder aber die Umwelt ausschlaggebende Faktoren sind. Viel interessanter ist die Frage, durch welche „natürlichen“ Parameter der Mensch genau zum Kulturwesen wird. Nach Auffassung vieler Anthropologen und Psychologen entspricht die Natur des menschlichen Verstandes, so Cosmides, »einem Stück Wachs, dem die Umwelt der betreffenden Person seinen Stempel aufdrückt«. Für diese Wissenschaftler ist das Gehirn wie ein Universalcomputer, auf dem – je nach

Vorgaben durch die entsprechende Gesellschaft – viele unterschiedliche Kultur-Softwareprogramme installiert werden können. Schließlich kann man auf einem Computer, der beispielsweise zur Abwicklung von Gehaltsabrechnungen angeschafft wurde, auch Krankengeschichten auswerten, den Bauplan eines Sportwagens entwerfen oder eine Runde Tetris spielen [15]. Wenn man das Bild vom Hirn als Computer gebrauchen will, müßte man es demnach als eine andere Art von Universalrechner bezeichnen – einen, der von der Kultur programmiert wurde.

Dieser Vergleich hinkt allerdings gewaltig: Eine Software, die als Finanzbuchhaltungsprogramm erstellt wurde, kann nicht von sich aus gleichzeitig Tetris spielen. Für jede neue Aufgabe muß ein Computer mit entsprechenden Regeln und Handlungsanweisungen *neu programmiert* werden. Und während es ein Leichtes ist, verschiedene Softwareprogramme auf einem künstlichen Rechner einzulesen, enthält das menschliche Computergehirn keine Schalter, über die man neue Funktionen aufrufen kann – das Gehirn muß selbst *lernen*, wie diese Aufgaben auszuführen sind. Manche Lernprozesse laufen auch über detaillierte Gebrauchsanweisungen ab – wie man beispielsweise einen platten Reifen wechselt, Bewerbungen schreibt oder Risotto kocht. In den überwiegenden Fällen lernt der Mensch alles Lebensnotwendige (zum Beispiel Sprache, Sozialverhalten oder die Entwicklung des Ich-Bewußtseins) über Beobachtung und Erfahrung. Für diese Erfahrungsschätze gibt es typischerweise keine ausführliche Unterweisung. Demnach besteht das eigentliche Problem im Verständnis des menschlichen Verhaltens darin, ob es theoretisch möglich ist, einen Computer zu entwickeln, der *lernt*, Aufgaben wie Finanzbuchhaltung, Datenanalyse und Computerspiele zu beherrschen, *allein indem er Beispiele in seinem Umfeld beobachtet*. Einen solchen Computer gibt es heute nicht.

Und es ist unwahrscheinlich, daß unser Gehirn einem Allround-Rechner entspricht, der alles und jedes gleichermaßen lernt, und zwar aus folgenden Gründen: Zum einen wirft das wirkliche Leben sehr viele komplexe Probleme auf, die auch nur auf entsprechend komplexe Art und Weise gelöst werden können. Genausowenig, wie es ein „Allzweckorgan" gibt, das Blut durch den Körper pumpt, Nahrung verdaut und einen Embryo ernährt, genauso unwahrscheinlich ist ein „Universalgehirn", das das gesamte menschliche Verhaltensrepertoire (von der Nahrungssuche über die Partnerwahl bis zur Verteidigung eines Territoriums) beherrscht. »Nun, einen „universellen Problemlöser" gibt es schon deshalb nicht«, so der Evolutionspsychologe Don Symons, »weil es kein „universelles Problem" gibt.« [16]

Paradoxerweise könnte man aufgrund der hohen Flexibiliät in den Verhaltensweisen der Menschen im Alltag folgern, das Gehirn sei ein hochspezialisiertes Organ, das in seinen Reaktionen recht beständig ist. Das bedeutet, daß es immer schwieriger wird, richtig zu reagieren, je mehr Reaktionsmöglichkeiten existieren. Das Gehirn ist eben kein Allround-Problemlöser, der in Null-Komma-Nichts sämtliche Reaktionsmöglichkeiten für eine Situation durchgeht, jede erwägt und schließlich die beste auswählt. Im wirklichen Leben reicht die Zeit für so unendlich plastisches Verhalten überhaupt nicht aus. Cosmides und Tooby nennen ein anschauliches Beispiel: »Wie verhalte ich mich, wenn ich von einem Tiger angegriffen werde? Soll ich nun meine Zehennägel feilen, besser ein Rad schlagen oder gar ein Liedchen trällern? Garantiert ist jetzt für das Gehirn nicht der passende Moment, um das Für und Wider unzähliger Reaktionsmöglichkeiten durchzugehen.« [17]

Die stark vereinfachende Theorie, wonach unser gesamtes alltägliches Verhalten letztlich nur auf der Flexibilität und Lernfähigkeit unseres Gehirns beruht, wirft eine Menge interessanter Fragen auf. Als unsere Vorfahren ein flexibles Verhalten entwickelten, das ihnen verschiedene Reaktionsmöglichkeiten in einer bestimmten Situation eröffnete, erhöhte sich natürlich auch die Anzahl an potentiellen Fehlreaktionen. Die entscheidende Frage lautet demnach:

Welche geistigen und psychischen Fähigkeiten mußten sich entwikkeln, damit unsere Vorfahren die richtigen Entscheidungen treffen konnten? [18]

Und genau auf diese Frage liefern Cosmides, Tooby und andere, ähnlich denkende Kollegen erste Antworten. Am Anfang ihrer wissenschaftlichen Laufbahn standen Cosmides und Tooby mit ihrer Behauptung, Evolution sei ein wichtiger Aspekt bei der Untersuchung unseres Denkens, allein auf weiter Flur. Cosmides studierte Psychologie, Tooby Anthropologie; aber außer den Soziobiologen interessierte sich niemand für den Einfluß der Evolution auf das Denken. »Deshalb haben wir dann auch geheiratet«, frotzelte Cosmides. »Als wir uns kennenlernten, stellten wir fest, daß wir beide die einzigen waren, die auf diese Art und Weise dachten.« Doch sehr bald schon wurde die Arbeit des jungen Ehepaares wissenschaftlich gewürdigt. Für die Forschungsergebnisse aus ihrer in Harvard erstellten Doktorarbeit gewann Cosmides den prestigeträchtigen Behavioral Science Award – einen Preis, den die American Association for the Advancement of Sciences (AAAS) alljährlich für die beste wissenschaftliche Publikation vergibt. Vor kurzem erhielt Tooby für seine Arbeit den President Young's Investigator Award, einen Forschungspreis der National Science Foundation. Die Arbeiten der beiden stehen im Mittelpunkt einer Forschungsrichtung, die eine kleine Gruppe ähnlich denkender Wissenschaftler angezogen hat. Hierzu gehören beispielsweise Don Symons von der Universität von Kalifornien (UC) in Santa Barbara, David Buss von der Universität von Michigan sowie Martin Daly und Margo Wilson, die ebenfalls miteinander verheiratet sind und beide an der Universität von Toronto forschen. Alle diese Forscher wurden sich irgendwann bewußt, daß sie ebenfalls „Evolutionspsychologie" betrieben. Heute müssen Tooby und Cosmides feststellen, daß ihr ehemaliges akademisches Niemandsland allmählich von einer Vielzahl Wissenschaftler der verschiedensten Disziplinen (von Anthropologen und Psychologen bis hin zu Linguisten und Soziologen) bevölkert wird. »Einer der Gründe für die erheblichen Anfangsschwierigkeiten der Evolutionspsychologie liegt in der enormen Komplexität des menschlichen Verhaltens«, meint Tooby. »Deshalb braucht man ein breites Hintergrundwissen, um Verhalten richtig verstehen zu können. Die Evolutionspsychologie stellt einen Angelpunkt zwischen Biologie, Psychologie und Anthropologie dar; aus diesem Grunde sollte man zum Beispiel die Lebensweisen der Jäger-und-Sammler-Gesellschaften oder Details der Evolutionsbiologie kennen und eine Menge über kognitive Psychologie, Genetik, Entwicklungsbiologie und so weiter wissen. Für den einzelnen ist es unglaublich schwer, all diese Fakten zu kennen. Und deshalb gibt es Paare wie Martin Daly und Margo Wilson oder wie Leda und mich, die als Team forschen. Bei unserer Arbeit ergänzen wir uns optimal: Meine Stärken liegen im Bereich der Evolutionsbiologie, und Leda kennt sich besser in kognitiven Wissenschaften aus.«

Eine ausgeglichene Psyche

Jeder Forscher, der das gesamte menschliche Verhalten als ein Produkt reiner Lern- und Zivilisationsprozesse ansieht, wird unweigerlich mit einem Problem konfrontiert, das bei allen Eltern bekannte Frustrationen erweckt: Warum lernen Kinder trotz aller Erziehungsversuche und wohlmeinender Ratschläge einige Dinge offenbar leichter als andere? Cosmides und Tooby gehen von folgender Antwort aus: Der Verstand ist nicht etwa ein Universalrechner, der sämtliche Probleme lösen kann, sondern besteht vielmehr aus einer Sammlung einzelner spezieller „Minicomputer“, die sozusagen von der Evolution individuell programmiert wurden, um mit bestimmten Problemen umgehen zu lernen. So wie eine Stereoanlage aus Lautsprechern, CD-Player, Radio und Verstärker (also speziellen Einzelteilen mit eigener Funktion) besteht, setzt sich unser Verstand aus weitgehend unabhängigen Modulen zusammen, die für bestimmte Aufgaben maßgeschneidert sind. Angeborenermaßen können Menschen bestimmte Verhaltensmuster erlernen; dies ist nicht etwa deshalb möglich, weil es sich dabei um urtümliche Instinkte aus unserer „tierischen“ Vergangenheit handelt, sondern weil bereits unsere Vorfahren regelmäßig von diesen Fähigkeiten profitierten – und wir sie geerbt haben [19]. »Im Laufe der menschlichen Evolution sind unsere Instinkte nicht verlorengegangen«, meint Cosmides. »Ganz im Gegenteil, wir haben sie sogar noch *weiterentwickelt.*«

Genau wie Lunge oder Magen gehören auch die geistigen „Organe“, die unser Verhalten lenken, zum Rüstzeug eines *jeden* Menschen. Diese Module, die während der Jahrtausende dauernden Evolution des *Homo sapiens* geformt wurden, sind äußerst komplex; oft wirken Hunderte, wenn nicht gar Tausende von Genen zusammen. »Im Prinzip sprechen wir hier von einem menschlichen Grunddesign, das sämtliche Rassen- und ethnischen Grenzen überschreitet«, so Tooby. »Wir behaupten nicht etwa aus ideologischen Gründen, daß die Menschen auf der ganzen Welt gleich sind. Diese These läßt sich tatsächlich durch unzählige Fakten aus der Biologie und Psychologie belegen. Sie brauchen sich bloß einmal umzuschauen, und Sie werden immer zwei Arme, zwei Beine und einen Kopf sehen. Ähnlich verhält es sich mit der „psychologischen Grundausstattung“: ein „Liebe-deine-Kinder“-Mechanismus, ein „Fühle-dich-zu-fruchtbaren-Weibchen-hingezogen“-Mechanismus, ein Eifersuchts-Mechanismus.« Es ist noch gar nicht so lange her, daß die Menschen im Mesolithikum (vor knapp 10 000 Jahren) mit der Landwirtschaft begannen. Diese Zeit reichte nicht aus, um neue geistige Mechanismen als Anpassung an das seßhafte, städtische, industrialisierte Leben zu entwickeln. Anders ausgedrückt, leben wir zwar im Zeitalter der Millionenstädte, denken und fühlen jedoch in unserem Innerem sehr oft noch wie steinzeitliche Jäger.

Ironischerweise entlarvte das evolutionspsychologische Modell, wonach das Gehirn aus Hunderten von speziellen Minimodulen besteht, das bisher favorisierte Modell vom Universalcomputer Gehirn als extrem reduktionistisch – ein Kritikpunkt, der sich übrigens zu Recht auch gegen solche Soziobiologen richtet, die sich ausschließlich auf ein genetisch fixiertes Verhaltensmodell eingeschossen haben. »Die Vorstellung, unser Verstand könnte aus Hunderten spezieller Mechanismen bestehen, ist für viele Forscher einfach zu „technisch"«, glaubt Tooby. »Sie sähen es viel lieber, wenn das Denken von einer Handvoll einfacher, allgemeiner Gesetzmäßigkeiten gelenkt würde. Um das Denken zu begreifen, kann man es aber nicht wie ein Physiker als einen Vorgang betrachten, der sich in ein paar saubere Teilschritte zerlegen läßt. Vielmehr hat Denken mehr Ähnlichkeit mit einem Auto: Man klappt die Motorhaube auf und blickt auf ein unheimlich kompliziertes Durcheinander. Dieses Chaos ist schlicht entmutigend, wenn man nach einfachen Prinzipien sucht, wie es funktioniert. In Wirklichkeit handelt es sich (in beiden Fällen) um eine völlig geordnete, präzise laufende Maschine. Man muß nur willens sein, wie ein Mechaniker und nicht wie ein Physiker zu denken.«

Die Vorstellung, unser Verstand funktioniere aufgrund einfacher, allgemeiner Gesetzmäßigkeiten, resultiert aus jener schon leicht angestaubten Vorstellung des letzten Jahrhunderts, wonach der Mensch eine etwas andere Evolution als die übrigen, sogenannten niederen Tieren durchmachte. »Man glaubte, daß Verhaltensweisen, zu denen auch andere Tiere in der Lage waren, nicht wirklich als intelligent bezeichnet werden konnten«, berichtet Cosmides. »Deswegen hielt man Verhalten wie essen, einen Partner finden oder den Nachwuchs großziehen, also Dinge, die auch andere Tiere tun, für einfach. Wenn man sich allerdings vor Augen führt, aus wie vielen Einzelprozessen diese sogenannten „einfachen Dinge" bestehen, wird man sie erstaunlich kompliziert finden. Nehmen wir beispielsweise das Sehen: Jahrelang hat man geglaubt, Augen seien so etwas wie kleine Fenster. Wir öffnen die Augen, ein paar Photonen knallen auf die Netzhaut, und schon sehen wir. Doch dann sollten unsere Computer Bilder sehen, und plötzlich wurde uns bewußt, wie kompliziert der Sehprozeß tatsächlich ist. Und bis heute haben wir noch keinen Computer entwikkelt, der diesen ach so einfachen Vorgang ausführen kann.«

Tatsächlich sollte jeder Forscher, so Cosmides, gerade bei den scheinbar mühelosen Dingen annehmen, daß auf Verstandesebene etwas besonders Kompliziertes und äußerst Interessantes zugrunde liegt. »Wenn etwas einfach aussieht, glauben die meisten Menschen, die Mechanik dahinter müsse das ebenfalls sein«, meint sie. »Unserer Meinung nach verhält es sich genau umgekehrt: Bestimmte Dinge erscheinen einfach, weil die Konstruktion der hierfür erforderlichen geistigen Mechanik von der Evolution so entworfen wurde, daß sie ihre Aufgabe erfüllt und *scheinbar* einfach aussieht.«

Mentale Module

Außer so grundlegenden Verhaltensäußerungen, wie Aufrechtgehen, Lächeln und Weinen, hat die Evolution keine typisch menschlichen Verhaltensweisen hervorgebracht. Statt dessen entwickelten sich psychische Mechanismen, die im Wechselspiel mit dem jeweiligen Umfeld jene Fülle an Verhaltensweisen hervorbringen, die unseren Alltag bestimmen. Unser evolutionäres Erbe besteht aus diesen psychischen Mechanismen und nicht aus bestimmten, einzelnen Verhaltensmustern. Ein Kind wird beispielsweise sehr viel lieber einen Schokoriegel als Rosenkohl essen wollen, wie jedoch dieser Heißhunger auf Süßigkeiten in der Psyche ausgelöst wird, hat weder etwas mit Schokoriegeln noch mit Rosenkohl zu tun. Der Appetit auf Süßes entstand während der Evolution des Menschen, als reife Früchte und Honig für die Frühmenschen kompakte und qualitativ hochwertige Nahrung bedeuteten. Beim modernen Menschen führt dieser im Unterbewußtsein verankerte Mechanismus allerdings zu einem anderen Verhalten, ausgelöst von einem neuen Umweltreiz (sprich: dem Schokoriegel) – und ernährt damit Zahnärzte und eine gigantische Süßwarenindustrie. Ein anderes Beispiel: Es gibt einen kleinen, zwittrigen Fisch, der die bemerkenswerte Fähigkeit besitzt, sich in ein Männchen oder ein Weibchen umzuwandeln, je nachdem, welches Geschlecht die Artgenossen in seiner Umgebung haben. Hier ist also der Mechanismus, der es dem Fisch erlaubt, sein Geschlecht zu wechseln, ein Produkt der Evolution und nicht etwa das tatsächliche Verhalten, die Umwandlung in ein Männchen oder Weibchen.

Der Lügendetektor

Mit ihrer Entdeckung eines Mechanismus, der dazu bestimmt ist, einem Mogler auf die Schliche zu kommen, erbrachte Cosmides den Beweis, daß unser Verstand tatsächlich von der Evolution darauf getrimmt wurde, bestimmte Spezialaufgaben zu lösen. Weil die Psychologen lange Zeit von der Annahme ausgegangen waren, der menschliche Verstand sei ein Universalcomputer, glaubten sie natürlich, daß er ein logisches Problem – unabhängig von der Natur dieses Problems – grundsätzlich auf die gleiche Art und Weise behandele. Ganz gleich, ob es um Äpfel oder Orangen, Eisenbahnwaggons oder Kinderwagen ging, vom Verstand wurde eine stets gleiche, abstrakte Denkweise erwartet. Allerdings sagt die Evolutionstheorie voraus, daß der Verstand darauf spezialisiert ist, sich bei der Lösung einiger Probleme geschickter zu verhalten als bei der Bewältigung anderer. Dies gilt vor allem für solche, die für das Überleben der ersten Menschen entscheidend waren, wie etwa das rechtzeitige Reagieren auf Gefahren, das Orientieren im Gelände sowie Sexual- und Sozialverhalten.

Cosmides erklärt mit einem einfachen Rätsel, wie mächtig ein solcher Evolutionsmechanismus sein kann: Nehmen wir einmal an, Sie wurden als Bürokraft in einem Schulsekretariat angestellt. Ihre Aufgabe am ersten Arbeitstag besteht darin zu überprüfen, ob die Abschlußarbeiten eines bestimmten Kurses ordnungsgemäß markiert wurden. Jede Arbeit sollte mit einem Buchstaben und einer Zahl codiert sein. Eine Codierungsregel lautet: *Wenn ein Kursteilnehmer die Note „D" hat, muß auf seinem Testbogen die Codeziffer „3" notiert sein.* Sie haben nun den Verdacht, daß Ihr Vorgänger die Dokumente nicht korrekt codiert hat. Die folgenden Karteikarten (siehe unten) enthalten Informationen über die Ergebnisse von vier Kursteilnehmern. Jede Karte entspricht einem Teilnehmer; auf der Vorderseite ist das Ergebnis notiert, auf der Rückseite steht die entsprechende Codeziffer.

Und so liegen die Karteikarten auf dem Tisch:

3	F	D	7

Welche Karten müssen Sie definitiv umdrehen, um sicherzustellen, daß keiner der vier Tests falsch codiert ist (im Sinne obiger Regel)?

Wenn Sie sich jetzt nicht für die Karten mit „D" und „7" entschieden haben, stehen Sie nicht allein da: Über 90 Prozent aller Personen, denen diese Rätselaufgabe gestellt wurde, lagen ebenfalls daneben.

Versuchen Sie es doch nun einmal mit der folgenden „Logelei":

> Sie gehören zum Stamm der Kaluame, einer polynesischen Volksgruppe, die nur auf der Pazifikinsel Maku lebt. Die Kaluame kennen viele sehr strenge Gesetze, die strikt eingehalten werden müssen, und Sie wurden von den Stammesältesten zum Hüter dieser Gesetze auserwählt. Wenn Sie versagen, bringt dies Schande über Sie und Ihre gesamte Familie.
>
> Bei den Kaluame ist es Brauch, daß einem Mann bei seiner Hochzeit das Gesicht tätowiert wird. Eine Gesichtstätowierung bedeutet also, daß ein Mann verheiratet ist, ein untätowiertes Gesicht hingegen, daß der Betreffende ein Junggeselle ist.
>
> Cassavawurzel ist ein starkes Aphrodisiakum; der Mann, der diese Wurzel verzehrt, wirkt auf Frauen einfach unwiderstehlich. Außerdem schmeckt sie sehr gut und enthält viele Nährstoffe, ist aber leider ziemlich selten.

Ganz anders ist das bei Molonüssen: Die findet man überall, doch dafür schmecken sie schlecht, sind nicht sehr nahrhaft und „medizinisch“ uninteressant.

Obwohl jedermann darauf brennt, Cassavawurzeln zu essen, ist der Verzehr der Wurzeln ein streng reglementiertes Privileg. Nun, auch wenn sie keine Cassava gegessen haben, kann man die Kaluame nicht gerade als „Sexmuffel“ bezeichnen; aber trotzdem gelten recht strenge Sitten. Die Stammesältesten lehnen Geschlechtsverkehr zwischen Ledigen rigoros ab und hegen die schlimmsten Befürchtungen, insbesondere, was die Absichten der Junggesellen anbelangt.

Aus diesem Grunde hat der Ältestenrat mehrere Verordnungen erlassen, die den Verzehr der Cassavawurzel regeln. Ihre Aufgabe ist es nun, darauf zu achten, daß die folgende Regel von den Kaluame eingehalten wird: *Wenn ein Mann Cassavawurzel verzehrt, dann muß sein Gesicht tätowiert sein.*

Cassavawurzel ist allerdings ein so starkes Aphrodisiakum, daß viele Männer versuchen, gegen das Gesetz zu verstoßen, wenn die Ältesten gerade nicht hinschauen. Die folgenden Karten geben Ihnen Auskunft über vier junge Kaluame-Männer, die sich in einem Lager im Urwald aufhalten. Keiner der Ältesten befindet sich im Lager, und man hat ihnen soeben ein Tablett mit Cassavawurzeln und Molonüssen hingestellt. Jede Karte entspricht einem Mann. Auf der Vorderseite steht, welche Pflanze der Mann verzehrt, auf der Rückseite, ob sein Gesicht eine Tätowierung hat oder nicht.

Ihre Aufgabe besteht darin, diejenigen Männer herauszufinden, die die Wollust eventuell zur Übertretung der Regel treiben könnte – wenn Sie einen der Gesetzesbrecher nicht erwischen, bringt dies Schande über Sie und Ihre gesamte Familie.

Welche Karten müssen Sie definitiv umdrehen, um festzustellen, *ob einer der Kaluame-Männer die Regel bricht*? Und das steht auf den Karten:

ißt Cassava-wurzel	Täto-wierung	keine Täto-wierung	ißt Molo-nüsse

Wenn Sie wie die meisten Menschen gedacht haben, so haben Sie sich für die Karten mit „ißt Cassavawurzel“ und „keine Tätowierung“ entschieden; tatsächlich lagen etwa 75 Prozent aller Personen, denen dieses Rätsel im Rahmen einer von Cosmides durchgeführten Studie vorgelegt wurde, richtig.

Das Interessante an beiden Rätseln ist laut Cosmides, daß sie auf einer bestimmten Ebene absolut identisch sind. Jedem Rätsel liegt die gleiche logische Aufgabe zugrunde: Sie müssen sich für die Karten entscheiden, die die Regel bestätigen – das heißt, daß ein Mann, der Cassava verzehrt, auch eine Gesichtstätowierung besitzt oder daß die mit „D“ bewertete Teilnehmerkarte auch eine „3“ auf der Rückseite hat. Der knifflige Teil des Rätsels besteht für die meisten nun darin zu wissen, daß sie sich ja auch vergewissern müssen, ob es nicht eine Karte gibt, welche gegen die Regel verstößt. In unserem Schulbeispiel mußte man also die Karte umdrehen, auf der eine „7“ stand, um sicherzugehen, daß auf der Rückseite *kein* „D“ notiert war – was ja einen Regelverstoß bedeutet hätte. Im zweiten Fall mußte man dementsprechend nachschauen, was der untätowierte Mann gegessen hat, um eine Gesetzeswidrigkeit (das heißt, den unerlaubten Verzehr der Cassava) herauszufinden.

Warum wußten dann nur so wenige Menschen, daß sie die Karte mit der „7“ umdrehen mußte, während fast alle Testkandidaten wußten, daß sie auf der Rückseite von „keine Tätowierung“ nachschauen mußten, um herauszufinden, was dieser Kaluame gegessen hat?

Der Grund für dieses Verhalten hat laut Cosmides nichts mit den Kaluame, Cassavawurzeln, Testkandidaten oder Abschlußklausuren zu tun. Vielmehr hängt alles mit der Evolution der menschlichen Psyche zusammen. Im ersten Beispiel sollte man lediglich einen Buchstaben einer Ziffer zuordnen – eine recht abstrakte Aufgabe, die kaum im Bezug zu den Problemen unserer Altvorderen steht. Die Aufgabe mit der Cassavawurzel ist zwar in einer exotischen, fiktiven und für das Gros der Leser unbekannten Kulisse angesiedelt, doch stellt sie den

Verstand vor ein Problem, das über Jahrtausende hinweg im menschlichen Miteinander präsent war: diejenigen herauszufinden, die sich vor ihrem Anteil an sozialen Verpflichtungen drücken wollen. Das Rätsel mit den Cassavawurzeln läßt sich deshalb leichter lösen, glaubt Cosmides, weil unser Verstand von der Evolution auf die Bewältigung solcher Denkaufgaben getrimmt wurde. Denn das Hauptproblem, mit dem sich unsere Vorfahren in ihrem damaligen Umfeld auseinandersetzen mußten, waren die eigenen *Mitmenschen*. »Die Frühmenschen waren wahrscheinlich ziemlich viel mit zwischenmenschlichen Problemen beschäftigt«, meint sie. »Sie mußten herausfinden, wie man am besten zusammenarbeitet, auf Bedrohungen reagiert, Bündnisse bildet und erhält, wie man mit ehebrecherischen Partnern umgeht und so weiter. Als Folge dieser Entwicklung enthält unser Verstand zahlreiche besondere Mechanismen, die von der Evolution speziell zu dem Zweck entworfen wurden, Reize aus dem sozialen Umfeld zu verarbeiten. Einer dieser Mechanismen ist der „Lügendetektor".«

Im Inneren der Festung

Mit ihren Ergebnissen, wonach die Problemlösefähigkeiten unseres Geistes in einem Set von „Minicomputern" im Gehirn liegen, die die Evolution entwickelt hat, revolutionierten Cosmides und Tooby die Vorstellungen der Psychologen über Geist und Verhalten des Menschen. »Einige Psychologen sind sogar tatsächlich bereit zuzugestehen, daß bestimmte Teilbereiche in der menschlichen Psyche, beispielsweise die Fähigkeit zu sprechen, Produkte eines spezialisierten „Gehirnorgans" sein könnten«, berichtet Tooby. »Dennoch glauben sie weiterhin, das restliche Gehirn operiere als „universeller Problemlöser"; die Sprache wird einfach in ein Ghetto innerhalb des Gehirns verbannt. Aber wir sagen: ›Vergiß das Ghetto, wir knöpfen uns jetzt das Innerste vor, den Bergfried, jenen Punkt, wo nach allgemeiner

Vorstellung das Herzstück des Geistes liegt – das Denken‹. Das ist die höchstentwickelte kognitive Leistung – und wir beweisen gerade, daß es sich ebenfalls um eine von der Evolution geformte, modulare, bereichsspezifische Komponente handelt! Das wird uns sicherlich gewaltigen Ärger einbringen, aber man kann uns nicht in eine Ecke abschieben, weil wir uns nämlich im Bergfried befinden, dem Innersten der Festung.«

Seit Jahren war den Psychologen bekannt, daß Menschen ein abstraktes Problem besser lösen können, wenn es in einen bekannteren, wirklichkeitsnahen Kontext gepackt wird – beispielsweise Logeleien oder Textaufgaben, in denen Äpfel, Birnen, Orangen oder Zugverbindungen vorkommen. Dennoch standen die Psychologen lange Zeit vor dem Rätsel, daß die Ergebnisse, mit denen die Probanden abschnitten, über einen weiten Bereich streuten und einige wohlvertraute Szenarien zu besseren Resultaten führten als andere. Die Experimente von Cosmides zeigen nun, daß es nicht so sehr die Vertrautheit mit dem Gegenstand ist, die zu besseren Denkergebnissen führt, sondern vielmehr die Art der Umsetzung. »Aus diesem Grunde widerspricht unsere Arbeitshypothese auch so völlig der Hauptrichtung in der Psychologie«, meint Cosmides. »Die meisten Psychologen suchen nach einer Art gedanklichem Dietrich, der alle Probleme löst. Deshalb betrachten sie auch ein Ergebnis, wonach Menschen Aufgaben mit unterschiedlichem Inhalt auf verschiedene Weisen lösen, als ein Ärgernis. Für uns ist der *Inhalt* jedoch das Wichtigste.«

Unter der Prämisse der großen Bedeutung von sozialen Beziehungen für die menschliche Evolution behauptet Cosmides nun, Menschen könnten logische Probleme besser lösen, wenn diese nicht in rein beschreibende Szenarien verpackt wären, sondern sich statt dessen im Rahmen geregelter sozialer Beziehungen, einer Art Gesellschaftsvertrag, abspielten – unabhängig davon, wie vertraut die Situation ist. Eine der Grundlagen für kooperatives Verhalten zwischen Menschen ist das Motto „Eine Hand wäscht die andere“. Wenn jemand von einem Mitmenschen profitiert, muß er diesem ebenfalls eine Gunst erweisen. »Kooperativität kann sich niemals ohne „geistige Lügendetektoren" entwickeln«, meint Cosmides. »Wenn jemand seinen Mitmenschen immer nur Gefallen ohne entspechende Gegenleistungen erweist, schaufelt er sich damit auf lange Sicht nur das eigene Grab.« Als Folge mußte die Evolution ein Gehirn entwikkelt haben, das äußerst sensibel auf „mogelnde" Mitmenschen reagiert.

Um sicherzugehen, daß ihre Kandidaten tatsächlich nur auf das soziale Umfeld des Kaluame-Problems reagierten, konfrontierte Cosmides eine andere Testgruppe mit einer etwas abgeänderten Version der Aufgabe. In diesem Fall blieben die Inselkulisse wie auch das Gesetz, das eingehalten werden mußte, unverändert, jedoch wurde die gesamte Situation so variiert, daß es nun keinen „Gesellschaftsvertrag" mehr gab: Cassavawurzeln und Molonüsse besaßen den gleichen Nährwert, doch wuchsen die Nüsse nur auf der einen Seite der Insel, die Wurzeln nur auf der anderen. Zudem besaßen lediglich die Männer auf der einen Inselhälfte Gesichtstätowierungen, die auf der anderen jedoch nicht. Bei dieser Testvariante kamen nur 25 Prozent der Kandidaten auf das richtige Ergebnis.

Darüber hinaus stellte Cosmides fest, daß die Testpersonen auch dann weiterhin so entschieden, als ob es einen „Gesellschaftsvertrag" gäbe, wenn dies laut konkreter Aufgabenstellung völlig unlogisch war. Einer Testgruppe gab Cosmides das Ausgangsszenario vor, jedoch waren diesmal die Konditionen des Gesetzes umgekehrt formuliert: *Wenn ein Mann eine Gesichtstätowierung hat, dann verzehrt er Cassavawurzel.* Auch hier gab es die gleichen Karten wie oben – „ißt Cassavawurzel", „Tätowierung", „keine Tätowierung" und „ißt Molonüsse". Doch da die Regel umgekehrt formuliert war, hätte die logisch korrekte Antwort „Tätowierung" und „ißt Molonüsse" lauten müssen. Tatsächlich wählten aber fast 70 Prozent der Testpersonen die Karten „ißt Cassavawurzel" und „keine Tätowierung". Obwohl jeder Mathematiker sofort nachweisen würde, daß diese Antwort logisch falsch ist, ist sie gleichwohl richtig, wenn es um die wichtige Aufgabe geht, einen „Mogler“ zu erwischen. »Von der Warte eines Logikers aus mögen diese Menschen zwar unlogisch handeln«, meint Cosmides. »Entwicklungsgeschichtlich gesehen verhalten sie sich jedoch völlig richtig. Wenn Sie also die Gesetze der Logik anwenden, mögen Sie zwar die richtigen Antworten finden, doch bedeutete das auch, daß Sie als Mensch eine Fehlkonstruktion sind.« Die meisten Menschen denken im Rahmen geltender gesellschaftlicher Spielregeln, nicht logisch.

Tatsächlich entscheidet auch der eigene Standpunkt in einer Gesellschaft darüber, ob der Verstand einen sozialen Drückeberger als solchen einstuft oder nicht. So wurde beispielsweise den Kandidaten in einer Studie gesagt, sie seien der Leiter eines Unternehmens und müßten folgende Regel überprüfen: *Nur wenn ein Angestellter länger als zehn Jahre in der Firma beschäftigt war, erhält er eine Firmenrente.* Anschließend wurden den Testpersonen wieder vier Karten vorgelegt, unter denen sie diejenigen auswählen und umdrehen sollten, die nachwiesen, daß die Regel nicht verletzt wurde. Die vier Karten repräsentierten je einen Angestellten, und sie waren wie folgt beschriftet: „zehn Jahre beschäftigt“, „Firmenrente“, „weniger als zehn Jahre beschäftigt“ sowie „keine Firmenrente“. Unter der Voraussetzung, daß sie der Firmenleiter waren, drehten die meisten Personen die Karten „weniger als zehn Jahre beschäftigt“ und „Firmenrente“ um.

Anders verhielt es sich bei Testpersonen, denen man vorher gesagt hatte, sie seien in dieser Firma angestellt – also nicht als leitende Kraft. Obwohl das Problem unverändert war, entschieden sie sich genau umgekehrt und zogen die Karten „zehn Jahre beschäftigt“ und „keine Firmenrente“. Die unterschiedlichen Ergebnisse, nimmt Cosmides an, ergeben sich aus der jeweiligen Position: Für einen Unternehmer bedeutet „mogeln“, daß ein Angestellter eine Firmenrente bezieht, ohne hier die entsprechenden Mindestjahre beschäftigt gewesen zu sein. Ein Arbeitnehmer hingegen betrachtet es als einen sozialen Betrug, wenn dem Angestellten trotz zehnjähriger Tätigkeit in der Firma nicht die entsprechende Honorierung durch den Firmenchef zuteil wird.

Steinzeitliche Statistiker

Auch in einem anderen Punkt stellten Cosmides und Tooby fest, daß das Denkvermögen des Menschen steinzeitliche Relikte birgt – nämlich bei der Abschätzung von Wahrscheinlichkeiten. »Die Psychologen sind immer davon ausgegangen, daß Menschen miserable Statistiker sind«, so Cosmides, »und tatsächlich scheinen einige Experimente diese These zu beweisen.« In einem dieser Versuche wurde den Kandidaten beispielsweise gesagt, daß die Häufigkeit einer Krankheit in der Bevölkerung bei einem Promille liegt. Dann erzählte man ihnen von einem Test, mit dem die Krankheit bei einem Patienten festgestellt werden kann. Allerdings beträgt die *Falsch-Positiv-Rate* des Tests (das heißt, der Test identifiziert jemanden fälschlicherweise als krank) fünf Prozent. Die Frage lautete nun, wie hoch die Wahrscheinlichkeit ist, daß ein Patient mit einem positiven Testergebnis tatsächlich erkrankt ist. »Die Aufgabe wurde einer Menge Experten vorgelegt, darunter auch Ärzten und Professoren der Medizinischen Fakultät der Harvard-Universität. Na, das war vielleicht eine Pleite!« meint Cosmides. »Nicht einmal 20 Prozent lagen mit ihren Antworten richtig.«

Allerdings, so glaubt Cosmides, sei an diesem Problem auch etwas faul. Möglicherweise steckt nämlich die größte Schwierigkeit weniger in der Denkaufgabe selbst als vielmehr darin, wie man die Frage formuliert. »Die meisten Menschen haben große Schwierigkeiten mit Wahrscheinlichkeitsangaben. Was meint denn ein Arzt eigentlich, wenn er Ihnen sagt, Sie bekämen mit einer Wahrscheinlichkeit von zwei Prozent Brustkrebs? Heißt das, daß jeder von uns eine Wahrscheinlichkeit von zwei Prozent für diesen Krebs hat? Oder soll es bedeuten, daß von 100 Personen 98 mit 100prozentiger Wahrscheinlichkeit nie an Brustkrebs erkranken werden, während zwei Menschen ganz bestimmt (zu 100 Prozent) dieses Leiden bekommen werden?«

Cosmides glaubt nicht, daß das menschliche Gehirn programmiert wurde, um derartige Statistiken zu berechnen. »Wenn man als Jäger und Sammler durch die Savanne streift, wird man wohl kaum mit abstrakten Zahlen zum Zwecke einer Wahrscheinlichkeitsrechnung konfrontiert, sondern eher auf reale Häufigkeiten in einer realen Welt stoßen. Wenn eine Steinzeitfrau Beeren sucht, wird sie sich garantiert nicht überlegen, daß die Wahrscheinlichkeit, in den Büschen am hinteren Seeufer Beeren zu finden, bei zehn Prozent liegt. Statt dessen wird sie eher denken, daß sie bereits zehnmal in diesem Gebüsch Beeren gesucht hat und dort nur einmal fündig wurde. In den Augen der Evolutionspsychologen ist völlig logisch, daß ein Denkmodul für Statistik, falls es so etwas im Gehirn gibt, so konzipiert ist, daß es die Häufigkeiten bestimmter Ereignisse und Fakten registriert (als „Input") und auch wieder als Häufigkeiten ausgibt („Output"). In Wirklichkeit sind viele Menschen vielleicht hervorragende Statistiker; allerdings nur, wenn man ihnen das Problem in einer Form präsentiert, die der Verstand evolutionsbedingt verarbeiten kann, und das sind Häufigkeiten.«

Zur Erprobung ihrer These formulierten Cosmides und Tooby das erwähnte medizinische Problem so um, daß aus den abstrakten Zahlen Häufigkeiten wurden: Einer von 1000 Amerikanern leidet an der Krankheit X. Die Krankheit läßt sich über einen bestimmten Test feststellen, der bei jedem Erkrankten positiv ausfällt. Doch da der Test nicht völlig perfekt ist, kann das Testergebnis manchmal auch bei Gesunden positiv sein. Speziell finden sich daher unter 1000 völlig gesunden Testpersonen 50 Fälle mit einem positiven Ergebnis für diese Krankheit. Nehmen Sie einmal an, daß im Rahmen eines Losverfahrens 1000 Personen zufällig ausgewählt und getestet werden. Wie viele Menschen mit einem positiven Testergebnis für die Krankheit sind dann tatsächlich erkrankt? »Das Ergebnis war, daß das Problem in dieser Formulierung viel einfacher erschien«, meint Cosmides. »Wir haben also eine Bevölkerung von 1000 Personen, und da der Test nun mal nicht perfekt ist, werden 50 Menschen zwar gesund sein, aber auf jeden Fall ein positives Testergebnis haben. Außerdem ist einer von den 1000 erkrankt, so daß sein Testergebnis ebenfalls positiv sein wird. Insgesamt wird der Test also bei 51 Personen positiv ausfallen. Fragt man nun danach, wie viele Menschen mit einem positiven Testergebnis für die Krankheit tatsächlich erkrankt sind, so lautet die Antwort: einer von 51.« Cosmides und Tooby stellten fest, daß sich die Ergebnisse bei ihren Kandidaten dramatisch verbesserten, nachdem das Problem umformuliert worden war. Hatten in der ursprünglichen Fassung nur zwölf Prozent der Testpersonen die richtige Antwort gewußt, so konnten nach der Umformulierung des Problems bereits 76 Prozent der Befragten mit dem richtigen Ergebnis aufwarten. Beide Forscher brachten eine weitere Testgruppe dazu, häufigkeitsbezogen zu denken, indem sie den Kandidaten Testbögen gaben, die mit Kästchen bedruckt waren. Laut Testanweisung entsprach dabei jedes Kästchen einer Person aus der Bevölkerung; anschließend wurden die Kandidaten aufgefordert, die Personen mit einem positiven Testergebnis einzukreisen und die tatsächlich Erkrankten farbig zu markieren. Bei dieser Testversion schnitten 92 Prozent der Kandidaten richtig ab.

Männliches Denken, weibliches Denken

Die Evolutionspsychologie nimmt an, daß es bei Männern und Frauen nicht nur – entspechend ihrer jeweiligen biologischen Rolle – Unterschiede bei ein paar Organen gibt, sondern daß auch einige in der Evolution entstandene Denkmuster bei Mann und Frau verschieden sind. So gelang beispielsweise in einigen hervorragenden Untersuchungen der Nachweis, daß die räumliche Erfassung der Umwelt bei Männern und Frauen geringfügig anders verläuft [20]. Bislang galt die räumliche Vorstellungskraft von Männern als besser, da sie beispielsweise bei Denksportaufgaben, bei denen man „im Kopf" dreidimensionale Gegenstände aus zweidimensionalen Bauplänen konstruieren muß, in der Regel besser abschneiden. Die Evolutionspsychologen behaupten nun, daß die männliche räumliche Vorstellungskraft keinesfalls der weiblichen überlegen, sondern einfach nur anders geartet sei – und daß diese Unterschiede möglicherweise auf das Verhalten unserer Altvorderen bei der Nahrungssuche zurückgehen.

In einem Experiment wurden Männer und Frauen, die sich als Probanden für eine Studie gemeldet hatten, in einen kleinen Büroraum gebeten, wo sie warten sollten, bis die Versuchsapparatur aufgebaut war. In diesem Raum, der mit Büchern, Bildern, Bechern und anderem Gerümpel vollgestopft war, mußten die Kandidaten teilweise bis zu zehn Minuten warten, bis sie in den Nachbarraum gerufen wurden. Als sie dann endlich an der Reihe waren, erfuhren die Testpersonen zu ihrer Überraschung, daß das Experiment für sie darin bestand, sich an möglichst viele Gegenstände sowie deren genaue Position in dem Raum zu erinnern, in dem sie gerade gewartet hatten. Im Gegensatz zu den bisherigen Erfahrungen schnitten die Frauen bei diesem Test weitaus besser ab als die Männer – sowohl hinsichtlich der absoluten Zahl der aufgezählten Gegenstände als auch bezüglich deren genauer Lage in der Abstellkammer. Frauen schnitten auch in einer weiteren Testgruppe besser ab, deren Teilnehmer man, bevor sie den Warteraum betraten, genau über das Experiment informiert hatte, so daß der Überraschungseffekt flachfiel. Im Rahmen einer anderen Studie mußten Männer und Frauen auf einem Computermonitor einen Lichtpunkt durch ein kompliziertes Labyrinth hindurchlavieren, aber auch ein richtiges Labyrinth (nämlich die Kellergänge der Universitätsanlage) durchqueren [21]. Die Forscher stellten dabei fest, daß Frauen sich vor allem an kleinen örtlichen Gegebenheiten, wie etwa einem Riß in der Wand oder einem wechselnden Fußbodenmuster, orientieren. Wenn entsprechende Orientierungspunkte beispielsweise aus dem Computerlabyrinth entfernt wurden, verliefen sich Frauen häufiger als Männer. Wenn man dann den Kandidaten Aufnahmen von verschiedenen Gabelungen und Verzweigungspunkten des Tunnelsystems zeigte, das sich unter dem Universitätscampus erstreckt, gelang es den Frauen häufiger, den Punkt auszumachen, wo das entsprechende Foto geschossen wurde. Umgekehrt verloren mehr Männer als Frauen die Orientierung, wenn das Computerlabyrinth verzerrt war. Andererseits waren aber doppelt so viele Männer wie Frauen in der Lage, die richtige Zeichnung herauszufinden, auf der das echte Labyrinth skizziert war. Diese Ergebnisse lassen den Schluß zu, daß sich Männer im Gegensatz zu Frauen weniger an Geländepunkten orientieren, sondern sich im Geiste eine Art Reiseroute skizzieren, die sie dann abwandern – beispielsweise, indem sie sich merken, daß sie erst ein Stück geradeaus marschieren und dann die dritte Straße links abbiegen müssen. Frauen hingegen verlassen sich in der Regel auf Orientierungspunkte und Wahrzeichen in ihrer Umgebung.

Männer und Frauen unterscheiden sich heute in ihrer räumlichen Vorstellungskraft, weil Männergehirn und Frauengehirn in grauer Vorzeit jeweils andere Aufgaben zu lösen hatten und folglich auch eine unterschiedliche Evolution durchmachten. Seitdem es Menschen gibt, haben diese überwiegend als Jäger und Sammler in Kleingruppen gelebt. In diesen Gruppen herrschte Arbeitsteilung: Die Männer waren meistens die Jäger, die Frauen hingegen überwiegend die Sammlerinnen (wobei sie an einem Durchschnittstag mehr zur Ernährung der Gruppe beigetragen haben als die jagenden Männer). Als Sammlerin benötigte die Steinzeitfrau natürlich ein Gehirn, das genau registrierte, wo sich welche Dinge in der Umgebung befanden – so konnte sie sich erinnern, daß beispielsweise an einer bestimmten Bachbiegung ein Baum mit reifen Kirschen stand. Die Evolution förderte entsprechend ein räumliches Vorstellungsvermögen, das in einem Suchgebiet weit verstreute, aber unbewegliche Objekte wiederfindet. Der Steinzeitmann stand andererseits vor dem Problem, Tiere zu jagen, die sich dauernd von einem Ort zum anderen bewegten und zudem oft in unbekannte Gegenden zogen. Der Evolutionsdruck für das räumliche Vorstellungsvermögen verläuft ganz anders, da hier räumliche Beziehungen stärker im Vordergrund stehen. Diese Unterschiede in der räumlichen Vorstellung sind vielleicht der heimliche Grund für viele Ehekrisen, die sich im Verlaufe einer gemeinsamen Autofahrt entwikkeln; Auslöser ist meist die beharrliche Weigerung des Mannes, nach dem Weg zu fragen, obwohl er sich verfahren hat. Da sich Männer beim Fahren oder Wandern stärker anhand ihres Bewegungs- und Richtungssinnes als an markanten Punkten in der Landschaft orientieren, fällt ihnen manchmal erst sehr spät auf, daß sie sich völlig verfranst haben. Hingegen merken weibliche Reisebegleiter, da sie sich an Landmarken orientieren, schon recht bald, daß sie gerade durch völlig unbekanntes Gebiet fahren.

Die Erkenntnis, daß Männer und Frauen ein grundsätzlich verschiedenes räumliches Vorstellungsvermögen besitzen und nicht ein besseres oder schlechteres aufgrund gegensätzlicher Sozialisation, hatte tiefgreifende Auswirkungen auf das Verständnis der Evolutionspsychologen von menschlichem Verhalten. Da die Psychologen den Verstand bislang als eine Art „universellen Problemlöser" ansahen, wurden die unterschiedlichen Ergebnisse, die sich bei psychologischen Tests für Männer und Frauen ergaben, immer als *Defizite* gewertet. Diese Mängel wiederum führte man typischerweise auf kulturelle Einflüsse zurück. Der Evolutionspsychologe hingegen sieht die subtilen Unterschiede zwischen männlichem und weiblichem Verstand im Zusammenhang mit einer jeweils etwas anders verlaufenen Evolution. »Eine evolutionäre Sichtweise könnte auch einige Vorurteile gegen Frauen aus der Welt schaffen«, glaubt Cosmides. »In den vergangenen 50 Jahren waren es vor allem männliche Kollegen, die die räumliche Vorstellungskraft untersucht und getestet haben. Da die etablierte Sozialwissenschaft keine echte Theorie hat, zu welchem Zweck der Verstand entwickelt wurde, lassen sich diese Jungs bei der Untersuchung des „räumlichen Vorstellungsvermögens" von ihrem Instinkt leiten – und da sie nun mal Männer sind, definieren sie räumliche Vorstellung im geometrischen Sinn. Wenn Psychologinnen das gleiche Problem untersucht hätten, dann könnte man heute räumliches Denken selbstverständlich nur über Testverfahren ermitteln, die auf der *räumlichen Verteilung* von Objekten beruhen. Außerdem wären dann die *Männer* diejenigen mit einem miserablen räumlichen Vorstellungsvermögen. Wenn man jedoch mit einer grundsätzlichen Theorie über die Evolution des Geistes arbeitet, kann man sexuelle Vorurteile außer acht lassen. Statt dessen können wir uns fragen: Welche Denk- und Verhaltensmuster erwarten wir bei Männern und Frauen, um diese unterschiedlichen Aufgaben zu lösen? Selbstverständlich würden Sie, wenn ihre Aufgaben verschieden sind, geschlechtsspezifische Unterschiede erwarten – keine besseren oder schlechteren Ergebnisse, lediglich Unterschiede –, und wenn ihre Aufgaben gleich wären, würden Sie auch keine geschlechtsspezifischen Unterschiede feststellen.«

Ein ungeplantes Experiment

Da unser Verstand entscheidend in den Frühzeiten der Menschheit geprägt wurde, treffen seine Denk- und Verhaltensmechanismen heute, in der übervölkerten Industriegesellschaft, oftmals auf Situationen, denen unsere Altvorderen in dieser Form niemals begegnet wären. Die Evolution wirkt auf die Verhaltensmechanismen, die letztlich das Gesamtverhalten hervorbringen, nicht jedoch auf das Verhalten selbst. In einer Welt mit völlig neuen Umweltkonstellationen reagieren deshalb Menschen manchmal in einer Form, die dem ursprünglichen Zweck, zu dem diese Verhaltensmechanismen entstanden sind, diametral entgegengesetzt ist.

Dieser Aspekt wird durch eine Studie zur Erforschung der Inzestvermeidung unterstrichen, die an gemeinsam in einem Kibbuz aufgewachsenen Personen durchgeführt wurde. In einem Kibbuz werden die altersgleichen Kinder verschiedener Familien gemeinsam in einer einzigen Gruppe aufgezogen. Als man die Eheschließungen von Erwachsenen untersuchte, die im Kibbuz großgeworden waren, fiel einigen Forschern auf, daß zwischen solchen Kibbuzniks, die von frühester Kindheit an in derselben Gruppe gewesen waren, seltener Ehen geschlossen wurden als zwischen Erwachsenen, die dem Kibbuz als ältere Kinder oder Jugendliche beigetreten waren. Obwohl sämtliche Gruppenmitglieder nicht blutsverwandt waren, hatten diejenigen, die schon als Krabbelkinder zusammen waren, untereinander nicht geheiratet.

Diese Studie belegt nachdrücklich, daß Inzestvermeidung, die man in allen Kulturen der Welt antrifft, auf die Wechselwirkungen zwischen einem uralten Verhaltensmechanismus und den auslösenden Reizen im modernen Umfeld des einzelnen zurückgeht. Vom Standpunkt der Evolution aus ist Inzest schlecht angepaßtes Verhalten; wenn nämlich zwei Blutsverwandte Nachwuchs bekommen, erhöht sich die Wahrscheinlichkeit, daß dieses Kind einen genetischen Defekt erbt. Die jungen Israelis im Kibbuz waren aber nicht miteinander verwandt, so daß ihr Verhalten im Prinzip nicht aufgrund eines biologischen Imperativs, keinen möglicherweise erbkranken Nachwuchs zu zeugen, zu erklären war. Genausowenig bestand ein milieubedingtes Verbot, einen Partner aus dem Kibbuz zu heiraten – viele Eltern hätten es sogar begrüßt, wenn ihr Junge ein Mädchen aus der ehemaligen Krabbelgruppe zur Frau genommen hätte. Aus dieser Studie geht demnach hervor, daß die Inzestvermeidung auf einem evolutionären Verhaltensmechanismus beruht, der besagt: *Finde keinen Menschen sexuell attraktiv, mit dem du in deiner frühesten Kindheit aufgewachsen bist!* Dieser Mechanismus wirkt im allgemeinen aus dem einfachen Grunde, weil zu Lebzeiten unserer Vorfahren die ersten Spielkameraden eines Kleinkindes meist seine Brüder, Schwestern oder engverwandte Cousins und Cousinen waren. Nur selten gibt es Erziehungssituationen wie diese modernen Kibbuzim, wo der vor Urzeiten sinnvolle Verhaltensmechanismus zur Vermeidung von Inzest fehlgeht und nicht miteinander verwandte Menschen von einer Heirat abhält. Allerdings gibt es auch Fälle, in denen der Mechanismus in die andere Richtung fehlgeht: Wenn Geschwister nach der Geburt getrennt werden und sich erst als Erwachsene wieder begegnen, können sie sich ineinander verlieben.

Der hier beschriebene Verhaltensmechanismus zur Inzestvermeidung registriert Umweltreize (die Anwesenheit gleichaltriger Kinder während der ersten Lebensjahre) und reagiert darauf mit einem bestimmten Verhalten (diese Kinder scheiden, wenn sie erwachsen sind, als potentielle Sexualpartner aus). Wenn ein solcher Verhaltensmechanismus existiert, hieße das zwangsläufig, daß es viel häufiger zwischen solchen Familienmitgliedern zu Inzest kommen müßte, die zu einem späteren Zeitpunkt in die Familie integriert werden (beispielsweise zwischen Stiefgeschwistern oder Stiefeltern und ihren Kindern) – und genau das ist der Fall. Da solche evolutionären Mechanismen erst durch bestimmte Umweltreize aktiviert werden, stellen sie keine unveränderlichen, einheitlichen Verhaltensformen dar, die in keiner Weise von Kultur und Milieu beeinflußt werden können. Die Tatsache, daß diese Mechanismen nicht *automatisch*, unabhängig vom jeweiligen Umfeld, ein bestimmtes Verhalten auslösen, sind der Grund für die bestehenden Gesetze und Tabus gegen Inzest.

Jenseits der Soziobiologie

Indem sie die Frage, wie die Evolution den Geist geformt hat, in den Mittelpunkt ihres Interesses stellen, gehen die Evolutionspsychologen noch einen Schritt weiter als die Soziobiologen, nach deren Auffassung ein innerer Trieb, seine Gene an die nächste Generation weiterzugeben, die Basis menschlichen Verhaltens darstellt. »In den Augen vieler Soziobiologen ist der Mensch nur darauf bedacht, seine (*genetische*) *Fitneß* zu steigern«, so Tooby. »Die Evolutionsbiologie sagt, alle Lebensformen hätten sich entwickelt, um Gene zu verbreiten, deshalb glauben sie, daß sich die Bestimmung des Menschen auf die Verbreitung von Genen beschränkt. Demzufolge müßte die gesamte menschliche Verhaltenspalette ständig mit der verborgenen Logik einer „Genverbreitung“ begründet werden. Wenn man also beispielsweise seine Kinder gut behandelt, steckt dahinter *in Wirklichkeit* nur ein „egoistisches“ Gen, das sich ausbreiten möchte. Sehr viele soziobiologische Arbeiten transportieren diese zynische Interpretation – eine Sichtweise, für die die Soziobiologen zu Recht kritisiert wurden. Das Problem liegt darin, daß diese Wissenschaftler die Mechanismen des Geistes mit den *Vorgängen* verwechseln, die den Geist entstehen ließen – und das sind tatsächlich zwei völlig unterschiedliche Dinge. Evolutionsbiologie ist keine Theorie über die Natur des Menschen. Vielmehr erklärt sie, *wie* diese Natur zustande kam beziehungsweise was es damit auf sich hat. Mütter lieben ihre Kinder tatsächlich, und tief im Bewußtsein dieser Mütter stecken keine egoistischen Gene, die ihnen befehlen: „Gehe hin und verbreite uns!“ In Wirklichkeit ist es sogar genau umgekehrt: Die heutigen Menschen lieben ihre Sprößlinge, weil sie von ebenfalls kinderliebenden Vorfahren abstammen (deren direkter Nachwuchs häufiger überlebte und sich wiederum erfolgreich fortpflanzte) und nicht von solchen, die ihre Kinder weniger liebten und umsorgten. Im großen entwicklungsgeschichtlichen Maßstab betrachtet sind wir natürlich kinderlieb, weil unsere Gene uns das so vorgeben. Genauer betrachtet lieben wir unsere Kinder jedoch deshalb, weil die Kinderliebe zu den von unseren Vorfahren ererbten menschlichen Verhaltensmustern gehört. Demnach gibt es in unserem Kopf keine Vorgabe, die besagt: *Dieses Kind hat deine Gene und wird sie verbreiten, also liebe es gefälligst!*«

Cosmides und Tooby behaupten nun, der Schlüssel zum Verständnis dessen, wie Evolution unser alltägliches Verhalten beeinflußt, sei nicht in den *Genen*, sondern in unseren *Köpfen* zu finden. Unser Verstand enthält auf der Ebene seiner Psyche bestimmte Mechanismen, die mit der Umwelt in Wechselwirkung stehen, um Ziele zu erreichen, wie gut schmeckendes Essen zu finden, Sex mit einem attraktiven Partner zu haben oder einen Betrüger zu schnappen. Diese Motivationen stimmen grob mit den „Intentionen" der Evolution überein: reichlich Nahrung finden, gesunden Nachwuchs zeugen und Mitmenschen vom unfairen Wettbewerb abhalten! Aber die treibende Kraft für unser alltägliches Verhalten sind in erster Linie die naheliegenden psychologischen Ziele und nicht etwa die genetischen „Absichten" der Evolution. »Es gibt naheliegende und tiefere Gründe«, meint Cosmides. »Der tiefere Grund, warum wir gehaltvolle Kost wie Möhren, Steak und Lachs mögen und nicht etwa Ziegelsteine oder Glas essen, liegt darin, daß unsere Vorfahren bestimmte Nahrungsmittel bevorzugten. Die, die aufgrund ihrer „Bevorzugungsmechanismen" mehr Kinder hatten, vermehrten sich – und wir haben ihre Denk- und Eßmechanismen geerbt. Der naheliegende Grund aber, warum wir Möhren, Steak und Lachs essen, ist jedoch – *weil es uns einfach schmeckt!*«

Diesen feinen, aber wesentlichen Unterschied zwischen Evolutionspsychologie und Soziobiologie verdeutlicht das folgende einfache Beispiel: »Nehmen wir einmal an, eine Frau streut Salz auf ihr Frühstücksei«, meint Cosmides. »Ein Soziobiologe wird dieses Verhalten sofort erklären wollen, indem er herauszufinden versucht, inwieweit das Salz auf dem Ei der Frau die Anzahl ihrer zukünftigen Nachkommen beziehungsweise deren „genetische Fitneß" erhöht. Ein Evolutionspsychologe wiederum würde sich fragen, welches psychologische Moment bei unseren Vorfahren den Drang nach Salz ausgelöst haben mag.« Die unterschiedliche Aussagekraft beider Ansätze beruht darauf, daß selbst wenn die moderne Medizin vermutet, daß zu hoher Salzkonsum eventuell schädlich ist (und also nicht die evolutionäre Fitneß erhöht), diese Erkenntnis die Bedeutung der Evolution für die Erklärung unseres alltäglichen Verhaltens nicht verringert.

Deshalb stellt unser heutiges Verhalten auch eher ein Spiegelbild der Lebensweise unserer Altvorderen als eine Projektion unserer Gene in die Zukunft dar. »Im Prinzip ist jedes Fast-Food-Restaurant ein kleines „Denkmal" für die Ernährung unserer Vorfahren«, behauptet Cosmides. »Fast Food enthält alle Komponenten, die einem Steinzeitmenschen nur schwer zugänglich waren, wie etwa Salz, Zucker und Fett. Deshalb war es damals für sie wichtig, darauf Appetit zu haben. Zucker kommt in reifen Früchten vor, und die gab es ja nicht immer, so daß die Frühmenschen von Zucker nie zuviel bekommen konnten. Viele Wildtiere sind nicht sehr fett, so daß Lust auf Fett den Appetit auf Fleisch steigert – und Fleisch konnte man ja auch nie genug kriegen. Aus dem gleichen Grund brauchten unsere Vorfahren keinen Appetit auf ballastreiche Kost, da sie mit jeder Frucht, jeder Wurzel und jeder Knolle massenhaft Fasern und Ballaststoffe verspeisten. Leider haben wir die Gelüste aus der Steinzeit geerbt, obgleich wir Zucker und Fleisch haben können, soviel wir wollen. Aber da unsere Vorfahren nie ausreichend Zucker und Fett bekommen konnten, fehlt uns heute leider eine „mentale Freßbremse", die sagt: „So, das reicht jetzt an Zucker und Fett." Andererseits wäre trotz der allseits bekannten gesundheitlichen Konsequenzen ein geistiger Appetitzügler auch gar nicht erwünscht, da uns unser Essen ja nun mal so gut schmeckt.« Die Tatsache, daß wir mit einem steinzeitlichen Appetit auf moderne Fast-Food-Ketten und Feinschmeckertempel losgelassen werden, verdammt uns allerdings nicht automatisch, Salz, Zucker und Fett im

Überfluß zu verspeisen. Das Wissen um unsere Veranlagung kann uns dabei helfen, unser Ernährungsverhalten umzustellen, und uns anspornen, zum Beispiel Ersatzstoffe für Zucker, Fett und Salz zu erfinden.

Wie die Arbeiten von Cosmides, Tooby und anderen Evolutionspsychologen zeigen, reichte ein universeller Problemlöser als Verstand nicht aus, um unsere Vorfahren durch ein Alltagsleben, das zahlreiche Gefahren und viele komplizierte Situationen enthielt, zu manövrieren. Statt dessen schuf die Evolution ein Gehirn, das über eine Sammlung spezieller Mechanismen verfügte, die den Frühmenschen dann je nach Situation halfen, Nahrung oder eine schützende Höhle zu finden oder sich vor Raubtieren in Sicherheit zu bringen.

Die größte Herausforderung jedoch stellte der Umgang mit dem hinterhältigsten, gefährlichsten Tier in ihrer Welt dar: ihrem Mitmenschen. Es waren die Gefahren – und die Entlohnungen – für das Manövrieren in einer Welt sozialer Beziehungen, welche die beachtliche Größenzunahme des menschlichen Gehirns im Laufe der Evolution verursachten.

2. Ein soziales Gehirn

Ein Mann, der einen Verstand besitzt und ihn zu gebrauchen versteht, ist jederzeit in der Lage, zehn Männer zu schlagen, für die eines von beidem nicht zutrifft.

George Bernard Shaw

An einem lauen Tag suchten Dorothy Cheney und Robert Seyfarth im kenianischen Amboseli-Nationalpark nach Anzeichen von Menschlichkeit. Über einen Lautsprecher, den sie ins Gebüsch gehängt hatten, spielten sie verschiedene Kreisch-, Schnatter- und Bellaute einer Horde Grüner Meerkatzen ab, die die beiden Forscher kurz zuvor während der Beobachtung dieser hier ansässigen Tiere aufgezeichnet hatten. Cheney und Seyfarth, ein Primatologenehepaar von der Universität von Pennsylvania, spielten mehrmals den Angstschrei eines jungen Affen ab, den sie Emerson getauft hatten. Emerson war der Sohn der Äffin Teapot Dome, die sich gerade mit zwei anderen Weibchen auf Nahrungssuche begeben hatte und sich daher außerhalb des Blickfeldes ihres Sprößlings befand. Die Forscher wollten ursprünglich nur herausfinden, ob Teapot Dome auch dann den Angstschrei ihres Kindes erkannte, wenn sie es nicht sehen konnte. Bei der anschließenden Auswertung des Videobandes, auf dem sie das Experiment aufgezeichnet hatten, stießen sie auf einen leisen Hinweis auf die Ursprünge menschlichen Verhaltens. Emersons Schreie veranlaßten Teapot Dome zwar tatsächlich, besorgt in Richtung Lautsprecher zu blicken, doch wesentlich aufschlußreicher waren die Reaktionen der beiden anderen Meerkatzenweibchen: Beide richteten ihre Blicke sofort erwartungsvoll auf die Mutter. »Das war fast so, als ob sie sich überlegt hätten, ›Aha, dieser Schrei stammt von Emerson, und Emerson gehört zu Teapot Dome – was wird sie also nun unternehmen?‹«, so die beiden Forscher [22].

Die Tatsache, daß uns entwicklungsgeschichtlich sehr nahestehende Tiere ebenfalls ein reges Interesse an den persönlichen Angelegenheiten ihrer Gruppenmitglieder zeigen, sollte uns, die wir förmlich in Klatsch und Tratsch, fetten Schlagzeilen und schnulzigen Seifenopern schwimmen, nicht weiter überraschen. Schließlich sind wir ja bloß die intelligentesten und sozialsten Vertreter der intelligentesten und sozialsten Tierfamilie der Welt – der Primaten. Cheney und Seyfarth wollten vielleicht nur den „Verstand" eines kleinen afrikanischen Affen untersuchen, doch letztlich verspricht ihre Forschung auch, neue Erkenntnisse über die Ursprünge der menschlichen Psyche zu liefern. Genauso wie man durch den Vergleich mit einer Affenhand etwas über den Ursprung der menschlichen Hand aussagen kann, läßt das Verhalten nichtmenschlicher Primaten Rückschlüsse über den Ursprung von Sprache, Kognition und Selbstbewußtsein des Menschen zu. Primaten helfen uns nicht nur dabei zu entdecken, wie diese Evolution ablief, sondern auch, *warum*.

Ironischerweise ist das einzigartig Menschliche an uns eine Eigenschaft, die wir mit vielen nichtmenschlichen Verwandten gemeinsam haben: die *soziale* Intelligenz. Viele Primaten leben in sozialen Verbänden, die durch stets wechselnde Bündnisse, Intrigen und Täuschungsmanöver gekennzeichnet sind – ein Spiel mit zahlreichen Mitspielern, die sich einen Weg durch den Dschungel sozialer Beziehungen bahnen müssen. »Bei der Beobachtung der Affen gerät man leicht in Versuchung, sie als Menschen im Westentaschenformat zu betrachten«, meinen Cheney und Seyfarth. »Nicht nur, weil sie uns so ähnlich sehen, sondern auch, weil uns ihre soziale Organisation, beispielsweise enge verwandtschaftliche Bande oder Prestigesucht, wie eine vereinfachte Version unserer eigenen vorkommt.«

Mit Fug und Recht kann man den Menschen als den Inbegriff des „sozial handelnden Primaten" bezeichnen, denn ausgehend von primatentypischen Verhaltensweisen erweitert er diese zu einem unvorstellbaren Spektrum komplexer Interaktionen. Ermöglicht wird diese soziale Höchstleistung durch das menschliche Gehirn, eine gut drei Pfund schwere Masse von Nervengewebe, die geschützt im Schädelinneren liegt. Das Gehirn ist die Wiege des Verhaltens. Das genetische Erbe und gemachte Erfahrungen werden hier zusammengeführt, um Gedanken und Taten zu schaffen. Im Gehirn nimmt der Geist Gestalt an – die Schatten von Gedanken, Erinnerungen und Erfahrungen werden in „greifbare", biologische Materie, sprich Nervenzellen, Synapsen und Neurotransmitter, umgesetzt. Mit jeder neuen Erfahrung formt sich das Gehirn um; Plastizität ist die Antwort auf seine Umwelt, und jede neue Erinnerung durchläuft die bereits bestehenden Bahnen. Das Gehirn ist nicht nur der Sitz unseres Selbst-Bewußtseins, sondern gleichzeitig auch die „Seele" unserer Art. So verliebt waren wir in unsere geistigen Fähigkeiten, daß wir uns nach ihnen benannten – *Homo sapiens sapiens*, „der sehr weise Mensch". Diese etwas überdimensionierte grauweiße Masse hat den Menschen zu einem Sonderfall in den neurobiologischen Vergleichstabellen des Tierreiches gemacht – genauso wie das Verhalten, das dieses Organ hervorbringt, unsere Art manchmal wie einen Fremdkörper in der Natur erscheinen läßt.

Wie man einen dicken Kopf bekommt

Im Verlauf der menschlichen Evolution hat sich das Gehirn unserer Vorfahren größenmäßig verdreifacht – aus dem kleinen, etwa baseballgroßen Gehirn des *Homo habilis*, der vor 2,5 Millionen Jahre lebte, entstand das „Riesenhirn" des heutigen Menschen, das etwa die Größe zweier nebeneinandergelegter Fäuste besitzt. Diese Vergrößerung liegt zum Teil einfach daran, daß auch der menschliche Körper im Laufe der Jahrtausende größer geworden ist [23]. Die Gehirne von

Elefanten und Walen beispielsweise sind größer als die von Menschen, weil die Körper dieser Tiere größer sind. Wenn man das menschliche Gehirn jedoch in Relation zur Körpergröße betrachtet, so gehört es wieder zu den Riesen im Tierreich: Das Verhältnis von Körpergröße zum Gehirn ist beim Menschen etwa doppelt so groß wie beim Elefanten und dreimal so groß, wie es bei einem typischen Primaten unserer Größe zu erwarten wäre.

Ein größeres Gehirn bedeutet nicht zwangsläufig ein besseres Gehirn. Das Gehirn eines modernen Menschen wiegt im Durchschnitt etwa 1350 Gramm; das Gehirn des russischen Dichters Iwan Sergejewitsch Turgenjew hatte über 2000 Gramm, während das des französischen Schriftstellers Anatole France angeblich nur ein Gewicht von knapp 1000 Gramm besaß. Die Gehirne einiger moderner Menschen sind sogar kleiner als das größte Gehirn, das man für *Homo erectus*, einen der Vorfahren des Menschen, berechnet hat, und auch das geschätzte Hirngewicht des Neandertalers, eines weiteren Frühmenschen, bewegt sich mit 1400 Gramm oberhalb des obengenannten durchschnittlichen Hirngewichts eines modernen Menschen.

Das menschliche Gehirn ist nicht nur größer als das Gehirn anderer Tiere, es ist auch anders strukturiert. Man wird nie ein menschliches Gehirn erhalten, indem man zum Beispiel ein Schimpansengehirn nimmt und einfach nur vergrößert [24]. Im Schimpansenhirn macht der Neocortex – derjenige Teil des Gehirns, in dem höhere Lern-, Problemlöse- und Wahrnehmungsvorgänge stattfinden – etwa 75 Prozent der Hirnmasse aus, beim Menschen hingegen 85 Prozent. Das menschliche Gehirn unterscheidet sich von dem anderer Tiere auch darin, daß sich die beiden Hemisphären spezialisiert haben: Die linke Hälfte unseres Gehirns ist für Sprache und Symbolerkennung verantwortlich, während die rechte Hälfte für Eigenschaften wie räumliche Zuordnung, Emotionen und musikalisches Verständnis zuständig ist. In anderen Worten: Genau wie die moderne Gesellschaft ihre Stärke aus der Arbeitsteilung zwischen Bauern, Handwerkern, Soldaten und so weiter bezieht, hat es offenbar auch das Gehirn geschafft, seine Leistungsfähigkeit zu steigern, indem es die Arbeit zwischen verschiedenen Teilen seiner verwickelten neuralen Struktur aufteilte.

Das Gehirn ist zwar ein leuchtendes Beispiel für die unglaubliche Komplexität, die in lebendiger Materie entstehen kann, bleibt aber – wie auch andere komplexe Eigenschaften von Tieren, zum Beispiel das Echolotorgan der Fledermäuse oder die Fähigkeit der Spinne, ein Netz zu weben – dennoch ein Produkt der Evolution. Der starke Größenzuwachs unseres Gehirns kann aber auch nicht als Evolutionsanomalie bezeichnet werden: Damit es innerhalb der vergangenen 2,5 Millionen Jahre seine heutige „Ballongröße" erreichen konnte, mußte es in jeder Generation gerade mal um ein Millionstel eines Prozentpunktes wachsen. Darüber hinaus ist es für den Menschen gar nicht so ungewöhnlich, ein großes Gehirn zu besitzen; denn das große Gehirn ist ein Merkmal, das bei den Primaten schon lange vor dem Erscheinen des Menschen auftauchte. Das Gehirn des gemeinsamen Vorfahren von Affen, Menschenaffen und Menschen erfuhr vor 60 Millionen Jahren einen Größenzuwachs von 65 Prozent und wuchs seitdem kontinuierlich weiter.

Was war der Auslöser?

Selbstverständlich hat ein großes Gehirn auch seinen Preis: Wie eine alte Luxuslimousine „schluckt" so ein Gehirn „viel Sprit". Bei erwachsenen Menschen benötigt das Gehirn 20 Prozent des Ruheenergiebedarfs, im Gegensatz dazu genügen einem erwachsenen Schimpansen neun Prozent. Und genau wie eine alte Limousine ist auch das menschliche Gehirn recht hitzeempfindlich: Wenn die Körpertemperatur nur um vier Grad steigt, kann dies bei Erwachsenen zu Verwirrtheitszuständen und bei Kindern zu Fieberkrämpfen führen. Durch das

Wachstum des Gehirns ergab sich als weiteres Problem, daß ein großes Gehirn natürlich auch einen großen Schädel brauchte; dadurch wurde die Geburt für Mutter und Kind zu einer gefährlichen Angelegenheit.

Was das angeht, gibt es noch weitere Unterschiede zwischen unserer Art und den übrigen Primaten: Gemessen an der Gesamtlebensdauer hat der Mensch eine der kürzesten Tragzeiten unter allen Primaten. Wenn die Schwangerschaft beim Menschen nach dem gleichen Muster verliefe wie bei den übrigen Affen, würden unsere Babys 18 Monate nach der Empfängnis geboren. Tatsache ist, daß das Gehirn eines Säuglings bei der Geburt nur etwa ein Viertel seiner endgültigen Größe hat; unmittelbar danach durchläuft das Gehirn seinen größten Wachstumsschub. Da das Wachstum auch dann noch anhält, wenn die Gehirne anderer Primatenkinder ihres längst eingestellt haben, kann unser Gehirn größer werden das der anderen Primaten.

Diese verlängerte kindliche Wachstumsphase beim Menschen – und das große Hirn, das sie mit sich brachte – entwickelte sich wahrscheinlich aufgrund von Mutationen jener Gene, welche die Gesamtentwicklung des Menschen steuern: Im Gegensatz zu den übrigen Primaten hält sich das jugendliche Aussehen beim Menschen bis ins Erwachsenenalter, zusammen mit der jugendlichen Hirnzuwachsrate. In der Tat ähnelt ein erwachsener Mensch äußerlich einem jungen Menschenaffen, dessen vorgewölbte Stirn und flaches Gesicht sich erst später zum vorspringenden Kinn und zur fliehenden Stirn der adulten Tiere entwickeln.

Bedenkt man all die Unannehmlichkeiten, die dem Körper durch ein großes Gehirn erwachsen, so leuchtet ein, daß sich diese „Riesenhirne“ in unseren Vorfahren nicht rein zufällig entwickelt haben. Die Intelligenztests, von denen sich unsere Vorfahren tagein, tagaus gefordert sahen, müssen schon recht beachtlich gewesen sein; denn durch das Lösen dieser Probleme konnte die Intelligenz, die quasi Hand in Hand mit dem „Riesenhirn“ daherkam, die enormen biologischen Nachteile ausgleichen, die dieses für den Körper mit sich brachte.

Im Laufe der Jahre stellten Forscher verschiedene Theorien auf, was wohl die Wachstumsexplosion des menschlichen Gehirns ausgelöst haben könnte. Die erste und naheliegendste war die Theorie vom aufrechten Gang [25]. Die Vermutung schien plausibel, daß – als unsere Vorfahren vor 3,5 Millionen Jahren erst einmal gelernt hatten, auf zwei Beinen zu gehen – schon bald andere menschliche Eigenschaften, wie etwa die Werkzeugherstellung oder ein großes Gehirn, folgten; auf diese Weise ergab sich eine Art Rückkopplungsprozeß, der schließlich zu einem (noch) größeren Gehirn führte.

Lucy

Mit der berühmten Entdeckung von „Lucy", dem Fossil eines kleinwüchsigen weiblichen Hominiden (Frühmenschen), begann diese Theorie auseinanderzubröckeln. Lucy und ihre Sippe sind etwa 3,5 Millionen Jahre alt und stellen somit die ältesten bekannten direkten Vorfahren des Menschen dar. Ihr Skelett verrät uns, daß sie aufrecht ging – und tatsächlich stimmen die meisten Forscher auch darin überein, daß eine Reihe versteinerter Fußspuren, die 1978 bei Laetoli (Ostafrika) entdeckt wurden, von dieser Art stammen, die mit wissenschaftlichem Namen *Australopithecus afarensis* heißt. Die etwa 3,7 Millionen Jahre alten Fußabdrücke zeigen deutlich die etwa 24 Meter lange Fußspur mehrerer Hominiden, die über die mit feuchter Vulkanasche bedeckte Savanne wanderten, kurz verhielten und dann weiterzogen. Der Bau von Lucys Beinknochen, Kniegelenk und Becken verrät uns auch, daß sie gut an den aufrechten Gang adaptiert war.

So auffällig menschenähnlich Lucys Anatomie vom Hals an abwärts auch gewesen ist, nach oben hin waren sie und ihre Artgenossen bemerkenswert wenig „menschlich" gebaut: Diese Hominiden besaßen ein winziges, affenähnliches Gehirn, große Eckzähne und ein vorspringendes Gesicht – der Kopf eines Menschenaffen auf einem

Menschenkörper. Es gibt keinerlei Hinweise, daß Lucy und ihre Sippe Steinwerkzeuge anfertigten, Feuer machten, Schutzhütten errichteten, Dauerbeziehungen unterhielten oder ihr Leben um einen zentralen Stammplatz herum gestalteten. Alle Zeichen deuten darauf hin, daß Lucys Gehirn und Verhalten sehr menschenaffenähnlich waren.

Da der erste Sprung in der Größenzunahme des Gehirns in der menschlichen Abstammungslinie gleichzeitig mit den ersten Anzeichen von Steinwerkzeugen vor etwa 2,5 Millionen Jahren in Erscheinung trat, sahen andere Wissenschaftler in der Fertigung von Werkzeug den entscheidenden Auslöser für die Gehirnvergrößerung bei den Hominiden. Diese Erklärung wurde auch von Filmregisseuren übernommen: Die Eingangsszene von Stanley Kubricks berühmtem Film *2001: Odyssee im Weltall* zeigt einen Menschenaffen, der in einem Augenblick äffischer Eingebung einen Knochen schwingt wie eine Keule. Doch auch diese Hypothese begann sich aufzulösen, als die Forscher unter den Überresten dieser ersten Werkzeugmacher, die wissenschaftlich als *Homo habilis* („geschickter Mensch") bezeichnet werden, kaum Hinweise auf organisierte Jagd oder andere Anzeichen für ein gesteigertes Denkvermögen fanden. Nebenbei, wenn das Erwachen der Menschheit tatsächlich so wie in *2001* beschrieben abgelaufen wäre, hätten sich in den folgenden zwei Millionen Jahren nur reihenweise langweilige Wiederholungen ereignet: Die einfachen, gut kartoffelchipgroßen Steinplättchen, die *H. habilis* als Werkzeug anfertigte und benutzte, veränderten sich in der Million Jahre, in der er die Savanne durchstreifte, kaum in ihrem Aussehen. Die Werkzeuge, die sein Nachfolger *H. erectus* fertigte, waren zwar etwas raffinierter, doch auch hier blieb das Design etwa eine Million Jahre lang im wesentlichen unverändert. Und sogar die ersten anatomisch gesehen „modernen" Menschen ließen bei ihrer Werkzeugfertigung wenig Innovation erkennen, sondern hielten an einer begrenzten Auswahl von Faustkeil- und Steinmessertypen fest, die jahrtausendelang unverändert blieben.

Doch während der gleichen Zeit, in der sich bei unseren Vorfahren die Anfertigung von Werkzeugen in festgefahrenen Gleisen bewegte, erfuhr das menschliche Gehirn die größten Zuwächse. Erst nach einem „kreativen Quantensprung" vor etwa 40 000 Jahren, in dessen Folge erstmals Hinweise auf Kunst, Musik und Kultur (nach unserem Verständnis) auftauchten, kam es plötzlich zu einer Blüte technologischer Innovationen – und die Menschen erfanden einfach alles: Pfeil und Bogen, Angelhaken, Metallegierungen, Düsenflugzeuge und Computer. Allerdings wissen wir aufgrund von Fossilien, daß das menschliche Gehirn bereits 60 000 Jahre, *bevor* alles das geschah, sein heutiges Volumen erreicht hatte.

Wozu braucht man ein großes Hirn?

Wenn also weder der aufrechte Gang noch die Anfertigung von Werkzeug zur „Gehirnexpansion" führten, was war es dann? Ein Schlüssel zum Verständnis der Ursachen des Gehirnwachstums ist die Feststellung, daß die bemerkenswerte Intelligenz des *Homo sapiens sapiens* ihn nicht zwangsläufig zu einem Außenseiter der Evolution machte: Während der Evolution der Primaten haben sich nämlich bei allen Affen große Gehirne entwickelt. Insgesamt schneiden alle Affen bei Intelligenztests besser ab als irgendeine andere Tiergruppe. Wenn also das große Gehirn des Menschen nur Teil eines allgemeinen Entwicklungstrends in Richtung Intelligenz bei *allen* Primaten ist, sollte die eigentliche Frage besser lauten: Was machen Primaten mit all der Gehirnsubstanz, was andere Tiere nicht tun? [26]

Die Antwort auf diese Frage findet sich in der Art und Weise, wie Primaten – insbesondere wir Menschen – sozial miteinander umgehen. Den bedeutendsten Faktor im Leben der Primaten stellt ihr soziales Umfeld dar: Viele Affen- und Menschenaffenarten leben in Sozialverbänden, die durch Bündnisse, Fehden, hierarchische Strukturen, Konkurrenz, Kooperativität und Täuschungsmanöver gekennzeichnet sind. In freier Wildnis verwenden Primaten nur sehr selten Werkzeug; doch benutzen sie ihre Artgenossen als „soziale Mittel zum Zweck“, um Bündnisse zu schließen oder zu brechen und auf diese Weise ein bestimmtes Ziel zu erreichen. Die Schwierigkeiten beim Aufbau von komplexen Beziehungen zu anderen Menschen stellten die Gehirne unserer Urahnen vor die größten kognitiven Probleme – und förderten ihre Evolution.

Ganz gleich, ob man nun die Rangordnung innerhalb einer Horde Meerkatzen beachten oder sich den Weg durch das Gedränge auf einer New Yorker Cocktailparty bahnen muß – komplexe soziale Beziehungen zu unterhalten, erfordert enorme geistige Fähigkeiten. Im Gegensatz zur typischen physischen Umwelt eines Primaten, die sich nur sehr langsam verändert, bleibt sein soziales Umfeld nie konstant; vielmehr besteht es aus einem Geflecht von Intrigen und ständig wechselnden Allianzen, einem Spiel, in dem viele verschiedene Mitspieler, die alle ihre eigenen Interessen verfolgen, heftig mitmischen. Und so kommentiert denn auch die kleine Alice in Lewis Carrolls Roman *Alice im Wunderland* ein Krocketspiel, bei dem Igel als Bälle und Flamingos als Schläger verwendet werden, mit folgenden Worten: »Sie können sich überhaupt nicht vorstellen, wie verwirrend es ist, daß hier alle Dinge lebendig sind.«

Darüber hinaus sind an einem sozialen Geschehen oft mehr als eine oder zwei Personen gleichzeitig beteiligt; das macht es sehr viel schwieriger, die Wege in und aus einer bestimmten sozialen Situation abzuschätzen. Die sozialen Implikationen für den hypothetischen Fall, gemeinsam mit dem „Gruppenführer“ ein bestimmtes „Projekt“ zu realisieren, dürften bei einer steinzeitlichen Jagd genauso groß gewesen sein wie in einem modernen Bürobetrieb. Zum Beispiel wird die Entscheidung, ob man mit dem Chef an einem neuen Projekt zusammenarbeitet, von Überlegungen wie den folgenden beeinflußt: Wird das den Chef erfreuen? Werden meine Kollegen auf mich neidisch? Wird meine Frau sauer, weil ich dann wieder Überstunden machen muß? Werden sich andere Kunden dadurch benachteiligt oder vernachlässigt fühlen? Werden sich Kollegen dagegen sträuben, daß ihnen einige meiner anderen Projekte zusätzlich aufgehalst werden? Wird mein Chef letztlich den ganzen Lohn für meine Mühen einheimsen? Kurzum, ein verwirrendes Geflecht von Erwägungen und Gegenerwägungen, komplizierter als eine Schachpartie und doch so alt wie die Menschheit.

Während der gesamten Evolution mußten die Menschen im täglichen Miteinander permanent mit einer Unmenge von komplexen, kognitiven Informationen jonglieren. Natürlich arbeitet die Denkmaschine, die diese sozialen Wechselspiele ermöglicht, so reibungslos, daß wir sie als selbstverständlich erachten. Gewohnheitsmäßig vergleichen wir zum Beispiel zwei Beziehungen miteinander („John kommt mit seinem Vorgesetzten besser klar als Mary mit ihrem Chef"), bewerten sie entsprechend den herkömmlichen Erwartungen („Mary versteht sich außerordentlich gut mit ihrer Cousine Sylvia"), und versuchen (als wichtigsten Aspekt), soziale Beziehungen vor dem Hintergrund von Zielvorstellungen, Wünschen und Absichten nachzuvollziehen („Er hat sie nur wegen ihres Geldes geheiratet"; „Sie versucht, dich einzuschüchtern"; „Er benimmt sich auf einmal so liebevoll, weil er etwas will").

Das menschliche Gehirn ist so sehr darauf getrimmt, alles durch die Brille sozialer Beziehungen zu sehen, daß selbst Krabbelkinder ein einfaches Wechselspiel zwischen zwei unbelebten Objekten als eine soziale Handlung mit Zielen, Wünschen und Absichten interpretieren [27]. Studien zeigten, daß Kleinkinder, die sich ein Video anschauen, in dem zum Beispiel ein großer Ball auf einen kleinen Ball springt, diese Szene typischerweise als aggressive Handlung des großen Balles auslegen. Umgekehrt würden sie eine Szene, in der sich ein großer und ein kleiner Ball sanft aneinander reiben, als Zeichen von Zuneigung interpretieren. Wichtiger erscheint jedoch, daß die Kinder, wenn sie beispielsweise sehen, wie der große auf den kleinen Ball „haut", vom kleinen erwarten, daß dieser sich in irgendeiner Weise revanchiert. Die Erwartungen der Kinder richten sich also auf die *Gefühle*, die hinter der Handlung stecken (ob sich ein Ball etwa „böse" oder „lieb" verhält), weniger auf die eigentliche Aktion, sprich das Draufspringen oder Schlagen. Anders formuliert, betrachten die Kinder einen derben Puff, den der kleine dem großen Ball verpaßt, als angemessene Revanche für die grobe Behandlung, die der „Große" ihm zuvor hatte zuteil werden lassen. Der Hang des Menschen, alles durch die soziale Brille zu betrachten, reicht oft auch über den Bereich der zwischenmenschlichen Beziehungen hinaus: Immer wieder kann man beobachten, wie Leute ihr Auto beschimpfen, mit ihren Haustieren reden oder das Wetter verfluchen. Mitunter versuchen wir sogar, mit uns selbst einen sozialen „Kuhhandel" abzuschließen – indem wir zum Beispiel unserem genußfreudigen Ich eine Riesenportion Eis dafür versprechen, daß das spartanischere Ich ein paar schweißtreibende Stunden im Fitneßstudio verbringt.

Ein sozial handelnder Affe

Selbstverständlich sind Primaten nicht die einzigen Tiere, die soziale Bindungen eingehen. Ameisenstaaten und Bienenvölker besitzen eine so fest gefügte soziale Struktur, daß manche Biologen sie in ihrer Gesamtheit als „Superorganismus" ansehen. Elefanten und Delphine leben ebenfalls in lange zusammenhaltenden Sozialverbänden. Doch das Zusammenleben in großen Gruppen reicht allein nicht aus, um einen explosionsartigen Größenzuwachs des Gehirns auszulösen; von größerer Bedeutung ist die Art der Wechselwirkungen, die stattfinden, sobald sich die Sozialstruktur gebildet hat. Verbände von Primaten sind keine bloßen Ansammlungen von Einzeltieren, wie etwa ein

Fischschwarm oder eine Rinderherde, sondern hierarchisch strukturierte Gruppen, die oft mehrere Generationen umfassen und deren einzelne Mitglieder eine Reihe komplizierter sozialer Spielregeln befolgen müssen, um miteinander auszukommen.

Aufgrund dieser Hierarchie sehen sich viele Primaten vor die große Aufgabe gestellt, mit anderen Artgenossen Bündnisse einzugehen, um eventuell von deren sozialem Status profitieren zu können. »Meerkatzen, Makaken und Paviane sind, offen gesagt, fürchterliche soziale Streber«, meinen Cheney und Seyfarth. »Grüne Meerkatzen benehmen sich wie Figuren aus einem Gesellschaftsroman von Jane Austen. Ihr ganzes Leben kreist um zwei Dinge: Einerseits trachten sie danach, die Familie zusammenzuhalten, und andererseits versuchen sie, gute Beziehungen zu Mitgliedern von Familien aufzubauen, die vom Status her über ihnen stehen.« [28] Primaten besitzen ein ebenso hohes Rangbewußtsein wie ein Zirkel blaublütiger Gesellschaftsdamen: In einer bestimmten Affengruppe kletterte beispielsweise die Affendame Becky kontinuierlich die soziale Rangleiter der Weibchen empor, indem sie Bündnisse schloß, anderen Weibchen drohte, die Felle ranghöherer Weibchen lauste oder mit deren Kindern spielte. Auf diese Weise rutschte Becky von Platz 40 der Rangordnung auf die 21. Stelle. Becky ist das beste Beispiel dafür, daß man einen sozial höheren Rang erlangt, indem man eine einfache Strategie verfolgt: *Nach oben buckeln, nach unten treten* – eine Strategie, die auch uns Menschen bekannt vorkommen sollte, ganz gleich, ob wir uns im Konferenzsaal, in der Kommunalpolitik oder im Rotary Club umsehen.

Cheneys und Seyfarths Forschungen demonstrieren, daß treu ergebene Gefolgschaften – und Rache – zum Leben der Meerkatzen genauso dazugehören wie bei den Capulets und Montagues in Verona. Bei einem Zwischenfall griff eine Meerkatze ein anderes Gruppenmitglied an, und obwohl die Attacke nur wenige Sekunden gedauert hatte, blieb sie nicht unbeachtet: 20 Minuten später fiel die *Schwester* der zuvor angegriffenen Meerkatze plötzlich über die *Schwester* des Angreifers her. In einem anderen Fall verjagten Bruder und Schwester bei einer Zankerei um Futter gemeinsam die Meerkatze, die den Streit begonnen hatte; gleichzeitig stürzte sich eine Schwester des Geschwisterpaares auf die Schwester des flüchtenden Affen. Diese Vorfälle lassen darauf schließen, daß ein Affe nicht nur seinen eigenen Platz auf der sozialen Leiter kennen muß; darüber hinaus sollte er auch über die verschiedenen kleineren Bündnisse in der Gruppe Bescheid wissen und vorhersehen können, wer wem wohl helfen wird.

Das soziale Umfeld ist für Primaten von so großer Bedeutung, daß sich ihr Gehirn offenbar daran „gewöhnte", in sozialen Situationen am besten zu funktionieren. Wenn man beispielsweise den Warnruf einer Meerkatze, daß sich ein Leopard in der Nähe befindet, vom Band abspielt, stürzen alle Affen sogleich in Deckung. Hängt man aber eine ausgestopfte Antilope in einen Baum in Sichtweite der Meerkatzen – was in der Natur ein sicherer Hinweis wäre, daß sich der Leopard, der die Antilope geschlagen hat, noch irgendwo in der Nähe aufhält –, hat dies keinen Einfluß auf das Verhalten der Tiere. In ähnlicher Manier warnen Meerkatzen einander durch Alarmrufe, um auf die Anwesenheit einer Python aufmerksam zu machen, scheinen jedoch die großen, auffälligen Spuren, die diese Riesenschlangen hinterlassen und ebenfalls eindeutig auf deren Anwesenheit verweisen, überhaupt nicht zu registrieren. »Affen besitzen eine punktuelle Intelligenz«, behaupten Cheney und Seyfarth. »Während sie Probleme im Sozialleben ohne große Schwierigkeiten oder mit wenig Training meistern, geraten sie oft ganz schön ins Schwimmen, wenn sie mit demselben Problem außerhalb des sozialen Kontextes konfrontiert werden.« Die Forscher gehen mit ihrer These sogar so weit, daß sie behaupten, den Affen würde es kaum auffallen, wenn man ihre physische Umgebung einschneidend veränderte. »Wie würden sie zum Beispiel reagieren, wenn man den Kilimandscharo so verschieben könnte, daß er im Norden statt im Süden läge, oder wenn man die Sonne im Westen aufgehen ließe? Nach unseren Erwartungen ließe das die Affen völlig kalt.« [29]

Im Gegensatz dazu besitzt unser Gehirn die bemerkenswerte Fähigkeit, Wissen, das in einer bestimmten Situation erworben wurde, zur Lösung anderer Probleme zu verwenden. Genauso wie man auch mit einem Schraubenschlüssel (anstelle eines Hammers) einen Nagel einschlagen kann, läßt sich ein „geistiges Werkzeug", das sich zu einem bestimmten Zweck entwickelt hat, ebenfalls in anderen Bereichen einsetzen – auch wenn es seine Aufgabe vielleicht nicht so gut erfüllt. So ist es beispielsweise recht unwahrscheinlich, daß das menschliche Gehirn speziell zu dem Zweck entstand, komplizierte mathematische Aufgaben zu lösen – was jeder, der sich mit Algebra auseinandersetzen durfte, sicherlich schon einmal selbst vermutet hat. Dennoch gelingt es dem Menschen wie keinem anderen Tier, Wissen, das er in einem Bereich (zum Beispiel mittelalterlicher Kriegskunst) erworben hat, auf einen anderen (etwa die Strategien für eine Schachpartie) zu übertragen. So gesehen liegt das Besondere am Umgang der Menschen mit Logik- und Algebraproblemen nicht etwa in der Tatsache, daß sie es so schlecht können, sondern daß sie es überhaupt schaffen, mit abstrakten Symbolen und Rechenvorschriften zu arbeiten, die keine direkte Bedeutung für ihr Leben haben.

Ein Netz aus Lug und Trug

Eine gute Gehirnleistung ist wichtig, um die Einzelheiten der sozialen Interaktionen genau zu erfassen – eine Tatsache, auf die bereits Niccoló Machiavelli in seinem Werk *Il principe* („Der Fürst") hinwies: »So einfältig sind die Menschen und so sehr von unmittelbaren Nöten gesteuert, daß ein Fürst, der andere täuschen will, immer Menschen findet, die sich täuschen lassen.« Tagein, tagaus sind wir damit beschäftigt, Lügengespinste zu entwirren oder selbst zu flunkern, Täuschungsmanöver aufzudecken oder zu kaschieren – ganz gleich, ob man nun eine harmlose Lüge über die neue Garderobe eines Kollegen erzählt, dem phantastischen Angebot eines Telefonverkäufers mißtraut, das zu gut klingt, um wahr zu sein, oder einfach nur herausfinden will, welches der Kinder die neue Vase zerbrochen hat.

Offenbar sind Affen und Menschenaffen ganz geschickt dabei, sich gegenseitig zu täuschen: In einem Fall beobachteten Forscher, die sich im Gebüsch versteckt hatten, wie sich ein junger Pavian einem älteren Tier näherte, das nach bestimmten Wurzelknollen suchte; Paviane fressen diese Pflanzenteile sehr gerne, doch bekommen die Jungtiere davon selten etwas ab. Obwohl er weder angegriffen noch bedroht wurde, stieß der kleine Pavian plötzlich einen lauten Schrei aus, als ob er attackiert würde, woraufhin seine Mutter herbeistürzte und den erwachsenen Pavian, dem sie vom Rang her überlegen war, verjagte. Nachdem er sicher war, daß die beiden erwachsenen Paviane im Busch verschwunden waren, machte sich der junge Affe gemütlich über die Leckerbissen her. Es gibt noch viele weitere ähnliche Anekdoten, die belegen, daß auch andere Primaten ein Doppelspiel betreiben können, auf das Machiavelli stolz gewesen wäre: So wurde beispielsweise ein Affenweibchen beobachtet, das das ekstatische Grunzen eines rangniederen Männchens, mit dem es kopulierte, zu dämpfen versuchte, weil sich das ranghöchste Männchen gerade in Hörweite befand (das es natürlich nicht gerne sieht, wenn sich die Weibchen mit anderen Männchen einlassen). In einem anderen Fall schmeichelte sich ein Pavianweibchen bei einem männlichen Artgenossen ein, der gerade eine Zwergantilope getötet hatte; mit einem Kopulationsangebot brachte sie ihn dazu, sich hinzulegen, doch dann ergriff sie plötzlich den Antilopenkadaver und rannte weg. Und in einem weiteren Beispiel brauchte ein Pavianweibchen etwa zwanzig Minuten, um sich Zentimeter für Zentimeter hinter einen Felsbrocken zu begeben; dank dieser Deckung konnte das ranghöchste Männchen dann zwar noch ihren Kopf sehen, nicht aber ihre Hände, die mit der sozialen

Fellpflege eines rangniederen Männchens (das ebenfalls nicht im Blickfeld des „obersten Chefs" saß) beschäftigt waren. Diese Anekdoten, die als gute Beispiele für machiavellistische Täuschungsmanöver unter Primaten dienen, lassen vermuten, daß eine der schwierigsten Aufgaben für das Gehirn der Herrentiere wohl darin besteht, einerseits die Artgenossen zu täuschen und andererseits Täuschungsmanöver als solche zu erkennen.

Allerdings erfordert es keine großen Geisteskräfte, um jemanden erfolgreich zu täuschen – vielleicht braucht man dazu nicht einmal viel Hirn: So bedeckt beispielsweise ein afrikanischer Käfer seinen Körper mit toten Ameisen, um in den Ameisenbau zu gelangen und dann dort ein Festmahl zu halten. Opossums stellen sich tot, und wenn sich ein Freßfeind dem Nest eines Regenpfeifers nähert, gibt dieser Vogel vor, einen gebrochenen Flügel zu haben, und hüpft von seinem Nest weg, um die Aufmerksamkeit auf sich zu ziehen und von der Brut abzulenken. Alle diese Fälle sind Beispiele für angeborene Verhaltensweisen, die sich nur in engen Grenzen einsetzen lassen. So wird ein Regenpfeifer immer nur zum Schutz seiner Jungen einen gebrochenen Flügel vortäuschen, nie jedoch, um beispielsweise Futter oder etwas anderes zu verstecken. Ein bißchen kann man das mit Leuten vergleichen, die nur lügen, wenn man sie fragt, was es bei ihnen zum Frühstück gab [30].

Gedankenleser

Daß Menschen dazu in der Lage sind, ein ausgeklügeltes Sozialleben – einschließlich echten Betrugs – zu entfalten, geht zu einem guten Teil auf etwas zurück, das Philosophen und Kognitionswissenschaftler als „theory of mind" bezeichnen: Darunter versteht man die Fähigkeit, eine Vorstellung davon zu entwickeln, was der oder die andere gerade denkt. Wir sagen gewöhnlich „sich in jemanden hineinversetzen“. Wir sind allesamt von Natur aus Gedankenleser: Regelmäßig versuchen wir, das Verhalten anderer zu verstehen, indem wir uns vorstellen, was sie erreichen wollen, was sie wohl denken und welche Vermutungen sie in bezug auf die Gedanken Dritter hegen.

Die Kunst, vorhersagen zu können, wie die eigene Handlung in den Gedanken der Mitmenschen ausgelegt wird, erweist sich als überlebensnotwendig, um sicher durch das Meer der sozialen Beziehungen zu steuern, die unsere Gesellschaft charakterisieren. So kann zum Beispiel Ihr Angebot, einem Kollegen zu helfen, der sich sichtlich mit einem Projekt abmüht, bei diesem sowohl dankbares wie feindseliges Verhalten auslösen – je nachdem, ob dieser Mann glaubt, daß Sie ihm auf der Karriereleiter emporhelfen wollen, oder aber annimmt, daß Sie beabsichtigen, seine Unfähigkeit dem Chef zu melden. Ähnlich verhält es sich mit Ihrem Hilfsangebot, das Sie nur machen konnten, weil Sie die Grenzen von Wissen und Fähigkeiten Ihres Kollegen eingeschätzt und mit Ihren eigenen verglichen haben. Das „Hin- und Herlesen“ von Gedanken zwischen zwei Personen kann manche Verhandlungen in ein Labyrinth verwandeln. Bei unseren Bemühungen, uns in andere hineinzuversetzen, schätzen wir nicht nur ab, wieviel sie wissen, sondern auch, wie sie ihr Wissen möglicherweise ausnutzen. Angenommen, der Mechaniker Ihrer Werkstatt erklärt Ihnen, Ihr Auto müsse für gut 1000 DM repariert werden; Sie haben keinen blassen Schimmer von Autos, und Sie wissen außerdem, daß der Mechaniker das weiß. Deshalb versuchen Sie nun, irgendwelche Hinweise zu finden, ob er zu Ihren Lasten von seinem Wissen profitieren will. Können Sie dem Mann vertrauen? Gleichzeitig „liest“ der Mechaniker natürlich auch Ihre Gedanken und wird vielleicht durch Ihre Unterstellungen beleidigt sein – oder sich aber noch intensiver bemühen, sein doppeltes Spiel zu vertuschen.

Da wir so sehr dazu neigen, uns die Absichten unserer Mitmenschen vorzustellen, kann ein einfaches Gespräch zwischen zwei Personen aufgrund des Wissens beider Teilnehmer um die Motive, Wünsche, Annahmen und Informationen des anderen eine tiefere Bedeutung erhalten, als der eigentliche Wortlaut vermuten läßt. Selbst ein scheinbar unverfängliches „Hallo“ kann eine bedeutende neue Entwicklung innerhalb einer Beziehung signalisieren – beispielsweise, wenn es sich um die Begrüßung durch den obersten Firmenchef handelt, von dem Sie annahmen, daß ihm Ihre Existenz bis *dato* unbekannt war; sollte aber Ihre Lebensgefährtin Sie auf diese Weise eisig begrüßen, können Sie sicher sein, daß der Streit, den Sie hatten, immer noch nicht beigelegt ist.

Die meisten Menschen sehen diese Wunder der Kognition als etwas Selbstverständliches an; aber die Fähigkeit, eine innere Einstellung richtig einschätzen zu können, war vermutlich eine entscheidende Entwicklung in der Evolution unserer Vorfahren. Da man sich mit dieser Gabe sicherer durch die enorme Vielfalt der sozialen Beziehungen bewegen kann, stellt sie einen enormen Anpassungsvorteil gegenüber solchen Lebewesen dar, die dazu nicht in der Lage sind. Für den Menschen, das sozialste aller Tiere, trifft dies in besonderer Weise zu.

Was den Menschen ausmacht . . .

Wie das Erlernen von Sprache ist die spezifisch menschliche Fähigkeit, sich in andere hineinversetzen zu können, ein Teil der kindlichen Entwicklung. Charakteristischerweise läuft sie in drei Phasen ab: Im Alter von etwa 20 Monaten wird den Kindern offenbar bewußt, daß sie eigene Gedanken, Absichten und Wünsche besitzen, die sie nun verbal äußern. In diesem Alter können Kleinkinder so tun als ob, zum Beispiel nicht vorhandenes Essen zu sich nehmen; das läßt vermuten, daß sie nun zwischen der Realität und dem unterscheiden können, was sie und andere vorgeben zu glauben.

Bis zum Alter von etwa vier Jahren scheint den Kindern jedoch das Verständnis dafür zu fehlen, daß sich die Gedanken anderer von den eigenen unterscheiden können. In einer klassischen Versuchsreihe sahen sich Kinder ein Puppenspiel an, in dem die Puppe Maxi einen Lutscher in einen blauen Schrank legte. Nachdem Maxi den Raum verlassen hatte, kam eine andere Puppe ins Zimmer, nahm den Lutscher aus dem blauen und legte ihn in einen grünen Schrank. Auf die Frage, in welchem Schrank Maxi nach seiner Rückkehr wohl nach dem Lutscher suchen würde, antworteten Kinder unter vier Jahren ausnahmslos, daß sie im grünen Schrank nachsehen würde – schließlich wußten *sie* ja, daß sich der Lutscher dort befand. Das Problem bestand nicht etwa darin, daß die Kinder sich nicht mehr erinnern konnten, da sie auf die Frage, wohin Maxi den Lutscher gelegt habe, alle den blauen Schrank nannten. Der Versuch legt nahe, daß Kinder bis zu einem gewissen Alter nur sehr schwer zwischen dem, was sie wissen, und dem, was sie glauben, daß andere wissen, unterscheiden können. Daher auch die Situation, in der ein Kleinkind seine Großmutter mit den Worten begrüßt: „Heute machen wir für dich eine Überraschungsparty!"

Dieses Unvermögen, sich die Gedanken anderer vorzustellen, wird besonders deutlich, wenn ein Kind uns zu täuschen versucht. Falls man jemanden wirklich täuschen will, muß man sich erst bewußt werden, daß der andere völlig anders denken kann als man selbst. Wenn also ein kleines Mädchen gefragt wird, ob es aus der Keksdose genascht hat, wird das Kind vielleicht durch Verneinen versuchen, die Schelte zu vermeiden, doch es wird sich nicht die Krümel aus den Mundwinkeln wischen. Der Grund dafür ist, daß es sich nicht vorstellen kann, daß seine Eltern anders denken als es selbst: deshalb wird es auch nicht versuchen, die Beweise – sprich, die Kekskrümel – zu beseitigen. Kinder befinden sich nicht etwa deshalb in einer „Zeit der Unschuld", weil sie nicht lügen können, sondern weil sie – was viel subtiler, doch von größerer Bedeutung ist – noch nicht begriffen haben, daß ein echtes Vortäuschen, also die Veränderung der Gedanken anderer, gedanklich überhaupt machbar ist.

Die Primatenforschung zeigt, daß auch Affen und Menschenaffen – ähnlich wie Kleinkindern – die Fähigkeit abgeht, komplizierte gedankliche Theorien zu formulieren. In einem Experiment wurde der Schimpansin Sarah ein Videoband gezeigt, auf dem ihre Trainerin verschiedene Probleme zu lösen versuchte – zum Beispiel versuchte sie, Bananen zu angeln, die sich über ihrem Kopf befanden. Mitten in der Handlung wurde das Band angehalten, und man ließ Sarah zwischen drei Fotos mit möglichen Lösungsvorschlägen (etwa einer Trainerin, die auf einem Stuhl stand) wählen. Häufig wählte Sarah die richtige Lösung, woraus man schließen konnte, daß sie die Handlungen ihrer Ausbilderin (nach oben schauen, mit dem Arm nach oben langen, hochspringen) als Folge ihrer Motive und Absichten verstand. Anders formuliert, las sie ihre Gedanken. Der Beweis, daß Sarah nicht einfach die Möglichkeit auswählte, die sie selbst zur Lösung des Problems in Erwägung gezogen hätte, wurde durch ein anderes Video geliefert, in dem ein zweiter Trainer, den Sarah allerdings nicht mochte, in der gleichen Situation gezeigt wurde. Hier wählt die Schimpansin die falsche Lösung.

Der Versuch legt die Überlegung nahe, daß Sarah ihrer Trainerin bestimmte Gemütszustände zuordnete. Nach einem weiteren Experiment tauchten jedoch Zweifel auf, ob sie tatsächlich in Lage war zu begreifen, daß sich das Wissen in den Köpfen anderer von ihrem eigenen unterscheiden könne. In diesem Versuch hatte man Sarah beigebracht, einen Knopf zu drücken, so daß sich ein Metallkasten öffnete, der außerhalb ihres Käfigs lag, den sie jedoch voll einsehen konnte. Die eine Hälfte des Kastens wurde regelmäßig mit leckeren Backwaren gefüllt, den Sarah gemeinsam mit ihrer Ausbilderin verzehrte; die andere Hälfte enthielt hingegen ein ekliges Sammelsurium aus Plastikschlangen, einem Becher Kot und stinkendem, faulendem Abfall. Ihre Trainerin zeigte gegenüber diesem „Müll" sehr starken Ekel und faßte ihn nur mit Gummihandschuhen an. Nachdem man der Schimpansin die Bedienung des Knopfes für die alltäglichen „Sitzungen" mit ihrer Ausbilderin beigebracht hatte, beobachtete sie einen weiteren Laborangestellten, der sich als „Bösewicht" verkleidet hatte und den Metallkasten aufbrach, während Sarahs Trainerin gerade nicht im Raum war. Der „Bösewicht" vertauschte nun den Inhalt der beiden Hälften, also die „Leckerlis" in den „Pfui-Kasten" und umgekehrt. Durch diese Handlung geriet Sarah sichtlich in Rage, und sie bewarf den Mann wütend mit Spielzeug und anderen Gegenständen, die sich in ihrem Käfig befanden.

Sarah wußte, daß (a) ihre Trainerin die ekligen Dinge in der „schlechten" Hälfte des Kasten verabscheute und (b) diese nun in der „guten" Hälfte lagen. Doch als die Frau später den Raum betrat, um die Affendame wie gewohnt zu besuchen, und zielstrebig auf den Metallschrank zusteuerte (in dem jetzt ja eine böse Überraschung auf sie wartete), machte Sarah keine Anstalten, sie zu warnen oder gar zu versuchen, sie davon abzuhalten, ihre Hand in den Kasten zu stecken. Statt dessen drückte sie unbekümmert auf den Türöffner, wie sie es immer getan hatte. Wie das Experiment zeigt, war Sarah nicht klar geworden, daß ihre eigenen Kenntnisse über den wahren Kasteninhalt anders aussehen als das, was ihre Ausbilderin weiß. Auf ähnliche Weise, wie Kinder unter vier Jahren nicht begreifen können, daß sich ihr eigenes Wissen von dem anderer Personen – in unserem Beispiel, der Puppe Maxi (siehe oben) – unterscheidet, verstand auch Sarah offenbar nicht, daß die Gedanken und Vorstellungen ihrer Trainerin von ihren eigenen abweichen konnten.

Eine geistige Notwendigkeit

Die Gabe des Menschen, sich in andere hineinzuversetzen, stellt offenbar eine spezielle Eigenschaft des Gehirns dar, die unabhängig von anderen geistigen Aktivitäten funktioniert, die mit Intelligenz in Zusammhang stehen. Mängel bei dieser Eigenschaft könnten eine Ursache für Autismus sein: In einem Experiment wurde beispielsweise bei einer Gruppe von Kindern in unterschiedlichen Stadien der geistigen Entwicklung getestet, inwieweit sie in der Lage sind, sich in andere hineinzuversetzen; einige dieser Kinder waren autistisch (Autismus ist ein Krankheitsbild, bei dem soziales Handlungsvermögen, Kommunikationsvermögen und Vorstellungsgabe von Kindern, die zum Teil sehr intelligent sind, stark beeinträchtigt sind), andere hatten ein Down-Syndrom, bei dem die geistige Entwicklung beeinträchtigt ist, und eine dritte Gruppe bestand aus ganz normalen Kindern. Den Kindern wurden drei Cartoons aus jeweils vier Einzelbildern gezeigt, deren ursprüngliche Reihenfolge absichtlich geändert worden war. Ein Cartoon zeigte einen mechanistischen Ablauf („Ursache-Wirkung-Ablauf"), bei dem ein Mann über einen großen Stein stolpert und hinfällt. Der zweite Cartoon war „interaktiv" – hier sah man, wie ein Mädchen einem Jungen sein Eis entriß, worauf dieser in Tränen ausbrach. Der letzte Cartoon setzte voraus, daß sich das Kind in andere Menschen hineinversetzen kann: Er zeigt ein Mädchen, das seinen Teddybär auf den Boden setzt und sich dann umdreht, um Blumen zu pflücken. Dann kommt ein Junge, der ihr hinter ihrem Rücken den Bären wegnimmt. Im letzten Bild des Cartoons blickt das Mädchen mit erstauntem Gesicht auf den Boden. Um diese Bildgeschichte richtig zusammenstellen zu können, müssen die Kinder begriffen haben, daß das Mädchen, als es sich wieder umdrehte, davon ausging, daß ihr Teddy da ist (wobei die Kinder jedoch wußten, daß dies nicht der Fall war), und daher über sein Verschwinden erstaunt war.

Als man die Kinder bat, die Bilder in der richtigen Reihenfolge zusammenzusetzen, schnitten die autistischen Kinder – die älter und wesentlich intelligenter als die übrigen teilnehmenden Kinder waren – beim mechanistischen und interaktiven Cartoon weitaus besser ab als die anderen. Bei der dritten Aufgabe, zu deren Lösung man sich in andere Menschen hineinversetzen muß, zeigten die Autisten die schlechtesten Ergebnisse von allen – sie waren sogar noch schlechter als die Kinder mit Down-Syndrom. Auch bei dem oben erwähnten Experiment mit der Puppe und dem versteckten Lutscher, bei dem die Kinder angeben müssen, in welchem Schrank Maxi den Lutscher vermutet, schnitten autistische Kinder schlechter ab als solche mit Down-Syndrom. Wie man aufgrund dieses Versuchs vermuten kann, liegt die Unfähigkeit autistischer Kinder, die Gedanken anderer zu verstehen, vermutlich in einer biologisch bedingten Gehirnanomalie und könnte die Hauptursache für dieses Syndrom sein. Das tragische Beispiel der autistischen Kinder zeigt, daß die Fähigkeit, sich in andere hineinzuversetzen, einen Bestandteil des angeborenen menschlichen Verhaltens darstellt [31].

Die Gabe, die Gedanken anderer heraufzubeschwören, spielt nicht nur beim sozialen Handeln, sondern auch bei einer weiteren, spezifisch menschlichen Tätigkeit eine wichtige Rolle – beim Lehren. Eine Mutter kann ihre Kinder beispielsweise davor warnen, daß eine Pfanne glühend heiß ist, sogar wenn sie sie selbst am Griff vom Feuer nimmt, weil sie zwischen ihren eigenen geistigen Erfahrungen und Fähigkeiten und denen ihres Nachwuchses zu unterscheiden weiß. Selbstverständlich sind auch andere Tiere in der Lage, Artgenossen etwas beizubringen: So lehrt eine Katzenmutter beispielsweise ihre Jungen, wie man Mäuse fängt; doch erfolgt dieser Prozeß allein dadurch, daß die Kätzchen die Handlungen ihrer Mutter beobachten und nachahmen. Die Schimpansin Washoe, die die Zeichensprache erlernt hatte, wurde dabei beobachtet, wie sie diese ihrem Sohn beibrachte. Aber nur Menschen beobachten andere, messen deren Fähigkeiten an einer allgemeingültigen Leistungsskala und greifen gegebenenfalls aktiv ein, um diese zu verbessern.

Ohne die Fähigkeit, sich in andere hineinzuversetzen, wäre die menschliche Kultur nicht möglich gewesen. Das Gros der Weltliteratur, Tragödien wie Komödien, bauen auf jener Gabe auf, nicht nur im Geiste Theorien über die Gedanken der anderen Protagonisten aufzustellen, sondern sich gleichzeitig auch auszumalen, wie sich diese imaginären Figuren wiederum die Gedanken ihrer Mitspieler vorstellen. Die Tragik in Shakespeares *Romeo und Julia* baut sich beispielsweise auf einer Verkettung von Mißverständnissen unter den Handelnden auf, welche aber nur dem Zuschauer bewußt ist. Romeo begeht Selbstmord, weil er davon ausgeht, daß Julia gestorben ist; den Zuschauern ist dabei völlig klar, daß sich Romeo niemals umgebracht hätte, wenn er ihre Informationen besessen hätte. Einem Publikum, das sich nur aus Affen zusammengesetzt hätte, wäre Romeos Handlungsweise völlig unverständlich gewesen, da sie nicht zwischen seinen und ihren eigenen Gedanken unterscheiden können.

Der heimliche Teilhaber

Eine wesentliche Komponente unserer Fähigkeit, uns eine Vorstellung von den Gedanken anderer zu machen, besteht darin, daß wir die eigenen Gedanken als solche erkennen können. Noch immer streiten sich Philosophen und Kognitionswissenschaftler darüber, was eigentlich Bewußsein ist – oder ob der Mensch das einzige Lebewesen ist, das so etwas besitzt. Im Gegensatz zur Selbst-Erkenntnis, durch die Tiere bemerken, daß sie von anderen verschieden sind, ist das Bewußtsein die höhere kognitive Leistung des „Sich-seiner-selbst-Bewußtseins“: Ein Lebewesen kann nicht nur erkennen, daß es von anderen Lebewesen verschieden ist; auf der Basis von Vorstellungen, die es über die Ansichten, die Wünsche und das Wissen anderer entwickelt, kann es auch seine eigenen Gedanken mit denen anderer vergleichen. Das ermöglicht es ihm beispielsweise, den Gedanken „Er ist traurig“ von dem Gedanken „Ich bin traurig“ zu unterscheiden.

Das Bewußtsein erlaubt es nicht nur, gleichzeitig die Gedankengänge zweier verschiedener Personen, sondern auch die Gedanken eines einzigen Gehirns zu verschiedenen Zeiten miteinander zu vergleichen;

auf diese Weise können wir spontanes Handeln zurückstellen, um Alternativen abzuwägen. Diese Fähigkeit, sich zukünftige Ereignisse als Folge eigenen Handelns auszumalen, ist wesentlich für den Ablauf vieler sozialer Handlungen – sei es nun die Entscheidung, das Angebot für einen neuen Job anzunehmen, oder die Art und Weise, wie man auf eine Beleidigung in einer zwielichtigen Kneipe reagiert [32]. In ersten Ansätzen stößt man auf diese Eigenschaft schon in der tansanischen Olduwaischlucht, einer eine Million Jahre alten Fundstätte für Steinwerkzeuge und fossile Knochen. Wie aus Untersuchungen an Mineralien hervorgeht, schleppten die Hominiden, die damals hier lebten und Werkzeuge anfertigten, regelmäßig Steinbrocken von einem mehr als zwölf Kilometer entfernten Ort an ihren Wohnplatz, der am Ufer eines Sees lag, um sie später als „Fleischmesser" zu benutzen. Die grünen Savannen waren also nicht nur der Schauplatz, wo unsere Vorfahren Steinwerkzeuge erfanden – hier erfanden sie auch die *Zukunft*.

Die Fähigkeiten, sich zukünftige Ereignisse auszumalen, sich in einen anderen Menschen hineinzuversetzen und eigene Erfahrungen weiterzugeben, sind wesentlich für sämtliche sozialen Beziehungen. Wenn unser Gehirn diese Wunder der Kognition nicht zustande brächte, könnte die menschliche Gesellschaft nicht existieren. Das liegt insbesondere daran, daß die Menschen im Gegensatz zu Tieren oft komplexe soziale Bindungen mit Personen eingehen, zu denen keinerlei Blutsverwandtschaft besteht. Mit nichtverwandten Menschen komplexe Beziehungen einzugehen – sei es die Wahl eines Ehepartners, der Abschluß eines unsicheren Geschäfts oder Kopf und Kragen zu riskieren, um gemeinsam ein wildgewordenes Mammut zu vertreiben –, war eine Schwierigkeit, die höchste kognitive Anforderungen an das Gehirn unserer Vorfahren stellte und seine Größenzunahme förderte.

Stärker als bei jeder anderen Tierart dieses Planeten hängt das Überleben unserer eigenen Spezies in einer unwirtlichen, gefährlichen

Welt entscheidend davon ab, daß wir uns völlig aufeinander verlassen. Dementsprechend schlossen sich unsere Vorfahren zu Gruppen zusammen, um gemeinsam zu erreichen, was sie einzeln nicht schaffen konnten – so wie heute Städte und Gemeinden, Wirtschaft und Nationen von einem Netzwerk gegenseitiger Abhängigkeit zusammengehalten werden. *Kooperation* ist das beim Menschen vorherrschende Verhalten; sie und nicht der Betrug machen das Wesen des Menschen aus. Kooperation als Überlebensstrategie scheint dem Klischee von der rauhen und unbarmherzigen Natur, in der der Stärkere überlebt, zuwiderzulaufen; doch eine Reihe genialer Versuche konnte zeigen, daß kooperatives Verhalten sogar für den größten Egozentriker die optimale Strategie darstellt. So unwahrscheinlich es auch klingen mag: Mit Freundlichkeit kommt man tatsächlich zuerst ins Ziel!

3. Die Netten werden die Ersten sein

Weil ich ihm nicht traue, sind wir Freunde.

Bertolt Brecht

Frankreich 1915. In einem morastigen Schützengraben nahe der Stadt Armentières trank der britische Captain J. R. Wilton, Fernmeldeoffizier des Royal Sussex Regiments, geruhsam eine Tasse Tee. Der Erste Weltkrieg hatte sich zu einem Stellungskrieg entwickelt, bei dem in den Schützengräben in wochenlangen, blutigen Schlachten lediglich um ein paar Meter unfruchtbaren Ackerbodens gekämpft wurde. Hin und wieder gab es allerdings ein paar ruhige Momente, in denen sich die Soldaten bei einer Tasse Tee entspannen konnten. Wilton genoß gerade eine dieser Pausen, als plötzlich eine Granate kreischend über seinen Kopf hinwegflog und in der Nähe explodierte. Die britischen Soldaten flüchteten überstürzt in die Gräben, entsicherten ihre Waffen und verfluchten die Deutschen. Doch dann, so notierte Wilton in seinem Tagebuch, »stand plötzlich ein mutiger Deutscher oben auf dem Wall und rief herüber: ›Tut uns wirklich leid, und wir hoffen, daß niemand verletzt wurde. Es war nicht unsere Schuld, das war die verdammte preußische Artillerie!‹«

Von feindlichen Soldaten würde man vermutlich als allerletztes kooperatives Verhalten erwarten. Tatsache ist jedoch, daß es im Ersten Weltkrieg zwischen den Linien der deutschen und der britischen Infanterie oft zu einer Art Frieden kam. Manchmal einigte man sich formell über einen Waffenstillstand, doch vielfach stellten die feindlichen Soldaten einfach das Feuer ein – oder schossen auf Ziele, wo man nicht viel Schaden anrichten konnte. Dem Bericht eines deutschen Soldaten zufolge feuerte in einem Fall das britische Artilleriebataillon, das im gegenüberliegenden Schützengraben saß, jeden Abend um sieben Uhr eine Artilleriesalve auf stets dieselbe Stelle, »so regelmäßig, daß man die Uhr danach stellen konnte. Es gab sogar ein paar Neugierige, die kurz vor sieben ein Stückchen über den Wall kletterten, um die Explosionen zu sehen.«

Dieses Zusammenspiel zwischen feindlichen Soldaten hätte die jeweiligen Heeresleitungen im Ersten Weltkrieg sicherlich in Erstaunen versetzt, nicht jedoch Robert Axelrod, Professor für Politologie an der Universität von Michigan. Die Ergebnisse eines außergewöhnlichen Computerspieles, das Axelrod entwickelt hat, lassen nämlich den Schluß zu, daß derartige schützengrabenübergreifende, kooperative Verhaltensweisen etwas ganz Natürliches sind.

Das Verständnis der Ursprünge dieses Verhaltens liefert einen wichtigen Schlüssel für das Verständnis der menschlichen Psyche – denn wenn es darum geht, mit anderen gut auszukommen, sind wir Menschen die wahren Meister im Tierreich. Noch einmal: Kooperatives Verhalten findet man in gewissem Umfang auch bei unseren haarigen Vettern; Schimpansen gehen gruppenweise auf Jagd oder Nahrungssuche, und viele andere Primaten betreiben soziale Fellpflege. Aber die Menschen haben dieses einfache Primatenverhalten zu einem charakteristischen Merkmal unserer Gattung weiterentwickelt. Ein Ameisenhügel oder ein Bienenstock mögen zwar an den Mikrokosmos eines Appartementkomplexes in einem New Yorker Hochhaus erinnern; in vielerlei Hinsicht birgt dieses Hochhaus jedoch weitaus mehr Wunder, da die Menschen, die darin leben, über eine Art soziale Bindung miteinander „vernetzt" sind – eine Verbindung, die unabhängig von den familiären Banden existiert, die Blutsverwandte zusammenhalten. Die moderne Großstadtgesellschaft wäre unmöglich, gäbe es da nicht jenen zwischenmenschlichen „sozialen Kitt", der aus Freunden, Partnern, Bekannten und Nachbarn besteht und den wir mit Begriffen wie

„Vertrauen“, „Höflichkeit“, „Anstand“ und „Verantwortung“ umschreiben.

In unserer bemerkenswerten Fähigkeit, kooperativ zu handeln, liegt nichts Unnatürliches – und genausowenig verstößt die Kooperativität gegen die Gesetze der Evolution. Axelrods Forschungsergebnisse verdeutlichen, daß kooperatives Verhalten eine wirksame Strategie sein kann, um selbst in einer brutalen Ellbogengesellschaft vorwärtszukommen. Seine Erkenntnisse über die Entstehung dieses Merkmals im Verlauf der menschlichen Evolution – und auch darüber, wie dieses Merkmal im Gehirn des modernen Menschen umgesetzt wird, wenn es auf seine Umwelt reagiert – werfen ein neues Licht auf eine der interessantesten Fragen in unserem Versuch, die Evolution des menschlichen Verhaltens zu verstehen.

Zum Wohle der Gemeinschaft?

Jahrelang waren Biologen und Anthropologen davon ausgegangen, daß kooperative und altruistische Verhaltensweisen nur entstanden sind, weil sie dem „Nutzen der Art“ (beziehungsweise der „Arterhaltung“) dienten. So wurde beispielsweise angenommen, daß die Altvögel mancher Vogelarten die Größe ihrer Nachkommenzahl bewußt gering hielten, damit die gesamte Population ausreichend zu fressen hatte. Diese These ging von folgender Überlegung aus: Wenn jeder Vogel so viele Nachkommen wie möglich in die Welt setzte, gäbe es für keinen genug Nahrung, und kein Vogel würde überleben. Daher habe sich in jedem Vogel ein Merkmal entwikkelt, wonach er zum „Wohl der Art“ einen Teil der eigenen potentiellen Nachkommenschaft „opfert“. Das erschien plausibel: Für viele Forscher war es nicht einsichtig, wo denn der offenbare Nutzen des Altruismus für denjenigen liegen sollte, der anderen hilft; tatsächlich hatte es sogar den Anschein, daß der Helfer durch die

Investition von Zeit, Aufwand und manchmal auch des eigenen Lebens eindeutig benachteiligt war. Doch wenn *alle* Gruppenmitglieder die Veranlagung besäßen, einander zu helfen, so die Argumentation, dann würde jedem Artgenossen geholfen, und keiner wäre benachteiligt.

Heute stellen die Biologen fest, daß die Theorie, Kooperativität und Altruismus seien zum Zwecke der Arterhaltung entstanden, beträchtliche Schwächen aufweist. In einem Experiment wurde in Nester einer Albatrosart, die normalerweise nur ein Junges großziehen, je ein weiteres Küken gesetzt. Dabei stellte sich heraus, daß die zusätzlichen Jungen, und nicht etwa die gesamte Population, die Leidtragenden waren, weil die Albatroseltern einfach nicht genug Futter für ihre Jungen finden konnten. Ein viel größerer Schaden wurde dieser Altruismustheorie jedoch von der Evolutionstheorie selbst bereitet. Gesetzt den Fall, es gäbe eine Vogelpopulation, welche die Zahl ihrer Nachkommen begrenzt, damit das Wohlergehen der gesamten Art nicht gefährdet wird. In dieser Population befände sich ein Vogel, dessen Gene dahingehend mutiert sind, daß er die Regeln bricht und so viele Junge wie möglich bekommt. Evolutionär betrachtet wäre er in einer ausgesprochen vorteilhaften Lage: Er hätte viele Küken, während die anderen Vögel ihre Nachkommen gering hielten. Die Jungen dieses Vogels würden das mutierte Gen erben und ebenfalls das Verhalten entwickeln, möglichst viele Nachkommen in die Welt zu setzen. Unweigerlich würde die Nachkommenschaft dieser „Maximalproduzierer“ einen immer größeren Teil der Population stellen, und die altruistischen Vögel – und mit ihnen die Gene für dieses Merkmal – würden ganz verschwinden. Selbst wenn es auf der Erde aufgrund eines Wunders tatsächlich eine Population absolut altruistischer Vögel gäbe, würde dieses Merkmal nach den Voraussagen der Evolutionstheorie im Laufe der Zeit sehr wahrscheinlich aus der Population ausgesiebt.

Es bleibt alles in der Familie

Aber selbst wenn man die These vom Altruismus im Dienste der Arterhaltung ablehnt, bleibt doch weiterhin die Tatsache ungeklärt, daß die Biologen, wohin sie auch blicken, überall auf Lebewesen stoßen, die scheinbar selbstlos zusammenarbeiten. In den Bienenvölkern und Ameisenstaaten gibt es Hunderte von Arbeiterinnen, die ihrer Königin helfen, sich fortzupflanzen – und ihre eigene Reproduktionsfähigkeit dabei aufgeben. Vögel werden bei der Aufzucht ihrer Jungen von anderen Artgenossen, die selbst keine Jungen besitzen, unterstützt. Hirsche warnen andere Tiere des Rudels vor einem Wolf, indem sie mit ihrem weißen Schwanz wedeln, obwohl sie dabei riskieren, dadurch die Aufmerksamkeit des Raubtieres auf sich zu lenken. Präriehunde wiederum warnen durch Bellen ihre Artgenossen, wenn sich ein größeres Raubtier in der Nähe befindet, wodurch sie dessen Aufmerksamkeit auf sich lenken.

Die Biologen erklären viele solcher Verhaltensweisen damit, daß Tiere, die kooperatives Verhalten zeigen, häufig genetisch miteinander verwandt sind. Ein Hirsch kann beispielsweise als die Verkörperung eines bestimmten „genetischen Bausatzes" verstanden werden, und verwandte Hirsche besitzen daher viele gemeinsame Gene – jedes Hirschkalb erhält von jedem Elternteil einen halben Chromosomensatz. Vom Standpunkt der Gene aus ist es daher nicht verwerflich, einen einzelnen Hirsch als Bauernopfer einzusetzen, wenn dadurch die identischen Gene eines Bruders, eines Neffen, eines Cousins oder einer Tochter überleben und sich vermehren können. In gewissem Sinne stellt der Hirsch nichts weiter als eine Methode der Gene dar, weitere Gene zu produzieren; je stärker ein Lebewesen also mit einem anderen verwandt ist, um so altruistischer wird es sich ihm gegenüber verhalten. Oder wie der berühmte britische Evolutionsbiologe J. B. S. Haldane scherzhaft meinte: »Ich würde mein Leben gerne für das zweier meiner Söhne oder acht meiner Cousins hergeben.«

Untersuchungen an Tieren scheinen dies zu bewahrheiten: Wenn Gefahr im Verzug ist, bellen Präriehunde häufiger und wedeln Hirsche stärker mit dem Schwanz, sobald sich Verwandte in der Nähe aufhalten. Bienen und Ameisen gehen bei dieser genetischen Kalkulation bis an die Grenzen: Die Königin ist das einzige Wesen in einem Volk, das sich vermehren kann, während die Arbeiterinnen, die allesamt ihre Töchter sind, allein zu dem Zweck existieren, dafür zu sorgen, daß einige ihrer Verwandten (nämlich die nächste Generation an Königinnen und Drohnen) zur Fortpflanzung gelangen.

In der Natur gibt es aber noch andere Beispiele für kooperatives Verhalten, die jedoch nichts mit Verwandtschaft zu tun haben. Im menschlichen Darm leben Millionen „kooperativer“ Bakterien, die uns helfen, unsere Nahrung zu verdauen, wofür wir ihnen im Gegenzug ein paar „Brocken“ unseres Essens überlassen. Flechten sind eine dauerhafte Lebensgemeinschaft (oder Symbiose) aus Algen und Pilzen, die auf sich allein gestellt nicht überleben könnten. Krokodile reißen ihre Mäuler weit auf und lassen sich ihre Zähne von kleinen Vögeln „putzen“, die Nahrungsreste zwischen den Zahnlücken hervorpicken – ein Service, den die Krokodile dadurch entlohnen, daß sie die Vögel *nicht* verspeisen! In diesem Beispiel praktizieren die Tiere ein Verhalten, das als „reziproker Altruismus“ bezeichnet wird. Im Gegensatz zum „normalen“ Altruismus, der sich auf die eigene Verwandtschaft bezieht, findet der reziproke Altruismus, den man flapsig als „Eine-Hand-wäscht-die-andere“-Beziehung bezeichnen kann, sogar zwischen nicht miteinander verwandten Lebewesen statt, weil sie beide voneinander profitieren.

Allerdings beantwortet die Tatsache des wechselseitigen Nutzens nicht alle offenen Fragen: Wann hat sich zum ersten Mal ein Vogel im Maul eines Krokodils herumgetrieben? Welche Riesenechse verzichtete erstmals auf ein schmackhaftes Vögelchen? Und nachdem die Beziehung erst einmal etabliert war, was sollte ein hungriges Krokodil davon abhalten, eine leichte Mahlzeit zu ergattern, indem es einfach das Maul zuklappte? Und die wichtigste Frage: Wie kam es, daß sich das kooperativste Wesen der Erde – der Mensch – trotz des darwinistischen Gebots vom „Überleben des Stärkeren" so altruistisch entwikkeln konnte?

Mit- oder gegeneinander?

Eine Antwort auf diese Fragen deutet sich mit dem von Axelrod entwickelten Computersimulationsspiel an. Axelrod gehört zu den Pionieren einer völlig neuen Methode, die Evolution und das menschliche Verhalten mit Hilfe von Computern zu untersuchen. In Axelrods Forschungsprojekt stand der Computer für ein Naturreservat, in dem einzelne Programme die Rolle lebender Organismen übernahmen. In diesem elektronischen „Labor" kann Axelrod nun eine Population aus „Critters" (künstlichen Lebewesen) schaffen, die sich gemäß bestimmter Regeln verhalten, und sie dann miteinander agieren lassen. Da der Computer sämtliche Wechselwirkungen in Sekundenschnelle verfolgen und aufzeichnen kann, ist Axelrod in der Lage, Zu- und Abnahme oder auch das Verschwinden dieser künstlichen Populationen zu beobachten. Im Gegensatz zu den Primatenforschern, die lediglich beobachten können, was sich normalerweise in freier Natur ereignet, kann Axelrod auch Gott spielen: Er kann die Spielregeln für die Wechselwirkungen der elektronischen Tiere untereinander, aber auch die Anzahl der mitspielenden Tiere selbst oder sogar die Kriterien verändern, die über Leben und Tod der Tiere entscheiden. So wird aus dem Computer ein Labor, in dem verschiedene theoretische Fragen über das Verhalten untersucht werden können.

Axelrod interessierte sich dafür, wie sich kooperatives Verhalten angesichts der Tatsache entwickeln konnte, daß *nicht*kooperatives Handeln – von der Evolution her betrachtet – in vielen Fällen ausgesprochen verlockend ist, ja oft die einzige „rationelle" Lösung darstellt. Das Dilemma, sich in einer von rationell denkenden, manchmal egozentrischen Menschen bewohnten Welt kooperativ zu verhalten, wird sehr gut durch ein einfaches Spiel illustriert, das auch im Mittelpunkt von Axelrods Computersimulationen stand. Hierbei handelt es sich um das sogenannte „Gefangenen-Dilemma“ – ein Spiel, das unter Politologen, Wirtschaftswissenschaftlern und in der Spieltheorie, einem Zweig der Mathematik, gut bekannt ist. Der Name des „Gefangenen-Dilemmas“ rührt von einem hypothetischen Fallbeispiel, in dem zwei Verdächtige (Jones und Smith) als Komplizen in einem ungeklärten Verbrechen verhaftet und angeklagt werden. Das Belastungsmaterial gegen die beiden ist nicht gerade überragend, weshalb der Staatsanwalt beiden Gefangenen unabhängig voneinander folgendes Geschäft vorschlägt: Wenn beispielsweise Smith gegen Jones aussagt, wird Smith straffrei ausgehen, Jones jedoch zu fünf Jahren Haft verurteilt werden. Falls Jones umgekehrt seinen Komplizen belastet, so erhält Smith die Gefängnisstrafe, Jones jedoch keine. Die Sache hat allerdings einen Haken: Falls sowohl Smith als auch Jones ihren Partner belasten, reichen die Beweise aus, um beide Gefangenen zu verurteilen – da sie aber der Staatsanwaltschaft geholfen haben, wird das Strafmaß auf drei Jahre herabgesetzt.

Was sollen die beiden nun machen? Sie wissen durch ihre Rechtsbeistände, daß der Staatsanwalt aufgrund der schwachen Indizien vor Gericht höchstens ein Jahr Haftstrafe erreichen kann – vorausgesetzt natürlich, daß beide den Mund halten und sich nicht gegenseitig belasten. Erschwerend kommt hinzu, daß die zwei Männer voneinander isoliert gefangen gehalten werden und sich daher nicht absprechen können.

Der paradoxe Weg, wie die beiden Beteiligten zu einer Entscheidungsstrategie gelangen, haben dem „Gefangenen-Dilemma“ zu seinem Namen verholfen: Smith weiß beispielsweise, daß, wenn Jones ihn belastet, seine eigene beste Lösung darin besteht, ebenfalls gegen Jones auszusagen. Dann erhielte er nur drei Jahre Haft anstatt der vollen fünf, die er bekäme, wenn er Jones nicht anschwärzte. Sollte Jones ihn andererseits nicht belasten, wäre es für Smith immer noch das beste, gegen Jones auszusagen, weil er dann straflos ausginge.

Jones denkt natürlich genauso: Ganz gleich, was Smith unternehmen wird, Jones fährt besser, wenn er gegen ihn aussagt. Als Ergebnis werden also beide die rationellste Entscheidung treffen – das heißt, den anderen belasten – und für drei Jahre ins Gefängnis wandern. Hätten sie jedoch beide dicht gehalten, wären sie mit höchstens einem Jahr Haftstrafe davongekommen. Paradoxerweise standen Jones und Smith, indem sie im Sinne ihres Selbstinteresses handelten, schlechter da, als wenn sie sich altruistisch verhalten hätten.

Auf solche Situationen trifft man in vielen Bereichen des Lebens – seien es nun Ameisen, die Blattläuse beschützen und die sie im Gegenzug „melken", Schimpansen, die soziale Fellpflege betreiben, Frühmenschen, die gemeinsam auf die Jagd gehen, oder moderne Soldaten, die über unbekanntes Gelände ausschwärmen. In allen Fällen sieht das Dilemma ähnlich aus: Jeder Mitspieler kann entweder mitmachen oder „sich drücken" – entweder man teilt die Jagdbeute oder man behält sie ganz für sich alleine. Die Belohnung für abtrünniges Verhalten, wenn die andere Seite kooperativ handelt, ist hoch, ebenso wie die „Strafe" für den Betrogenen, der zwar kooperativ gehandelt. dessen Gegenspieler aber „falsch gespielt" hat. Gleichzeitig ist der Lohn für gegenseitige Unterstützung höher als für gegenseitigen Betrug.

Nehmen wir ein weiteres Beispiel: Smith ist ein Lebensmittelhändler, und Jones braucht etwas zu essen. Beide einigen sich auf folgenden Handel: Jones gibt Smith eine Tasche, die 100 DM Bargeld enthält, während Smith umgekehrt Jones eine Tüte aushändigt, in der sich Lebensmittel im gleichen Geldwert befinden. Sie wollen sich treffen, die Tüten austauschen und sich dann nie wiedersehen. Wie im Fall des „Gefangenen-Dilemmas" befinden sich Smith und Jones in der Situation, etwas umsonst zu bekommen, wenn sie von der Vereinbarung abweichen – nämlich dann, wenn sie einen leeren Beutel übergeben. Ein eiskalter Rechner entscheidet sich ganz klar für den Betrug, unabhängig von der Handlungsweise des anderen. Wenn Jones beabsichtigt, Smith eine leere Tasche zu geben, bestünde die beste Handlung für Smith darin, dasselbe zu tun. Sollte Jones' Beutel tatsächlich Geld enthalten, stünde Smith immer noch besser da, weil er Jones dafür ja einen leeren Beutel gegeben hat. Analog dem eigentlichen „Gefangenen-Dilemma" werden Smith und Jones also jeweils leere Tüten übergeben und sind letztlich genauso schlecht dran wie vorher – Smith hat kein Geld, um seine Ladenmiete zu bezahlen, und Jones ist weiterhin hungrig.

Wenn man jedoch annimmt, daß Smith und Jones sich nicht nur ein einziges Mal, sondern vielleicht für unbestimmte Zeit einmal pro Woche sehen, um die gleiche Tauschaktion (Geld gegen Lebensmittel) durchzuführen, würde dann die Aussicht, sich häufiger zu treffen, die Entscheidungsstrategien der beiden ändern?

Genau das wollte Axelrod mit seiner Computersimulation herausfinden. Zu diesem Zweck lud er verschiedene Forscher ein, die als Experten für das „Gefangenen-Dilemma" galten, und ließ sie in einer Art „Computer-Duell" gegeneinander antreten. Die Spielregel in Axelrods Computerspiel lautete ähnlich wie im obengenannten Beispiel „Geld gegen Lebensmittel". Die Mitspieler waren angehalten, eine Strategie zu entwickeln und in ein Computerprogramm zu verpacken; diese sollte über 200 Züge hinweg entweder ein „C" für Zusammenarbeit („cooperate") oder aber ein „D" für Nicht-Zusammenarbeit („defect") vergeben. Jedesmal, wenn beide Programme „zusammenarbeiteten", erhielten beide Seiten drei Punkte; wenn ein Programm kooperierte, das andere jedoch nicht, so gab es für Nicht-Zusammenarbeit fünf Punkte, während das kooperationsbereite Programm leer ausging (null Punkte). Jedes Programm mußte gegen alle übrigen Programme, gegen eine Kopie seiner selbst sowie gegen einen Zufallsgenerator für „C“ und „D“ antreten. Zu den 14 Mitstreitern in diesem Wettbewerb zählten Programme, die von Psychologen, Politologen, Mathematikern, Wirtschaftswissenschaftlern und Soziologen, welche das „Gefangenen-Dilemma“ allesamt intensiv untersucht hatten, geschrieben worden waren.

Aus diesem elektronischen „Lanzenstechen“ ermittelte Axelrod einen eindeutigen Gewinner. Hierbei handelte es sich um eines der kürzesten Programme, die bei dem Wettbewerb mitgemacht hatten, und es griff auf eine der simpelsten Strategien zurück – diese beruhte, zu Axelrods und aller anderen Erstaunen, auf kooperativem Verhalten! Die Grundidee des „Gewinners“ namens „Tit-for-tat“ („Wie du mir, so ich dir“) war verblüffend einfach: Beim ersten Zug arbeitete es mit seinem Spielpartner zusammen, und bei allen Folgezügen tat es genau das, was sein Mitspieler zuvor gemacht hatte.

Axelrod veranstaltete einen noch größeren Wettbewerb, um herauszufinden, ob „Tit-for-tat“ nun ein Zufallstreffer war oder nicht. Er veröffentlichte die Ergebnisse des ersten Turniers und diskutierte dabei auch, warum „Tit-for-tat“ seiner Meinung nach gewonnen hatte, die anderen Programme jedoch nicht. Axelrod bat die Teilnehmer der ersten Runde erneut in die Arena und warb darüber hinaus in mehreren Spezialzeitschriften um weitere „Mitstreiter“. Diesmal beteiligten sich 62 Kandidaten aus sechs Ländern.

Und auch dieses Mal ging „Tit-for-tat“ als Sieger hervor [33].

Evolution mit Gangschaltung

Im nächsten Schritt wollte Axelrod herausfinden, wie kooperatives Verhalten in der realen, von der Evolution gesteuerten Welt entstanden war; hierzu brachte er die verschiedenen Programme in eine neue Computersimulation, in der nachgestellt wurde, wie die Tiere einer

Population miteinander in Wechselwirkung treten und sich fortpflanzen. Von kleinen Änderungen abgesehen – zu Beginn des Spieles gab es gleich viele Strategien –, lauteten die Spielregeln hier ähnlich wie in Axelrods erstem Modell. In jeder Folgerunde ließ Axelrod die Strategien, die in der vorherigen Runde gut abgeschnitten hatten, im Verhältnis zur erzielten Punktzahl „Nachwuchs bekommen"; das heißt, je erfolgreicher ein Programm war, desto mehr „Nachkommen" erhielt es in der nächsten Runde.

Wie zu erwarten war, vermehrten sich Programme, die sehr viel betrogen (dasjenige mit dem Namen „Nur-D" zeigte sich beispielsweise nie kooperativ), zunächst sehr stark, da sie die kooperativen, allerdings etwas „naiven" Programme permanent übervorteilten. Nach einer Weile starben diese „bösen" Programme jedoch gemeinsam mit ihren Opfern aus.

Wieder einmal hatte sich „Tit-for-tat" am Ende des Spieles auf den ersten Platz vorgearbeitet. Selbst in reinen „Nur-D-Populationen", so stellte Axelrod fest, konnten ein paar „Tit-for-tat"-Individuen Fuß fassen und allmählich die gesamte „Kolonie" übernehmen. Und da „Tit-for-tat" immer dann sehr viele Punkte erzielt, wenn es mit einem „Artgenossen" spielt (während das Spiel zwischen zwei „Nur-D-Tieren" ziemlich katastrophal endet), behauptet es sich in einer Umgebung, sobald es sich dort erst einmal festgesetzt hat. »Es scheint so«, meint Axelrod, »daß die einzelnen Gänge der Evolution des kooperativen Verhaltens über eine Sperrklinke geschaltet werden.«

„Tit-for-tat" mag sich ja bei Computerspielen ganz gut bewährt haben, doch funktioniert diese Strategie auch im richtigen Leben? Axelrod jedenfalls ist dieser Ansicht. Viele Beziehungen zwischen Tieren, Menschen und Nationen laufen in gewissem Sinne wie eine Marathon-Version des „Gefangenen-Dilemmas" ab. Ob es nun darum geht, die Nachbarn zum Essen einzuladen, einen neuen Teilhaber für seine Firma zu gewinnen oder ein Zollabkommen mit einem Nachbarland abzuschließen – es gibt viele Gelegenheiten, „beschummelt" zu werden (die Nachbarn revanchieren sich nicht mit einer Gegeneinladung, oder der Partner macht sich mit dem Firmenkapital aus dem Staub), und viele Versuchungen, selbst zu schummeln (hohe Einfuhrzölle sorgen im jeweiligen Land dafür, daß mehr im Inland produzierte Autos verkauft werden). Trotzdem sind viele Menschen, die in solche Situationen kommen, in der Lage, dauerhafte, kooperative Beziehungen zum gegenseitigen Nutzen aufrechtzuerhalten. Axelrods Untersuchungen haben einige wichtige Hinweise gebracht, die das Geheimnis des Erfolgs dieser Beziehungen lüften helfen. Selbstverständlich ist das „Gefangenen-Dilemma“ nur ein „fleischloses“ Ersatzmodell für die komplexen Vorgänge des wahren Lebens, jedoch, so Axelrod, »sollten wir alle Erkenntnisse nutzen, deren wir habhaft werden.«

Nullsummen-Spiele

Viele dieser Erkenntnisse werden durch die „Tit-for-tat“-Taktik gewonnen. Doch was prädestiniert diese Strategie für den Sieg? Axelrod nennt als eine Begründung, daß sie immer „nett“ ist; sie versucht nie, den Gegner zu schlagen, und sie „schummelt“ auch niemals als erste.

»Von all den Prinzipien, die Kooperativität fördern, ist die Vorstellung, seine Mitspieler nicht übertreffen zu wollen, vielleicht am schwierigsten zu begreifen«, sagt Axelrod. Ein Grund liegt eventuell darin, daß die meisten Menschen für gewöhnlich sogenannte *Nullsummen*-Spiele spielen. Bei dieser Art Spiele (zum Beispiel beim Schach oder Pokern) kann man nur gewinnen, indem man dem Gegner etwas (Punkte, Spielfiguren) abnimmt. Je weniger dieser hat, desto mehr erhält man selber. Doch gibt es auch Nicht-Nullsummen-Spiele, bei denen die Spieler zwar auch die meisten Punkte für sich ergattern wollen, oftmals jedoch besser abschneiden, wenn andere Mitspieler ebenfalls mehr Punkte erzielen. Scharade, bei dem sich Spieler zusammentun müssen, um gemeinsam einen Film- oder Buchtitel zu erraten, ist beispielsweise eher ein solches Nicht-Nullsummen-Spiel.

Auch Axelrods Computersimulation fiel in diese Spielkategorie: Ein Programm gewann nicht etwa Punkte, weil diese einem anderen weggenommen wurden; statt dessen wurden die Spieler immer nur dann mit Punkten belohnt, wenn sie sich kooperativ verhalten hatten. Aufgrund der Tatsache, daß „Tit-for-tat" nie betrog, sofern es nicht selbst getäuscht wurde, übertraf es seine Mitspieler von der Punktzahl her *niemals* beim gegenseitigen Austausch. Doch da sich wechselseitiges kooperatives Verhalten besser bezahlt macht als gegenseitiges Betrügen, konnte „Tit-for-tat" unterm Strich die meisten Punkte erzielen; denn es kooperierte mit vielen anderen Programmen, während sich diese gegenseitig betrogen und dadurch weniger Punkte sammelten.

Während viele Gesellschaftsspiele in die Kategorie der Nullsummen-Spiele fallen, trifft dies für den größten Teil des menschlichen Lebens nicht zu. Ein Frühmensch erhielt auf lange Sicht mehr Fleisch, wenn er – anstatt allein auf die Jagd zu gehen und seine Beute allein zu verzehren – diese mit anderen Hominiden teilte, die ihm wiederum etwas von ihren erbeuteten Tieren abgaben. Die ersten Bauern hatten zweifellos einen größeren Nutzen von einem gemeinsam errichteten und genutzten Bewässerungssystem, als wenn sie auf sich allein gestellt einen Bewässerungsgraben hätten ausheben müssen. Und auch mehrere Mitarbeiter an einem Großprojekt werden viel eher einen Bonus einheimsen, wenn sie an einem Strang ziehen, statt als Einzelkämpfer gegeneinander zu arbeiten. Der gegenseitige Nutzen der Zusammenarbeit ist so groß, daß in den USA Gesetze erlassen werden, die die Hersteller bestimmter Produktgruppen zum Wettbewerb anhalten, um so ein Preiskartell zu verhindern.

Als Stolperstein vieler Geschäfte und Abkommen erweist sich vielfach, daß die Beteiligten davon ausgehen, es handle sich um ein

Nullsummen-Spiel. Der Käufer eines Wagens, der beispielsweise einen Rabatt von 100 DM herausschlagen möchte, wird vom Verkäufer als eine Art Betrüger betrachtet, der ihm den Hunderter direkt aus der Hosentasche ziehen will. Unter solchen Bedingungen operieren beide Kaufpartner unter der Annahme, daß sie den anderen nur durch eigene Benachteiligung zufriedenstellen können. (Ein viel besserer Ansatz wäre für beide, sich darum zu bemühen, den reellen Verkaufswert des Wagens zu bestimmen.)

Einer der größten Hemmschuhe, um kooperatives Verhalten zu fördern, beruht möglicherweise auf dem Umstand, daß die Menschen gar nicht wissen, was für ein Spiel sie gerade betreiben: Nehmen wir beispielsweise die Anekdote von dem Amerikaner, der mit seinem Sohn im Londoner Hyde Park Frisbee spielt. Wir befinden uns Anfang der sechziger Jahre, und kaum ein Engländer hat je eine solche fliegende Scheibe gesehen. Mittlerweile hat sich eine kleine Zuschauergruppe versammelt, aus der sich schließlich ein Mann löst und den Vater anspricht: »Tschuldigung, wenn ich störe«, meint er. »Ich schaue Ihnen jetzt schon 'ne Viertelstunde zu, aber wer gewinnt denn eigentlich?« [34]

Weniger Machiavelli tut's auch

Ein weiterer Grund für den Erfolg von „Tit-for-tat" bestand darin, daß es im Gegensatz zu Machiavellis Ratschlag, weder zu täuschen noch zu betrügen versucht. Seine Strategie ist transparent, und rasch wird den meisten Mitspielern klar, welche Antwort eine bestimmte Aktion hervorruft. Die „Tit-for-tat"-Taktik könnte nicht offensichtlicher sein: Da lediglich die Handlungen des Mitspielers kopiert werden, bedeutet ein Spiel gegen „Tit-for-tat" im Prinzip nichts anderes, als gegen sich selbst zu spielen. In Axelrods Computerwettstreit gab es andere, wesentlich kompliziertere Programme, die beispielsweise versuchten, auf unterschiedliche Weise die Reaktionen ihrer Mitspieler herauszubekommen oder den geeigneten Zeitpunkt zum „Mogeln“ zu raten, ohne bestraft zu werden. Doch letztlich bewährte sich keine dieser machiavellischen Strategien sonderlich gut. Eine dieser Taktiken war so hoffnungslos kompliziert, daß sie auf dem letzten Platz landete – hinter einem Programm, das nach dem Zufallsprinzip kooperierte oder betrog.

Auch im richtigen Leben ist eine klare, durchgängige Strategie sehr wichtig. Manche Menschen rächen sich beispielsweise an ihren Ehepartnern, ohne ihnen genau zu erzählen, worüber sie sich ursprünglich geärgert hatten. Obwohl solches Verhalten vielleicht Genugtuung bereitet, trägt es doch wenig dazu bei zu verhindern, daß das Problem erneut auftaucht. Lob und Tadel zu verteilen, kann für den Leiter eines Unternehmens eine gute Führungsstrategie sein; wenn dies jedoch ohne System geschieht, können die Angestellten ein ausbleibendes Lob oder einen nicht ausgesprochenen Tadel für ein Zeichen von Unzufriedenheit oder Zustimmung halten. Auch in der Kindererziehung haben sich klare, einfache Regeln und Konsequenz bewährt.

„Tit-for-tat“ ist deshalb so erfolgreich, weil es, obgleich es vielleicht nie besser ist als die Strategie des Mitspielers, andererseits aber auch nie viel schlechter abschneidet, so Axelrod. Während jedes einzelnen Durchgangs von Axelrods Computerspiel kann ein Spieler zwar durch Betrug auf Kosten seines Mitspielers Gewinn machen; dieser Gewinn schwindet jedoch auf lange Sicht, denn wenn die beiden Spieler wieder und wieder gegeneinander antreten, erhält der Betrogene Gelegenheit zur Revanche.

Da „Tit-for-tat“ darüber hinaus jeden „unfreundlichen Akt“ mit Gleichem vergilt, hält es auch die anderen Programme an, sich (sofern möglich) entgegenkommend zu benehmen, und erntet auf diese Weise die Früchte seiner Kooperativität. In einem Wettkampf aus einer gleichen Zahl „Tit-for-tats“ und „Nur-Ds“ (siehe oben) werden die „Tit-for-tats“ miteinander kooperieren, sich aber gleichzeitig gegen die

„bösen Buben" behaupten – und jedesmal gegen sie gewinnen. Man kann also sagen, daß am Ende die Netten wirklich die Ersten sein werden.

Hart, aber herzlich

Auch wenn „Tit-for-tat" ein „nettes" Programm ist, bedeutet das noch lange nicht, daß es „weich" ist. Hinter seinem freundlichen, kooperativen Auftreten steht der feste Entschluß, den weniger Netten rasch eins auf die Finger zu geben. »Ich war besonders erstaunt darüber, als ich verstand, welche Bedeutung die Provozierbarkeit hat«, meint Axelrod, ein bescheidener Mann mit weicher Stimme, den man sich kaum wutschnaubend und tobend vorstellen kann. »Als ich mit dem Projekt begann, glaubte ich, daß man sich nicht gleich in Rage bringen lassen sollte. Das Computerspiel beweist mir hingegen, daß es tatsächlich besser ist, auf eine Provokation sofort zu reagieren. Denn wenn man wartet, besteht die Gefahr, daß man ein falsches Signal aussendet.« Sollte zum Beispiel der Nachbar in der Wohnung über Ihnen plötzlich um Mitternacht mit seinen Stepübungen beginnen, so hilft es nicht, den Kopf unterm Kopfkissen zu vergraben und darauf zu hoffen, daß er irgendwann von selbst damit aufhört. Wenn Sie nicht reagieren, wird ihm nicht nur nicht bewußt, daß Sie sauer sind, sondern er wird möglicherweise Ihr Schweigen als stille Anerkennung und Ermutigung interpretieren. Wenn Sie ihm dann Monate später nachts die Tür eintreten und ihm energisch klarmachen, daß er Ihnen seit Nächten den Schlaf raubt, wird die Verwirrung des Mannes möglicherweise viel größer sein als seine Bereitschaft, sich zu entschuldigen.

Obwohl „Tit-for-tat" rasch „wütend" wird, kann man dennoch letzten Endes sein kooperatives Benehmen erkennen, weil es auch schnell wieder „vergibt". Sobald die „bösen" Programme wieder Bereitschaft zur Zusammenarbeit durchblicken lassen, nimmt „Tit-for-tat" sie freundlich auf. Verschiedene andere „nette" Programme schnitten in diesem Wettstreit nicht so gut ab wie „Tit-for-tat", da sie zu „schmollen" begannen, sobald ihr Gegenspieler einen Täuschungsversuch unternommen hatte; von da an hegten sie einen Groll gegen ihn und betrogen für den Rest des Spieles selbst, sogar wenn die andere Seite kooperative „Eröffnungszüge" unternahm.

Die Gabe, Frieden zu schließen, ist eine wichtige, häufig übersehene Komponente des sozialen Miteinanders [35]. Doch ist sie eine Eigenschaft, in der wir Menschen (aber auch einige andere Primaten) uns besonders hervortun. In einer Schimpansenhorde hatten zwei ranghohe Männchen einen heftigen Kampf ausgetragen und waren dann schmollend auseinandergegangen. Plötzlich stieß ein weiterer Schimpanse, der zur selben Gruppe gehörte und den Zwist beobachtet hatte, einen aufgeregten Schrei aus und beugte sich über ein Gebüsch. Daraufhin stürzte die ganze Gruppe – einschließlich der beiden Streithähne – dorthin, wo der aufgeregte Schimpanse stand, und versammelte sich um ihn. Doch genauso wie sie entstanden war, löste sich diese Ansammlung wieder auf, und nur die beiden Männchen blieben dicht nebeneinander stehend übrig. Und dann fingen sie an, sich gegenseitig zu lausen – offensichtlich eine Versöhnung! Obgleich man diese Situation bei dieser Schimpansengruppe häufiger beobachtete, fanden die Forscher nie heraus, was die Tiere dazu brachte, sich an dem Platz zu versammeln. In einem anderen Fall betrieb ein Weibchen soziale Fellpflege bei einer Schimpansin, die sich gerade mit einer anderen gezankt hatte. Während es noch mit dem Lausen beschäftigt war, rückte der andere Streithahn näher, so daß das erste Weibchen beide „Parteien" gleichzeitig „behandeln" konnte. Schließlich übernahm eine der Kämpferinnen die Fellpflege, woraufhin die „Vermittlerin" wegging und die beiden anderen sich selbst überließ.

Diese Berichte lassen den Schluß zu, daß die Fähigkeit, Frieden zu schließen, bei unseren Hominidenvorfahren – und bei einigen anderen Primaten – als lebenswichtiger Bestandteil ihres sozialen Miteinanders entstand. Studien über die Entwicklung des Sozialverhaltens bei Kindern zeigen, wie wichtig es ist, daß Kinder lernen, wie man sich nach einem Streit wieder versöhnt. In einer solchen Studie wurden Kinder aus drei unterschiedlichen Familiensituationen untersucht: In der ersten Gruppen stritten sich die Eltern selten (wenn überhaupt) vor den Augen ihrer Sprößlinge, in der zweiten lagen sich die Eltern sehr oft in den Haaren und in der dritten ebenfalls, doch hier söhnten sich die Eltern im Beisein der Kinder wieder aus. Die Forscher, die diese Studien durchführten, stellten fest, daß Kinder aus den „versöhnlichen" Familien ein viel besseres Sozialverhalten an den Tag legten als die übrigen Kinder – sogar noch besser als die Kinder, in deren Familien es gar keine Streitigkeiten gab. Die wichtigste soziale Fähigkeit, die Kinder lernen müssen, ist offensichtlich nicht das Vermeiden von Konflikten, sondern wie man sie richtig löst.

Die Zukunft im Auge

Der wichtigste kooperationsfördernde Faktor sind weder Freundschaft, Vertrauen noch das Vertragswesen, sondern der „Schatten, den die Zukunft wirft". Solange die betroffenen Parteien sich darüber klar sind, daß sie auf absehbare Zeit ähnliche Abmachungen miteinander treffen werden, kann Kooperativität von ganz alleine entstehen; der Grund für die Evolution des kooperativen Verhaltens liegt also darin, daß unsere Hominidenvorfahren wußten, daß sie ihre „Handelspartner" Tag für Tag wiedersehen würden.

Das gleiche gilt auch für unsere moderne Gesellschaft, in der es ungeachtet der weitverbreiteten Anonymität viele Untergruppierungen gibt, in denen die Menschen sehr eng aneinander gebunden sind. Diamantenhändler schließen beispielsweise erfolgreiche millionenschwere Geschäfte mündlich ab und besiegeln sie mit einem Handschlag. Ähnliches ergab sich aus einer Untersuchung der Firmenakten eines Handwerksbetriebs: Weniger als ein Drittel der geschäftlichen Vereinbarungen waren aufgrund gesetzlicher Verträge abgeschlossen worden. Die treibende Kraft für diese Beziehungen, so Axelrod, ist der Gedanke an die Zukunft. Diamantenhändler wissen, daß sie sich immer wieder sehen werden, und müssen deshalb ihr Wort halten, wenn sie weiter im Geschäft bleiben wollen. Hierzu ein Geschäftsmann aus einer Studie: »Wenn es ein Problem gibt, ruft man seinen Mann ans Telefon und redet darüber. Man wird doch keine Paragraphenreiterei betreiben, wenn man nochmals miteinander ins Geschäft kommen will.«

Wie wichtig der Gedanke an zukünftige Begegnungen ist, demonstriert die Tatsache, daß die Menschen – damals wie heute – oft ihre Einstellung ändern, wenn sie wissen, daß sich das Spiel seinem Ende neigt: Aus „Tit-for-tat" wird dann leicht „Wenn's dir schlecht geht, kennt dich niemand mehr". Studien zeigen, daß, wenn es mit einer Firma finanziell bergab geht, selbst deren beste Kunden die erbrachten Leistungen – unter Berufung auf nachlassende Qualität, nicht passende Sonderbestellungen oder versäumte Liefertermine – nicht zahlen wollen. Aus einer vergleichbaren Untersuchung an kalifornischen Wanderarbeitern ergab sich, daß sie nur selten ihre Arztrechnungen bezahlten; die Bußgelder, die von den örtlichen Behörden aufgrund von Verstößen gegen die Abfallordnung erteilt worden waren, beglichen die Arbeiter jedoch sofort. Offenbar wußten diese Leute, meint Axelrod, daß sie mit der Stadtverwaltung auf Dauer zu tun haben würden; da es in der Stadt jedoch genug Ärzte gab, kümmerten sie sich weniger um die rechtzeitige Bezahlung ihrer Arztrechnungen, da sie ja notfalls noch den Arzt wechseln konnten.

Eine Möglichkeit, dem Faktor „Zukunft" noch mehr Gewicht zu geben, besteht darin, die Anzahl der wechselseitigen Beziehungen zwischen zwei betroffenen Parteien zu erhöhen. Wenn die Spieler wissen, daß sie sich öfter sehen werden, wird sich eine größere Bereitschaft zur Kooperation einstellen. Experten empfehlen beispielsweise, einen Handwerksbetrieb, der die Küche renovieren soll, in mehreren Raten zu bezahlen; durch dieses Prinzip von Zuckerbrot und Peitsche werden die Arbeiter einerseits für die bereits geleistete Arbeit bezahlt, während Besitzer oder Mieter andererseits ein Druckmittel besitzen und Geld zurückhalten können, wenn irgend etwas schiefgeht. Ähnlich verhielt es sich bei der Friedensbildung zwischen Israel und Ägypten; auch dieser historische Prozeß vollzog sich in kleinen, genau festgelegten Etappen, in denen sich Israel nach und nach aus der Halbinsel Sinai zurückzog, während Ägypten parallel seine Beziehungen zu diesem Nachbarstaat normalisierte. Da sich ausreichend Gelegenheit bot, guten Willen zu demonstrieren (oder Vergeltung zu üben, wenn aus der guten eine böse Absicht wurde), konnte dieser Prozeß die Kooperativität und das Vertrauen fördern. Die stillschweigende „Zusammenarbeit" der Soldaten in den Schützengräben des Ersten Weltkrieges entstand, weil sich beide Parteien Tag für Tag gegenüber standen; deshalb wußten sie, daß sie, wenn sie heute auf den Gegner schössen, dieser morgen auf sie zurückschießen würde. Aus dem Kriegstagebuch eines Soldaten geht hervor: »Es wäre ein Kinderspiel, die Straße hinter den Gräben des Feindes mit Granaten zu beschießen ... doch insgesamt bleibt es ruhig. Denn wenn wir letzten Endes den Nachschub unseres Feindes unterbrechen, so kennt der ein einfaches Gegenmittel: Er wird unseren Nachschub unterbrechen.« Tatsächlich kann es sehr riskant sein, eine Strategie zu wählen, die speziell darauf abzielt, die Überlebenschancen des jeweiligen „Partners" zu verringern. So sieht Axelrod in den Wirtschaftssanktionen, die die USA nach dem Einmarsch der Japaner in China gegen Japan verhängten, einen der Auslöser für den Angriff auf Pearl Harbour; diese Sanktionen hatten die Japaner befürchten lassen, daß sie an Macht verlieren würden. Anstatt nun ihre Interessen in China fahrenzulassen, beschlossen die Japaner, die Vereinigten Staaten anzugreifen, bevor sie zu stark geschwächt wären.

Ist kooperatives Verhalten wirklich so gut?

Axelrods Computerwettstreit erweckt den Eindruck, daß kooperatives Verhalten nicht nur etwas für Menschen mit chronischem Altruismus ist. Ausgeprägte Egozentriker könnten bei der Betrachtung der Ergebnisse aus diesem Spiel zu der Überzeugung gelangen, daß die „Tit-for-tat"-Taktik eine gute Möglichkeit ist, seine eigenen Interessen zu fördern. Zum Beispiel befanden sich die Männer in den nordfranzösischen Schützengräben zwar in einem Kriegszustand, doch es herrschte allgemein die Bereitschaft – wie die Frontsoldaten den sie ablösenden Kameraden verrieten –, „leben und leben zu lassen". Kooperatives Verhalten kann auch zwischen anderen Arten von Gegnern entstehen: So ließ sich beispielsweise der ehemalige, in den USA sehr populäre Baseball-Schiedsrichter Ron Luciano an manchen Spieltagen – vor allem dann, wenn er mal wieder eine „schwere Nacht" hinter sich hatte – von den Catchern die *Balls* (Minuspunkte für die gegnerische, nicht schlagende Partei) und *Strikes* (Minuspunkte für die schlagende, Punkte machende Partei) „ansagen": »Ich sagte den Jungs: ›Also, heute ist nicht mein Tag, und ihr übernehmt das besser mal für mich‹«, schrieb er in seinen Memoiren. »›Wenn's ein *Strike* ist, haltet den Handschuh noch einen Moment länger oben, aber wenn es ein *Ball* ist, werft ihn sofort zurück.‹« [36] Kooperativität war hier aus folgendem Grund möglich: Weil sich Luciano als Mensch ja in einen anderen hineinversetzen konnte, wußte er, daß er sich in einer Position befand, in der er jederzeit Vergeltung üben konnte, falls man ihn ausnutzte – und er wußte, daß dies auch dem Catcher klar war.

Die egoistischen Früchte des kooperativen Verhaltens sind auch der Geschäftswelt wohlbekannt, weshalb es beispielsweise ein Bundeskartellamt gibt, das eine unlautere Marktaufteilung oder eine Monopolbildung durch einzelne Firmen unterbindet. Die Vorteile kooperativer Geschäfte sind so enorm, daß es zwischen Firmen zu stillschweigender Kooperation kommen kann, ohne daß dies vorher geplant war.

Ob es dabei um das Ölkartell oder um Weizenpreise geht, ist egal – die Vorteile der Zusammenarbeit sind ein mächtiger Anreiz zum Mitmachen. Und gerade weil Kooperativität so leicht zustande kommt, wenn nur die Voraussetzungen stimmen, lassen sich echte Preiskonkurrenz und stille Absprache so schwer auseinanderhalten.

Wenn wir in unserer modernen Umwelt „Tit-for-tat" spielen, werden wir vor andere Probleme gestellt als unsere Vorfahren, die Hominiden. Den größten Teil seiner Evolution lebte der Mensch in kleinen Gruppen, wo einer den anderen gut kannte; hier war die Wahrscheinlichkeit sehr groß, daß man ständig mit denselben Menschen sozialen Umgang pflegte. In unserer heutigen Gesellschaft ist es sehr viel leichter, anonym zu handeln, und wir begegnen manchen Menschen oft nur ein einziges Mal. Andererseits tragen Fortschritte in der Kommunikationstechnologie und den Medien dazu bei, daß die Handlungen eines einzelnen potentiell einem größeren Personenkreis bekannt werden. Auch bei den kulturellen Normen hat sich manches geändert: Aufgrund der heute herrschenden Rechtsstaatlichkeit brauchen einzelne Personen die Einhaltung sozialer Verpflichtungen nicht mehr mit eigenen Mitteln einzufordern, da heute auch der Staat dafür sorgt, daß Menschen, die sich nicht an die „Spielregeln" halten, bestraft werden. Allerdings hat das Vertrauen darauf, daß der Staat das Sozialleben regelt, aber auch dazu geführt, daß die soziale „Schande" als Druckmittel für kooperatives Verhalten an Wirkung verlor. Dies belegen jüngste Äußerungen von Politikern, die meinen, „nicht angeklagt" sei dasselbe wie „unschuldig".

Das wahre Leben

Um komplexe soziale Beziehungen aufzubauen und zu unterhalten, bedarf es schon einer gehörigen Portion Grips. Nehmen wir doch einfach einmal die Unzahl „sozialer Tauschgeschäfte", die sich aus der Einladung an ein paar Freunde ergeben, zum Abendessen vorbeizukommen. Durch Aussprechen der Einladung an die Gäste gehen wir mit ihnen einen auf Gegenseitigkeit beruhenden sozialen Handel ein – einerseits laden wir nur solche Personen ein, bei denen wir selbst eingeladen waren, oder aber solche, von denen wir uns künftige Einladungen versprechen. Beim Einkaufen der Zutaten besteht der soziale Handel im Austausch gleichwertiger Waren – Geld gegen Lebensmittel. Das Vertrauen des Händlers, der bei größeren Summen auch unbare Zahlungsmittel (Scheck oder Kreditkarte) akzeptiert, basiert wiederum auf dem Vertrauen auf vergangene beziehungsweise zukünftige Geschäfte, während wir auf die Qualität der von ihm gelieferten Waren bauen. Und wenn wir uns dann endlich an der Tafel niederlassen, teilen wir „kooperativ" unser Essen, und zwar jeder so, wie er mag oder kann. Kein Gast würde einen anderen beschuldigen, gegen diese gesellschaftliche Übereinkunft zu verstoßen, weil er beispielsweise zuviel gegessen hat, noch wird es dem Gastgeber einfallen, seine Gäste nach dem Essen zur Kasse zu bitten.

Obwohl die kooperativen Beziehungen so kompliziert sind, führen die Menschen die hierfür erforderlichen „Berechnungen" mit der gleichen spielerischen Leichtigkeit durch, mit der sie schwierige Sätze konstruieren – selbst wenn sie sich nicht aller grammatikalischen Feinheiten der Sprache, die sie sprechen, bewußt sind. Die kognitive Leistung, die hinter diesen scheinbar einfachen Verhaltensweisen steckt, ist überwältigend und bedarf eines Gehirns von der Größe des menschlichen. Letzten Endes unterscheidet sich das Verhalten des Menschen von dem anderer Tiere nicht etwa durch die Tatsache, daß er Werkzeuge herstellen kann, sondern dadurch, daß er die geistigen Fähigkeiten besitzt, ein Abendessen für Freunde zu organisieren.

Diese spielerische Leichtigkeit, mit der wir im Alltag komplizierte zwischenmenschliche Überlegungen anstellen, sollte kaum überraschen, weil es sich dabei um Denkprozesse handelt, die für unsere Vorfahren lebenswichtig waren und die sich folglich durch die Evolution in unsere Gehirne eingegraben haben. Die Frühmenschen lebten in kleinen, eng miteinander verbundenen Gruppen; das stellte sicher, daß jemand, dem man eine Gefälligkeit erwies (zum Beispiel das Feuerholz zu teilen oder beim Jagen zu helfen), dafür irgendwann in der Zukunft eine Gegenleistung erbringen würde. Ungeachtet der sehr viel größeren Anonymität gibt es auch heute noch ähnlich eng miteinander verbundene Gruppen. Die Vorteile der Zusammenarbeit – wie auch die Gefahren für „soziale Betrüger" – sind heute noch genauso wichtig wie in Urzeiten – ganz egal, ob es sich um einen Gefallen handelt, den man einem „Amigo" aus alten Seilschaften erweist, oder um eine Drohung der Art „Ich werd' dafür sorgen, daß Sie in dieser Branche kein Bein mehr auf die Erde kriegen!"

Wie schon gesagt, braucht das Gehirn einen ausgetüftelten „Denkapparat", um diese komplexen sozialen Überlegungen anstellen zu können. Ohne dieses geistige Werkzeug geht es nicht; denn obwohl „Tit-for-tat" rein oberflächlich wie eine Strategie der generellen Kooperativität aussieht, ist dies nicht gleichbedeutend mit einer Strategie des blinden Altruismus. Forschung an „evolvierenden" Modellen aus Axelrods Computerwettstreit zeigten, daß in einer Welt, die nur aus „naiv-netten" Programmen besteht (sprich solchen, die sich andauernd kooperativ verhalten), diese recht bald von „bösartigen" Programmen untergebuttert und ausgerottet werden. Das Wesentliche am kooperativen Verhalten besteht also nicht darin, dauernd nett zu sein, sondern auch ein wachsames Auge auf solche Mitmenschen zu haben, die nicht so entgegenkommend sind. Das heißt, man muß ständig sowohl nach „Mitspielern" wie auch nach „Spielverderbern" Ausschau halten. Dazu braucht man ein wesentlich leistungsfähigeres Gehirn.

Ein guter Ruf ist ein hervorragendes Mittel, um seinen Wert als Kooperationspartner kundzutun. Indem man sich in der Öffentlichkeit kooperativ verhält, kann man deutliche Signale an seine Mitmenschen aussenden: „Ich bin eine ehrliche Person, mit mir könnt ihr kooperieren!" Obwohl man aufgrund solchen Verhaltens unter Umständen sogar auf unmittelbare Vorteile verzichten muß, wird ein guter Leumund auf die Dauer andere ähnlich Gesinnte anziehen und sich am Ende besser bezahlt machen. Selbstverständlich lockt Ihr Ruf, ein ehrlicher, kooperativer Mensch zu sein, auch zwielichtige Elemente an, die gerne jemanden über den Tisch ziehen wollen.

Im richtigen Leben ist es extrem schwierig, die „Tit-for-tat"-Taktik anzuwenden. Im Gegensatz zu Axelrods Computersimulation spielt der Mensch nicht nur gegen einen einzigen Gegner, sondern oft muß er die Verhaltensweisen von vielen verschiedenen, gleichzeitig handelnden Menschen in seine Überlegungen einbeziehen. Der Mensch kann mit anderen Menschen bereits vor einer Handlung kommunizieren, das heißt, man kann seinem Gesprächspartner Versprechungen machen, ihn anflehen oder ihm drohen, was unter Umständen dessen Entscheidungen beeinflußt. Auch das Verteilen von Belohnungen ist im wahren Leben etwas komplizierter als bei einer reinen Punktevergabe: Die Belohnungen sind nicht bei allen Interaktionen gleich, oder sie kommen nicht zur selben Zeit, und die Belohnung, die der eine als angemessen betrachtet, wird von einem anderen als unwürdig angesehen. Außerdem lauten die Antworten im wahren Leben – im Gegensatz zu Axelrods Computerspiel – nicht einfach nur „C" oder „D". Die Spieler müssen selbst entscheiden, ob ihre Partner kooperativ gehandelt haben oder nicht – was oft nicht ganz leicht ist. Wegen dieser unterschiedlichen Schwierigkeiten ist es problematischer, kooperative Beziehungen im Alltag aufrechtzuerhalten als einfach zu sich selbst zu sagen: „OK, jetzt spiel' ich eine Runde ‚Tit-for-tat'." Als Folge davon entwickelte unser Gehirn viele spezielle Eigenschaften, die auf die sozialen Wechselbeziehungen zugeschnitten sind.

Was ein Gesicht verrät ...

Eine spezielle Eigenschaft des Gehirns, die uns hilft, soziale Beziehungen aufrechtzuerhalten, ist das verblüffende Talent, Gesichter zu erkennen und sich an sie zu erinnern. Für die Entscheidung, ob man mit jemandem zusammenarbeitet, ist es sehr wichtig, sich an die Ergebnisse vergangener Interaktionen zu erinnern; deshalb sollte die Fähigkeit, sich an viele verschiedene Menschen zu erinnern und sie zu identifizieren, belohnt werden. Und tatsächlich haben Studien gezeigt, daß wir ein erstaunliches Gedächtnis für Gesichter besitzen, während wir uns zum Beispiel an unbelebte Gegenstände und Zahlen vergleichsweise schlecht erinnern können. Versuche belegen, daß Menschen mehr als 90 Prozent der ihnen vertrauten Gesichter wiedererkennen, selbst wenn sie diese über 30 Jahre lang nicht gesehen haben.

Der Erkennungsprozeß für Gesichter findet in einem Gehirnbereich statt, der unabhängig von unserem Bewußtsein arbeitet. Manche Menschen mit bestimmten Gehirnschädigungen können sich beispielsweise nicht bewußt an das Gesicht einer anderen Person erinnern, obwohl sie offenbar wissen, um wen es sich dabei handelt: Zeigte man diesen Patienten die Fotos von Familienangehörigen, so konnten sie zwar nicht das Gesicht erkennen, doch zeigten sie deutliche physiologische Reaktionen – wie etwa einen schnelleren Puls oder eine erhöhte Hautleitfähigkeit. Andere Patienten mit Hirnverletzungen konnten zwar die Gesichter bestimmter Personen erkennen, jedoch nicht wirklich diesen Menschen zuordnen; statt dessen fielen Aussagen wie „Der Mann sieht aus wie mein Mann, aber er ist es nicht!".

Untersuchungen an Affenhirnen haben gezeigt, daß das Erkennungsvermögen für Gesichter fest im Primatengehirn verankert ist. Im Gehirn von Affen befinden sich bestimmte Nervenschaltkreise, die außerordentlich stark erregt werden, wenn die Tiere Bilder von Gesichtern anderer Affen betrachten, aber nicht, wenn sie Gegenstände ansahen. Sogar solche Affen, die allein aufgezogen wurden, konnten deutlich zwischen Diapositiven mit Affengesichtern und solchen Bildern unterscheiden, auf denen andere Tiere zu sehen waren – mit anderen Worten, Affen besitzen die angeborene Fähigkeit, eigene Artgenossen selbst dann zu erkennen, wenn sie noch nie zuvor welche gesehen haben. Allerdings verschwindet diese Eigenschaft, wenn die Tiere etwa vier Monate lang völlig abgeschieden gelebt haben. Setzt man solche isoliert aufgezogenen Affen in eine Gruppe von Artgenossen, so werden diese Tiere zu „echten Sozialfällen": Sie sind unfähig, Beziehungen zu anderen aufzunehmen, und legen unangemessenes, oft sogar gewalttätiges Verhalten an den Tag. Obwohl das Gehirn also von der Evolution auf soziale Verhaltensweisen vorprogrammiert wurde, braucht es unbedingt einen sozialen „Input" seitens seiner Umwelt, damit sich seine Talente voll entfalten können.

Ein Primatengehirn kann nicht nur besonders gut Gesichter erkennen, sondern es reagiert auch sehr empfindlich und rasch, wenn man den Tieren Affengesichter mit einer Mimik zeigt – zum Beispiel Gähnen oder abgewandte Blicke –, die im Sozialleben der Affen große soziale Bedeutung hat. Und auch der Mensch nimmt anscheinend kleinste, sozial bedeutsame Veränderungen der Mimik wahr – zum Beispiel einen herabgezogenen Mundwinkel oder eine erhobene Augenbraue –, selbst vom anderen Ende eines überfüllten Empfangssaales aus.

Da es für das Gehirn von enormer Bedeutung ist, soziale Situationen aufgrund des jeweiligen Gesichtsausdrucks abschätzen zu können, prägt sich unser Gedächtnis besonders die Gesichter solcher Menschen ein, mit denen wir sozial verkehren – ja, selbst wenn es sich um Personen handelt, mit denen eventuell ein Sozialkontakt stattfinden könnte. In einem Versuch zeigte man Testpersonen Fotos ihnen unbekannter Menschen und fragte sie, welche Gesichter ihnen sympathisch seien beziehungsweise welche Gefühle sie ausdrückten. Die Testpersonen konnten sich später besser an diese Gesichter erinnern als an solche, denen sie Attribute ohne sozialen Kontext (wie beispielsweise Alter oder Geschlecht) zugeordnet hatten. In einer weiteren Studie hatten Patienten mit schwerer Amnesie (Gedächtnisverlust) in einem Experiment mit Betreuern zu tun, die den Kranken absichtlich behilflich waren oder sie nicht unterstützten. Später konnten die Patienten ihre ehemaligen „Kontaktpersonen" nicht mehr wiedererkennen; doch wenn man ihnen Aufnahmen dieser Personen zeigte und sie aufforderte zu beurteilen, wer sich davon wohl behilflich zeigen würde, wiesen die Kranken auf die Personen, die ihnen zuvor geholfen hatten. Obwohl sich der bewußte Teil ihres Gehirns nicht mehr an die einzelnen Gesichter erinnern konnte, war ein Teil ihres Unterbewußtseins tatsächlich in der Lage, sich an die sozialen Erfahrungen mit den „netten" beziehungsweise „bösen" Menschen zu erinnern.

Leute mit Teamgeist gesucht!

Die Fähigkeit, im Gesicht seines „Mitspielers" Anzeichen für Hilfsbereitschaft oder Ablehnung zu erkennen, hat dramatische Auswirkungen beim „Tit-for-tat"-Spielen. Im Gegensatz zu Axelrods Computersimulation muß im wahren Leben nicht jeder gegen jeden spielen. Wenn wir bereits vor einem Spiel in der Lage sind abzuschätzen, ob sich ein potentieller Partner hilfsbereit oder unkooperativ verhalten wird, so können wir versuchen, nur mit kooperativen Personen zu spielen, potentiellen Falschspielern aus dem Wege zu gehen und auf diese Weise unseren Gewinn erhöhen.

Axelrod wollte nun wissen, was passiert, wenn man den Partner für das Kooperationsspiel auswählen kann, und startete einen weiteren Wettbewerb: Die Programme konnten sich nun aussuchen, ob sie vorwiegend mit dem einen oder dem anderen Programm spielen wollen. Dabei stellte er fest, daß es einem einzelnen „Tit-for-tat" zwar nicht gelang, sich in einer Population aus „unkooperativen" Programmen zu etablieren, daß jedoch eine Handvoll „Tit-for-tats", die ausschließlich miteinander spielten, am Ende die ganze Population der „Bösen“ durchdringen und verdrängen konnte. Im wesentlichen kommt es für die „Netten“ darauf an, daß sie einander erkennen und häufiger untereinander als mit den übrigen Mitspielern kommunizieren.

Nett sein ist keineswegs nur etwas für sentimentale Dummköpfe, sondern durchaus eine wirksame Taktik, um vorwärtszukommen; und genausowenig bedeutet kooperatives Verhalten, daß man immer leicht unterzubuttern wäre. Wenn man eine soziale Beziehung aufbauen und erhalten will, muß man in erster Linie entscheiden können, wann man sich brav und wann rüde verhält. Und das ist der Hauptgrund, warum das Gehirn der Primaten so riesig wurde: Es bedarf schon einer gewaltigen gedanklichen Leistung, sich der Vergangenheit zu erinnern, das Für und Wider in der Gegenwart abzuwägen und zugleich die Zukunft vorherzusagen. Aber es gibt noch eine weitere psychische Komponente, die – ebenfalls ein Produkt der Evolution – diesen alltäglichen Entscheidungsprozeß beeinflußt: unsere Emotionen.

4. Wozu ist es gut, sich schlecht zu fühlen?

Fast immer, wenn man sich krank wähnt, steckt die Ursache im Kopf.

Thomas Wolfe

Es gibt bestimmte Gemütsverfassungen, die uns (mitunter schmerzhaft) bewußt machen, daß wir leben und daß wir echte Menschenkinder sind: nagende Schuldgefühle, aufkeimende Panik, die plötzlich einsetzende Angst, aus einer Gruppe ausgeschlossen zu sein, die Trauer, die einen Rückschlag begleitet, die Euphorie des frischen Verliebtseins. Emotionen sind eine Art Hintergrundmusik des Bewußtseins, die unsere Stimmung prägt und nahezu alle Aspekte unseres Lebens beeinflußt.

Heutzutage betrachtet man Gefühle wie Schuld, Besorgnis und Angst meist als etwas, das es zu überwinden gilt – als Abweichungen vom Normalzustand, die sich durch einen Ortswechsel, eine therapeutische Behandlung oder Medikamente wieder richten lassen. Tatsächlich aber sind die starken Schwankungen in unserem Gefühlsleben mitnichten Anzeichen dafür, daß unser Bewußtsein vorübergehend aus dem Lot geraten ist, sondern vielmehr etwas ganz Natürliches und oftmals sogar sehr nützlich. Die verschiedenen Gemütszustände, die wir als Emotionen bezeichnen, entstanden im Laufe der menschlichen Evolution und halfen unseren Vorfahren, ihre alltäglichen Aufgaben zu meistern. So wie die heutige Medizin weiß, daß körperliche Symptome wie Fieber und Übelkeit Signale sind, die den Beginn einer Krankheit ankündigen (und mitunter auch dazu dienen, diese zu bekämpfen), so gelten Emotionen als „innere Antworten“, die uns vor

Gefahren warnen, in bedrohlichen oder erfreulichen Situationen dafür sorgen, daß wir richtig reagieren, und die Genesung nach erlittenem körperlichen oder seelischen Schaden beschleunigen. Emotionen werden zwar gerne als die primitive, urzeitliche Seite unserer Seele dargestellt, die immer wieder unerwartet den zivilisierteren, aufgeklärten Teil unserer Psyche behindert; tatsächlich sind sie jedoch Teil einer unglaublich gut entwickelten „sozialen Intelligenz", die bei Menschen und anderen Primaten besonders stark ausgebildet ist.

Bei Schimpansen findet man beispielsweise Anzeichen für emotionales Empfinden: Sie kümmern sich aufmerksam um verletzte Angehörige, und man hat sogar einen Schimpansen beobachtet, der einen Artgenossen, der nicht mit ihm verwandt war, vor dem Ertrinken rettete. Die Äffin Koko, der man Zeichensprache beigebracht hatte, „erzählte" einmal, daß sie traurig sei. Schimpansen trauern offenbar auch umeinander: Als die Schimpansin Flo, die durch Jane Goodalls Untersuchungen an Primaten bekannt wurde, gestorben war, beobachtete Goodall, daß Flos kleiner Sohn Flint die Nahrung verweigerte, sich absonderte und stundenlang still im Gebüsch hockte, den Körper hin und her wiegend [37].

Obgleich Menschenaffen und Affen allem Anschein nach Emotionen verspüren können, sind sie offenbar nicht in der Lage, zwischen den eigenen Gefühlen und den Emotionen anderer zu unterscheiden. Demnach trifft die Unfähigkeit der übrigen Primaten, sich eine Vorstellung von den Gedanken anderer zu machen, auch auf ihre Emotionen zu. Im Fall des kleinen Flint registrierten die übrigen Schimpansen der Gruppe den Trübsinn des Jungen offenbar überhaupt nicht und lebten weiter wie bisher – Flint starb schließlich vor Hunger und Vernachlässigung.

Menschen hingegen sind sehr empfänglich für Hinweise, welche die Gefühle ihrer Mitmenschen verraten. Die Emotionen, die sich in der Mimik eines Menschen widerspiegeln, beeinflussen unser Urteil über Absichten, Stimmung und die Zuverlässigkeit dieses Menschen in entscheidendem Maße. Schließlich ist es für uns sehr wichtig, die Gedanken unseres Gegenübers zu kennen, da wir dann entscheiden können, ob wir mit ihm eine kooperative Beziehung eingehen wollen oder nicht. Emotionen verdeutlichen nicht nur, was uns jemand sagen will, sondern helfen uns auch zu beurteilen, ob er es mit seinen Worten tatsächlich ernst meint – je emotionaler sein Verhalten ist, desto höher der Wahrheitsgehalt des Gesagten. Menschen lieben emotionsgeladene Ereignisse so sehr, daß sie sogar gezielt danach suchen, selbst wenn sie keine direkte Beziehung dazu haben: Sie kommen herbeigelaufen, wenn eine Schlägerei ausbricht oder ein Feuerwehrwagen vorgefahren ist; sie sehen sich Seifenopern im Fernsehen an und lesen in Klatschkolumnen über das Gefühlsleben von Filmstars, denen sie nie im Leben begegnen werden.

Emotionale Hinweise sind so wichtig für das menschliche Überleben, daß im Laufe der Evolution eine Art „Universalgrammatik" der menschlichen Mimik entstand [38]. In sämtlichen menschlichen Gesellschaften finden wir stets die gleichen Gesichtsausdrücke für Gefühle und Stimmungslagen wie Trauer, Ärger, Ekel, Überraschung, Angst und Freude. Diese Ausdrucksweisen sind fest „programmiert": Die meisten Menschen vermögen etwa die Gesichtsmuskeln, welche die einzelnen Stimmungen ausdrücken, nicht willentlich zu beeinflussen. Nur zehn Prozent aller Menschen sind beispielsweise in der Lage, absichtlich die Mundwinkel so nach unten zu ziehen, daß eine typische „Trauermiene" entsteht; bei allen übrigen werden gleichzeitig auch die Kinnmuskeln bewegt, was die versuchte Täuschung verrät. Desgleichen können nur 15 Prozent aller Menschen bewußt die Brauen in der Stirnmitte hochziehen und dadurch noch trauriger aussehen.

Wie schon Charles Darwin in seinem 1872 erschienenen Werk *Der Ausdruck der Gemüthsbewegungen bei dem Menschen und den Tieren* betonte, sind emotionale Ausdrucksweisen nicht nur als Boten eines bestimmten Gemütszustands entstanden, sondern auch als Zeichen für eine Veränderung der körperlichen Verfassung. Die Angriffshaltung eines Hundes, dessen Ohren angelegt und dessen Nackenhaare aufgerichtet sind, ist die Folge von körperlichen Reaktionen des Hundes auf eine Bedrohung. Die Bedrohung löst im Nervensystem des Tieres eine „Kettenreaktion" aus, durch die unter anderem Adrenalin ins Blut ausgeschüttet, der Puls beschleunigt und das übrige Nervensystem in erhöhte Alarmbereitschaft versetzt wird. Ein ganz anderes Bild bietet ein freundlicher Hund, der sich nicht bedroht fühlt: Sein Rücken ist gesenkt, und er wedelt freundlich mit dem Schwanz. Im Laufe der Zeit, so Darwin, wurden aus diesen äußeren körperlichen Kennzeichen einer erhöhten Handlungsbereitschaft Signale für andere Tiere, daß eine bestimmte Handlung bevorsteht. Während ein Mensch mitunter seine wahren Gefühle willentlich zu unterdrücken versucht, schimmern seine unbewußten körperlichen Reaktionen häufig trotzdem durch. Jemand, der an Lampenfieber leidet, kann zwar versuchen vor einem großen Publikum ruhig zu erscheinen, sein Körper überträgt jedoch die Unruhe auf solche Muskulatur, die weniger vom Willen beeinflußt ist, und der Mensch beginnt unter Umständen, unkontrolliert zu zittern.

Gerade weil sie sich so schlecht kontrollieren lassen, können solche unwillkürlichen emotionalen Reaktionen des Körpers signalisieren, ob jemand kooperieren will oder nicht. Menschen, deren Emotionen sich „unzensiert" auf dem Gesicht oder aus der Körpersprache ablesen lassen, eignen sich in der Tat ideal für Sozialkontakte, weil es leichter ist, ihre Gefühle und Gedanken zu erraten und ihrer Aufrichtigkeit zu vertrauen. Wenn jemand errötet, hat man ihn vielleicht gerade beim „Flunkern" ertappt; genießt man andererseits jedoch den Ruf, rasch zu erröten, so ist dies ein gutes Zeichen für jemanden, der gerade einen zuverlässigen Partner sucht [39].

Die Schwierigkeit, Stimmungssignale vorzutäuschen, ist vielleicht der Grund, daß sich viele Menschen selbst dann bereitwillig kooperativ verhalten, wenn sie kaum Gefahr laufen, als „Mogler" entlarvt und bestraft zu werden. Schließlich erfordert es schon eine Menge geistiger Arbeit, um ein Lügengespinst zu schaffen – oder wie Mark Twain es ausdrückte: »Wenn man immer nur die Wahrheit sagt, braucht man sich nie an etwas zu erinnern.« Obwohl der Mensch über so elaborierte Eigenschaften wie Selbsttäuschung und rationelles Denken verfügt, kann es sehr schwer sein, nach außen den Eindruck eines ehrlichen Menschen zu vermitteln und gleichzeitig wie ein Schweinehund zu handeln. Um ehrlich zu wirken, nützt es mitunter sehr, es auch zu sein – vor allem in der Ehe, wo sich die Partner meist so gut kennen, daß es ihnen sehr schwer fällt, Schuldgefühle oder Ärger vor dem anderen zu verbergen.

Gefühle zu zeigen, um mit anderen zu kommunizieren, kann nützlich und gefährlich sein; das wird bei einfachen Gesellschaftsspielen deutlich. Wer seine Emotionen verbergen kann, setzt ein „Pokerface" auf (verzieht keine Miene) und läßt so seine Mitspieler über seine wahren Absichten im unklaren. Doch ein solches Verhalten ist eigentlich nur in den seltenen Situationen eines Nullsummen-Spieles (zum Beispiel Poker) nützlich, wenn jeder gegen jeden spielt. Sich beim Pokern etwas anmerken zu lassen, könnte verraten, welche Karte gerade gespielt wurde, und das eigene Spiel behindern. Im richtigen Leben laufen die meisten sozialen Situationen denn auch eher wie eine Bridgepartie ab, bei der die Spieler in Teams zusammenspielen müssen. Bei diesem Spiel wäre es sogar sehr vorteilhaft, wenn ein Spielpartner aufgrund der gezeigten Emotionen Informationen darüber erhielte, was der andere auf der Hand hat, um dann eine passende Gewinnstrategie zu entwickeln – weshalb es beim Bridge strikt verboten ist, überhaupt Gemütsregungen zu zeigen. Folglich versuchen die Spieler sowohl beim Bridge als auch beim Pokern, keine Miene zu verziehen, aber aus ganz verschiedenen Gründen: Bei einem Spiel der Art „einer gegen alle" (wie etwa dem Pokern) schirmt man sich gegen die Mitspieler ab, wenn man sich nichts anmerken läßt; bei einem „Teamspiel" wie Bridge hingegen brächte das Zeigen von Emotionen so viele Vorteile, daß es laut Spielregel untersagt ist. Die Tatsache, daß das Leben größtenteils aus „Mannschaftsspielen" besteht, läßt uns ahnen, warum Emotionen eine so große Bedeutung für unsere alltäglichen Beziehungen haben.

Von Gefühlen übermannt ...

Nirgendwo sonst wird die Rolle der Emotionen so deutlich wie in jenen Akten reiner Selbstaufopferung, die man immer wieder in der Geschichte der Menschheit findet: Helden, die sich in Schlachten und Notsituationen bewähren, Heilige, Märtyrer und Samariter. Aber auch ganz gewöhnliche Menschen wie Sie und ich üben im Alltag „irrationale" Akte von Selbstaufopferung aus: Viele geben dem Kellner beispielsweise ein Trinkgeld, obwohl sie nicht beabsichtigen, dieses Lokal je wieder zu betreten, oder man trottet bei Eis und Schnee brav ins Wahllokal, obgleich einem die Stimme der Vernunft sagt, daß eine Wählerstimme mehr oder weniger am Endergebnis so gut wie nichts ändert. Wir geben volle Portemonnaies im Fundbüro ab, spenden für die Wohlfahrt und „mogeln" nicht einmal in Situationen, in denen uns niemand zusieht. Ironischerweise widersprechen diese alltäglichen Verhaltensweisen jenem Bild des menschlichen Verhaltens, das die Ökonomen gebrauchen und wonach jeder seine Handlungen mit Hilfe einer Art Kosten-Nutzen-Rechnung vorab kalkuliert.

Schuld an diesem scheinbar irrationalen Verhalten trägt die Kraft unserer Emotionen. Wir brauchen Emotionen; denn obwohl die spezifisch menschliche Gabe, sich die Zukunft ausmalen zu können, sicherlich sehr gut ist, perfekt ist sie noch lange nicht. Wie man aus wirtschaftswissenschaftlichen Untersuchungen weiß, haben die meisten Menschen lieber den berühmten Spatz in der Hand als die Taube auf dem Dach: Wenn die Testpersonen beispielsweise zwischen einem Geldpreis von 100 DM, den sie sofort mitnehmen können, und einem

Betrag wählen können, der zwar höher ist (120 DM), jedoch erst in drei Tagen ausbezahlt wird, entschieden sie sich meist für den kurzen und direkten Weg zum Glück. Vom Standpunkt der Evolution aus erscheint dieser „zeitliche Skonto“ zugunsten der Gegenwart durchaus sinnvoll, da man ja in der Regel nicht in Erfahrung bringen kann, ob der zukünftige Gewinn tatsächlich zur Auszahlung kommt; aus diesem Grund erhalten Ereignisse in der Gegenwart oft einen höheren Stellenwert.

Diese Neigung, Transaktionen im Hier und Jetzt höher zu bewerten als solche der Zukunft, kann natürlich problematisch sein, wenn man kooperative Beziehungen aufbauen will. Solange die Zukunft in weiter Ferne liegt, werden anscheinend selbst langjährige Beziehungen zu einer Art „einmaligem Gefangenen-Dilemma“. Folglich geraten wir oft in die große Versuchung, den Gewinn sofort einzuheimsen, selbst wenn unter Umständen dadurch ein anderer auf lange Sicht Schaden erleidet. Ganz gleich, ob es darum geht, sich eine zusätzliche Eiskugel zu gönnen, einen kleinen Seitensprung zu begehen oder seinen Monatslohn zu verpulvern, anstatt ihn aufs Sparbuch zu bringen – der Lohn für sofortiges Handeln liegt immer in greifbarer Nähe, weshalb man auch nur sehr schwer zugunsten zukünftiger Belohnung darauf verzichten will.

Emotionen helfen uns, diesen Versuchungen zu widerstehen, indem sie uns auf andere Weise direkt belohnen, wenn sich eine Situation erst in Zukunft auszahlen wird – nämlich dadurch, wie wir fühlen. Bei unseren sozialen Interaktionen werden wir nicht nur von dem abstrakten Gedanken geleitet, wie wir unseren Gewinn maximieren können; es drängt uns auch, einerseits Verhalten zu vermeiden, das Gefühle wie Angst, Schuld oder Ungewißheit hervorruft, und andererseits Handlungen zu begehen, die uns mit Stolz, Freude, Sicherheit oder Zufriedenheit erfüllen. Selbstverständlich können die Handlungen, die bestimmte Gefühle auslösen, je nach den Umständen sehr verschieden ausfallen – schließlich haben auch Diebe einen Ehrenkodex.

Der Grundmechanismus im Bewußtsein ist jedoch der gleiche. Die Emotionen werden zu einer Art geistiger Kürzel im Umgang mit der enormen Vielfalt sozialer Beziehungen, die wir während unseres gesamten Lebens unterhalten. Die Strategie, generell schmerzhafte Emotionen (Schuld, Scham) zu vermeiden und gezielt erfreuliche (Stolz, Selbstwert) zu suchen, hat typischerweise den gleichen Effekt wie eine „Tit-for-tat"-Taktik, die langfristig zum Erfolg führt. Ehrlichkeit ist die beste Taktik – und wenn man es nur als Entlastung der „Gedankenmaschinerie" betrachtet.

Angesichts der Tatsache, daß Emotionen eine wichtige Komponente des kooperativen Verhaltens sind, erübrigt sich eigentlich die uralte Frage, ob der Mensch nun „von Natur aus" egoistisch oder „von Natur aus" altruistisch sei. Daß „Tit-for-tat" so wirkungsvoll kooperatives Verhalten herbeiführen kann, beruht auf der allgemeinen Annahme, die Menschen handelten in ihrem eigenen Interesse – und manchmal gehen einige dabei *tatsächlich* in vollem Bewußtsein egoistisch vor. Im eigenen Interesse zu handeln, ist jedoch nicht gleichbedeutend mit Egoismus, denn in Wirklichkeit – und das beweist „Tit-for-tat" – ist „Sicharrangieren" die beste Methode, um vorwärtszukommen.

„Von Natur aus" ist der Mensch weder egoistisch noch altruistisch, weil nämlich eine derart einfach gestrickte Strategie unweigerlich in den Untergang führen würde. Vielmehr wird er von speziellen Komponenten des Bewußtseins gelenkt, die Hinweise aus seiner Umwelt registrieren und kurzfristige emotionale Ziele verfolgen – beispielsweise Schuldgefühle vermeiden, Vergeltung oder Lustgewinn suchen, seinen Status in der Gemeinschaft sichern. Die sogenannte Natur des Menschen ist eine Ansammlung geistiger Mechanismen, die zu Zeiten der ersten Frühmenschen entstanden sind und die nun mit den Reizen der modernen Umwelt interagieren. Dabei entsteht ein Verhalten, das wir manchmal als „egoistisch", manchmal als „altruistisch" bezeichnen. Im Grunde genommen sind wir beides nicht.

Auf lange Sicht korreliert die Befriedigung dieser unmittelbaren, oftmals emotionalen Ziele locker mit einer „Tit-for-tat"-Taktik, aber nicht immer. Das ist auch nicht erforderlich, da die Biologie in der Regel rasche, einfache Strategien, die mit wenig Aufwand „passable" Lösungen finden, solchen Taktiken vorzieht, die unter enormer Aufwendung von Zeit, Arbeit und Ressourcen die besten Lösungen zuwege bringen. Menschen, die in Restaurants Trinkgeld geben, die sie nie wieder besuchen wollen, mögen aus Sicht eines herkömmlichen Ökonoms zwar irrational handeln; allerdings wird der Aufwand für ein solches Verhalten durch die Vorteile mehr als wettgemacht, die sich einstellen, wenn sie in ähnlichen sozialen Situationen, bei denen aber weitaus mehr auf dem Spiel steht, ihrem Instinkt auf gleiche Weise folgen. Ähnlich verhält es sich mit Menschen, die zur Rettung Wildfremder Kopf und Kragen riskieren; sie folgen einem vergleichbaren Instinkt, der unter normalen Umständen hohen Gewinn bei geringem Risiko bedeutet.

Balsam für die Seele

Emotionen helfen uns nicht nur bei der Bewältigung unserer zwischenmenschlichen Beziehungen im Alltag, sondern dienen auch als Warnsignale oder Heilmittel. Ebenso wie körperlicher Schmerz uns alarmiert, wenn lebenswichtige Körperfunktionen bedroht sind, können uns auch „psychische Schmerzen", wie innere Unruhe und Ängste, darauf aufmerksam machen, daß aus unserer Umgebung möglicherweise Gefahr droht. Eines der wichtigsten emotionellen Warnzeichen ist eine Reaktion, die den Körper in erhöhte Alarmbereitschaft versetzt – im Englischen griffig als *fight or flight* („Kampf oder Flucht") bezeichnet. Dieses Verhalten wurde in der Wissenschaft erstmals um die Jahrhundertwende untersucht. Typische Reaktionen wie rascher Herzschlag, beschleunigte Atmung und vermehrte Ausschüttung von Adrenalin bereiten den Körper auf mögliche Flucht- oder Kampfhandlungen vor. Einer der deutlichsten Hinweise auf die enge Verbindung von Körper und Geist ist die Tatsache, daß man sich nur eine bestimmte Gefahr vorzustellen braucht, um diese Alarmbereitschaft auszulösen. Jeder, der sich einmal aus heiterem Himmel erschreckt hat, sich im nächsten Moment aber davon überzeugen konnte, daß keine Gefahr besteht, kennt dieses merkwürdige Gefühl: Es wird einem für kurze Zeit am ganzen Körper richtig heiß, selbst wenn sich der Verstand schon wieder beruhigt hat.

Aber nicht nur der Körper legt einen höheren Gang ein, wenn Gefahr im Verzug zu sein scheint, auch der Verstand konzentriert sich voll und ganz auf die aktuelle Situation und schiebt dabei alle anderen Sorgen, Gedanken und äußeren Reize beiseite. Entwicklungsgeschichtlich macht dieses Festlegen geistiger Prioritäten durchaus Sinn: Diejenigen Frühmenschen, die eine sich anpirschende Raubkatze nicht bemerkten, weil sie gerade von ihrem oder ihrer Liebsten träumten, hinterließen vermutlich nicht viele Nachkommen. Selbstverständlich werden auch solche Hominiden, die danach das Raubtier nicht vergessen und sich nicht wieder der Liebe zuwenden konnten, nur wenige Kinder gehabt haben.

Was wir fürchten, ist tief in unserem Unterbewußtsein verwurzelt, und auch heute noch schleppen wir die Urängste unserer Vorfahren mit uns herum. Unsere von der Evolution geprägte Psyche ist darauf eingestellt, auf ganz bestimmte Gefahren in unserer Umwelt zu reagieren. Wie aus Laboruntersuchungen hervorgeht, erweist es sich als wesentlich schwieriger, einem Affen die Angst vor natürlichen Feinden (zum Beispiel einer Schlange) zu nehmen, als ihm die Furcht vor einem Gewehr abzutrainieren. Alle Eltern machen die frustrierende Erfahrung, daß ihre lieben Kleinen bedenkenlos auf vielbefahrene Straßen laufen oder mit der Gabel in einer Steckdose herumstochern, während sie gleichzeitig eine Heidenangst vor großen Hunden, Spinnen oder finsteren Kellern haben. Man braucht keine gewaltige Phantasie, um sich vorstellen zu können, daß große Raubtiere, giftige Spinnen und dunkle Höhlen auch unseren Altvorderen (aus gutem Grund) große Angst bereiteten; Hauptverkehrsstraßen und Steckdosen hingegen gibt es noch nicht so lange, als daß sie einen Evolutionsdruck auf unsere Psyche hätten ausüben können.

Unsere Reaktionen auf Streßsituationen werden daher stark von Angstgefühlen geprägt, und am häufigsten sind es – damals wie heute – andere Menschen, die uns ängstigen. Der *Homo sapiens* ist ein so soziales Wesen, daß sowohl zu wenige als auch zu viele Menschen um uns herum furchteinflößend sein können. In der übervölkerten, anonymen Welt der Gegenwart vergessen wir leicht, daß Freunde und Verwandte zur Zeit der Frühmenschen für den einzelnen lebenswichtig waren – und daß Alleinsein oft den Tod durch Verhungern oder Raubtiere bedeutete. Andererseits wissen wir aus den Spielen mit „Tit-for-tat", daß es für das Gehirn aufgrund der Chancen und Risiken im sozialen „Tauschhandel" auch sehr anstrengend ist, sich in einer großen Menschengruppe aufzuhalten.

Da die Vorteile des kooperativen Verhaltens in einer Gruppe so groß sind, spezialisierte sich unser Verstand darauf, genau zu registrieren, wo sich welche Leute zusammentun – wobei wir besonders feinfühlig auf Zeichen reagieren, die uns signalisieren, daß wir aus diesen Kreisen ausgeschlossen sind. Ob es nun um Schülercliquen geht, die gerade „in" sind, um elitäre Clubs, Stammtische, Gesellschaftszirkel, Berufsverbände, Gremien oder das Küchenkabinett der Regierung, jeden von uns beschleicht zumindest manchmal die Furcht, wir könnten der einen oder anderen Gruppe nicht (mehr) angehören, und genauso sicher erfüllt es uns mit einer Spur Genugtuung, wenn wir in irgendeinen exklusiven Club aufgenommen wurden.

Die darwinsche Medizin

Emotionen sind Teil einer großen Gruppe intensiver körperlicher wie geistiger Reaktionen, die dazu entstanden, Krankheiten heilen und Verletzungen lindern zu helfen. In einer neuen Disziplin, der sogenannten darwinschen Medizin, zeigen Forscher in vielen Fällen, daß manche Methoden der modernen Medizin diese natürlichen Abwehrkräfte tatsächlich entgleisen lassen und eine Krankheit dadurch verlängern können. Die Vertreter dieser neuen Medizinrichtung wollen damit nicht behaupten, daß die Schulmedizin überholt sei; vielmehr betonen sie, daß die Erforschung des menschlichen Körpers und seiner Krankheiten – ebenso wie die anderer lebender Dinge – davon profitieren könnte, wenn man entwicklungsgeschichtliche Aspekte im Auge behielte.

Nehmen wir beispielsweise das Fieber. Jahrelang bestand die Standardbehandlung darin, daß der Arzt dem Patienten Aspirin oder andere fiebersenkende Mittel (Antipyretika) gab und das Fieber auf diese Weise einzudämmen versuchte – schließlich ist hohes Fieber in der Tat sehr gefährlich und kann zu irreparablen Hirnschäden führen. Heute wissen die Ärzte jedoch, daß leichtes Fieber eine natürliche Reaktion des Körpers ist, um die Infektion abzuwehren. Eine leicht erhöhte Körpertemperatur erhöht nicht nur die Aktivität der Bestandteile des körpereigenen Immunsystems, sondern drosselt auch diejenige der eingedrungenen Erreger. Studien haben gezeigt, daß sich Kinder, die an Windpocken erkrankt waren und mit fiebersenkenden Mitteln behandelt wurden, tatsächlich viel langsamer als normal erholten [40]. Mit Blick auf die Evolution läßt sich auch erklären, warum bei Menschen nach einer chronischen Infektion der Eisengehalt im Blut sinkt, wodurch sie (leicht) anämisch werden, das heißt, weniger rote Blutkörperchen besitzen. Eisen ist für den Stoffwechsel vieler pathogener Bakterien essentiell, weshalb ein geringerer Bluteisenspiegel letztlich bedeutet, daß sich die Erreger schlechter vermehren können.

Bei der Untersuchung an einer Gruppe von Jägern und Sammlern stellte sich heraus, daß sie ernährungsbedingt an chronischem Eisenmangel litten. Nachdem man ihnen Eisentabletten gegeben hatte, um diesen Mangelzustand zu beseitigen, beobachteten die Forscher, daß die Menschen nun öfter und schwerer an Malaria und ähnlichen Infektionskrankheiten erkrankten.

Der Körper besitzt noch viel mehr natürliche Abwehrkräfte gegen Bakterien und andere Krankheitserreger, die ihm seit Jahrtausenden zusetzen. In populären Darstellungen des Lebens unserer steinzeitlichen Vorfahren zeigt man gerne, wie diese mit Säbelzahntigern, Höhlenbären oder wilden Mammuts auf Leben und Tod kämpfen; die bedeutendsten Feinde des Menschen waren jedoch schon immer Bakterien und Viren. Und während wir Reißzähne und Muskelpakete im Laufe unserer Evolution eingebüßt haben, besitzt unser Körper immer noch ausgeklügelte Abwehrmechanismen gegen diese winzigen, doch wesentlich gefährlicheren Kreaturen. Selbstverständlich trägt unser Immunsystem zu dieser ewigen Abwehrschlacht am meisten bei, doch gibt es auch von anderer Seite Unterstützung: Durch Husten befreien wir die Lungen von eingeatmeten Krankheitskeimen, Schleim in der Nase hilft, Schnupfenviren zu bekämpfen, und ein kräftiger Durchfall schafft die pathogenen Bakterien aus dem Darm. Diese Reaktionen sind also nicht bloß Symptome, die, wie man lange behauptet hat, behandelt werden müssen, sondern spezielle Abwehrmaßnahmen des Körpers.

In unserer modernen Welt entstanden neue Krankheiten, die es bei unseren Altvorderen nicht gab. Die Gene, die beispielsweise für Dyslexie (Leseschwäche) verantwortlich sind, richteten bei unseren analphabetischen Vorfahren sicherlich kaum Schaden an. Schwermetalle, PCB (polychlorierte Biphenyle) und Pestizide sind wahrscheinlich für unseren Organismus giftiger als viele natürliche Toxine, für die wir eine natürliche Resistenz entwickelt haben. Die tragischen Fälle des „plötzlichen Kindstodes“ mögen vielleicht mit der heutigen Angewohnheit zu tun haben, Säuglinge allein schlafen zu lassen. Bei Jäger-und-Sammler-Völkern schlafen Kleinkinder bei ihren Müttern, und hier beobachtet man dieses Syndrom auch selten. Laut neuerer Forschungsergebnisse kann „plötzlicher Kindstod" bei solchen Babys eintreten, bei denen die Aktivität des Atemzentrums im Tiefschlaf nicht ausreicht; das normale Hin- und Herdrehen der Mutter im Bett könnte dazu dienen, den Tiefschlaf des Kindes zu unterbrechen, und auf diese Weise den „plötzlichen Kindstod" verhindern. Bei den obenerwähnten Nomadenvölkern findet man auch seltener Brustkrebs; hier werden die Frauen meist kurz nach Erreichen der Pubertät schwanger und bekommen fast während ihres gesamten Lebens Kinder. Diese Lebensweise ähnelt derjenigen der Frühmenschen, und daher kann man vermuten, daß die hormonellen Umstellungen während einer Schwangerschaft vielleicht auch als Abwehrmechanismus gegen Brustkrebs entstanden sind. Dieser Schutz geht in der modernen Industriegesellschaft verloren, wo Frauen in späteren Lebensabschnitten und meist auch weniger Kinder bekommen.

Der entwicklungsgeschichtliche Aspekt erklärt darüber hinaus einige merkwürdige Komplikationen, die im Laufe der Schwangerschaft auftauchen. Während rein objektiv Mutter und Fötus daran „interessiert" sind, die Schwangerschaft zu einem erfolgreichen Abschluß zu bringen, existieren auf biologischer Ebene gewisse subtile Interessenkonflikte. Während die Mutter beispielsweise ihre Kräfte für zukünftige Schwangerschaften einteilen muß, will der Fötus verständlicherweise so viele Nährstoffe wie möglich abhaben, ohne seiner Mutter ernsthaft Schaden zuzufügen. Das Ergebnis ist ein biochemisches Tauziehen, bei dem sowohl mütterlicher als auch fötaler Organismus Hormone ins Blut abgeben, um ihr jeweiliges Ziel zu erreichen. Schwangere Frauen leiden zum Beispiel öfters an sogenanntem Schwangerschaftsdiabetes, der aus diesem erbitterten biochemischen Kampf beider Organismen um Zuckermoleküle im mütterlichen Blut herrührt. Biochemische Botenstoffe des wachsenden Fötus hemmen auch den Fortpflanzungszyklus der Mutter, wodurch seine Interessen ebenfalls geschützt werden. Der fötale Organismus schüttet außerdem Hormone aus, die den Blutdruck der Mutter erhöhen, so daß der Fötus besser mit Nährstoffen und Sauerstoff versorgt wird.

Sogar die Gene des Fötus befinden sich in einem evolutionären Konflikt [41]. Die Hälfte des embryonalen Genoms stammt vom Vater, der – entwicklungsgeschichtlich gesehen – an einem möglichst großen, gut genährten Sprößling interessiert ist. Die mütterlichen Gene „wollen" zwar ebenfalls ein kerngesundes Baby, haben darüber hinaus jedoch noch ein anderes Interesse, nämlich den Schutz der Mutter und ihrer künftigen Nachkommen. Aus Versuchen mit Mäusen geht beispielsweise hervor, daß ein bestimmtes Wachstumshormon im heranwachsenden Fötus nur von den väterlichen Genen gebildet wird – die homologen Gene der Mutter verhalten sich „still" und bilden dieses Hormon nicht. Umgekehrt gibt es in der Maus ein weiteres Genpaar, das für die Synthese einer Substanz zuständig ist, welche die Wirkung dieses Wachstumshormons hemmt – und in diesem Fall sind nur die mütterlichen Gene aktiv, während die väterlichen Gene „schweigen".

Die mütterliche Psyche

Die unterschiedlichen Interessen von mütterlichem und fötalem Organismus führen auch zu gewissen psychischen Veränderungen bei der Mutter [42]. Brechreiz und morgendliche Übelkeit, die oft zu Beginn einer Schwangerschaft auftreten, können entwicklungsgeschichtliche Abwehrmechanismen zum Schutz des heranwachsenden Embryos sein. Würzige, bitter oder scharf schmeckende Gemüsesorten, wie etwa Knoblauch, Zwiebeln und Brokkoli, aber auch Kaffeebohnen, enthalten normalerweise kleine Mengen an schwachen Toxinen, die diesen Pflanzen zum Schutz vor Schadinsekten und anderen Freßfeinden dienen. Bis zur 14. Entwicklungswoche können diese Gifte aber auch dem Embryo schaden. Um ihre Leibesfrucht zu schützen, haben Frauen daher im Laufe der menschlichen Evolution eine starke Abneigung gegen Nahrungsmittel entwickelt, die solche Stoffe enthalten. Und wie in Untersuchungen gezeigt wurde, erlitten Frauen, die zu Beginn ihrer Schwangerschaft keine Übelkeitssymptome aufwiesen, zwei- bis dreimal häufiger eine Fehlgeburt als solche Frauen, denen in den ersten Monaten „speiübel" war. Sobald das Anfangsstadium der fötalen Entwicklung abgeschlossen ist, ist diese Gefahr vorüber, und die werdenden Mütter bekommen wieder Appetit auf die „verbotenen Früchte". Auch das könnte eine entwicklungsgeschichtlich bedingte Reaktion sein: Sobald der Embryo groß genug und nicht mehr gefährdet ist, muß seine Mutter mehr essen, um ihn mit den erforderlichen Nährstoffen zu versorgen.

Die seelische Gemütsverfassung der Mutter spielt eine entscheidende Rolle bei der eigentlichen Geburt. Unter den Menschenaffen steht *Homo sapiens* insofern einzigartig da, als Frauen oftmals im Kreise von Artgenossen – Lebenspartnern, Freunden, Verwandten, Hebammen und anderen Helfern – gebären. Für die Mutter ist es wichtig, andere Menschen in ihrer Nähe zu wissen, von denen sie sich bei der Geburt umsorgt und geschützt fühlt; denn aufgrund des gewaltigen Umfangs seines Gehirns, wodurch der Mensch ja letztlich zu einem sehr sozialen Wesen wurde, gestaltet sich seine Geburt auch zu einem ziemlich gefährlichen Unterfangen. Die Bedeutung dieser sozialen Bindungen wird durch folgende Untersuchungsergebnisse hervorgehoben: Wenn Frauen in Anwesenheit von Verwandten und Freunden ihr Kind zur Welt brachten, sank der Anteil der Kaiserschnittgeburten um zehn Prozent, der Gebrauch von Betäubungsmitteln um 75 Prozent.

Evolutionäre Höhen und Tiefen

Dieser Einfluß der Emotionen auf die Biologie ist selbstverständlich ein zweischneidiges Schwert. Während die Anwesenheit von lieben Mitmenschen dazu beiträgt, die Schmerzen bei der Geburt zu erleichtern, kann uns ein vergiftetes Arbeitsklima oder ein finanzielles Desaster in Streß versetzen, der Körper und Geist gleichsam in Schockwellen durchflutet. Streß hat aber offensichtlich auch etwas Positives: Er mobilisiert alle physischen und psychischen Reserven, damit man eine Krise schneller bewältigt. Doch die Nachwirkungen einer solchen „Notsituation" können für den Körper schädlich sein. „Streßattacken" schwächen auf Dauer das Immunsystem, so daß der Betroffene anfälliger für Krankheiten wird. Und da Streßreaktionen dafür sorgen, daß Körper und Geist sich ausschließlich mit einer bestimmten Krisensituation befassen, kann Dauerstreß langfristig zu Verdauungsbeschwerden, Schlafstörungen und einem gestörten Sexualleben führen.

Leider, leider sind unsere entwicklungsgeschichtlich gut entwickelten geistigen Werkzeuge nur sehr schlecht auf den Streß vorbereitet, den das moderne Leben bietet. Unsere Vorfahren waren natürlich von ganz anderen Bedrohungen umgeben als wir heute. Nur sehr wenige Menschen in der westlichen Welt sehen sich dem Hungertod, der Gewalt der Naturelemente oder der Bedrohung durch wilde Tiere ausgesetzt. Dennoch unterliegt der zivilisierte Mensch, dem der Dauerstreß in einer großen, anonymen Masse zusetzt, anhaltenden Belastungen, welche die ersten Hominiden in dieser Form überhaupt nicht kannten. Zahlreichen Untersuchungen zufolge zählen zu den wesentlichen Maßnahmen, um Streß abzubauen, beispielsweise ein geruhsamer Aufenthalt im Kreise von Familie und Freunden oder aber ein paar Mußestunden – Situationen, die mehr zum Leben unserer Altvorderen als in unsere eigene Zeit passen. Viele von uns leben Hunderte von Kilometern von ihren Familien entfernt, ziehen mit jedem Wechsel des Arbeitsplatzes in eine neue Stadt und lassen ihren Freundes- und Bekanntenkreis zurück oder ergeben sich einer Reizüberflutung, die den Begriff „Muße" als Anachronismus erscheinen läßt. All das fordert irgendwann einmal von Körper und Seele gleichermaßen Tribut. Nach unbestätigten Untersuchungen soll ein Leben voller emotionalem Streß vermehrt zu Krebs und Infektionskrankheiten führen und möglicherweise den geistigen Verfall fördern, der mit Krankheiten wie der Alzheimer-Krankheit einhergeht.

Ironischerweise sind andere moderne „Krankheiten", wie beispielsweise depressive Verstimmungen, ursprünglich offenbar zu dem Zweck entstanden, in Streßphasen entstandene Schmerzen zu lindern [43]. Die typischen Verhaltensweisen eines depressiven, niedergeschlagenen Menschen – Rückzug aus alltäglichen Kontakten, ausgedehnte, grüblerische Phasen, Resignation, verlangsamte Gefühlsausbrüche und geringe Neigung, die eigenen Lebensumstände zu verändern – schützen ihn davor, weiter in ein Unternehmen zu investieren, von dem er eindeutig nicht profitieren wird oder das ihn sogar in Gefahr bringt. Wenn man gerade von einem Gegner geschlagen wurde, wäre es äußerst unklug, ihn sofort zu einer Revanche herauszufordern – vor allem dann, wenn man selbst verletzt ist oder viele Reserven eingebüßt hat. Phasen der Niedergeschlagenheit sorgen dafür, daß man eine Zeitlang nicht in den Ring steigt, sich in Ruhe erholen und eventuell einen anderen Plan zur Lösung des Problems entwickeln kann.

In solchen Zeiten der Besinnung können Menschen lernen, ihr (bisheriges) Leben realistischer einzuschätzen. Psychologische Untersuchungen scheinen die zynische These zu bewahrheiten, daß sich glückliche Menschen tatsächlich selbst etwas vormachen. Der „Durchschnittsoptimist" überschätzt sich, sein Können und die eigene Stellung innerhalb einer Gruppe; Pessimisten hingegen schätzen die eigene Situation viel präziser ein. Das will nicht heißen, daß frohe Menschen deshalb Narren sind; denn gerade ihr Talent der optimistischen Selbstüberschätzung hilft ihnen über so manche unergiebige Phase hinweg, wie sie im Rahmen kooperativer Handlungen immer wieder auftreten. Optimismus sorgt dafür, daß Bauern nach einer Mißernte erneut ihr Saatgut aussäen, daß zwei Liebende es noch einmal miteinander versuchen wollen und daß eine Gruppe Jäger und Sammler wieder in ein Tal zurückkommt, um dort nach Nahrung zu suchen. Depressive Verstimmungen hingegen sagen uns deutlich, wann es tatsächlich an der Zeit ist, aufzugeben und weiterzuziehen.

Wenn die Gefühle von Trauer und Niedergeschlagenheit für uns derart wichtig sind, so stellt sich die Frage, ob es eigentlich so gut ist, auf Stimmungsaufheller wie beispielsweise Valium® oder Fluctin® zurückzugreifen. Indem diese Mittel den seelischen Schmerz überdekken, den es im Alltag immer geben wird, schalten sie möglicherweise ein wichtiges Frühwarnsystem der Psyche aus. Die Evolutionspsychologen meinen, daß Furcht, Trauer und Angst unseren menschlichen Vorfahren geholfen haben, sich in ihrem sozialen Umfeld zu orientieren. Indem wir eines dieser seelischen Navigationsgeräte entfernen, machen wir letzten Endes alles noch viel schlimmer.

Selbstverständlich können wir heute Aspirin® und andere Mittel gegen Schmerzen, Brechreiz und Durchfall schlucken, ohne daß irgendwelche Nebenwirkungen auftreten, und Millionen Amerikaner nehmen auch psychische „Muntermacher“ ein, ohne daß sich ihre Persönlichkeit radikal verändert. Möglicherweise unterscheidet sich aber unsere heutige Welt so sehr von der unserer Vorfahren, daß alle neuentwickelten Ängste unsere bisherigen psychischen Lebenshilfen über den Haufen werfen. Demnach würden sich die „kleinen rosa Pillen“ also im Prinzip nicht von den Süßstoffen und Kochsalzersatzstoffen unterscheiden, mit denen wir dem Überangebot an Zucker und Natriumchlorid Herr werden wollen. Allerdings wird man den bohrenden Gedanken nicht los, daß der vielleicht größte Schaden, den Stimmungsaufheller anrichten, darin besteht, daß hier suggeriert wird, „normal“ sei gleichbedeutend mit „dauernd glücklich“ – so wie die

Ärzte früher glaubten, Fieber sei ein Mißstand, den man kurieren müsse. Die Evolutionspsychologen gehen davon aus, daß Psyche und Bewußtsein des Menschen weitaus komplizierter sind, da ja auch sein Sozialleben mehr Komplikationen aufweist, als man rein oberflächlich erkennt. Die Höhen und Tiefen unseres Lebens spielen eine wichtige Rolle, denn sie helfen uns – mitunter auch recht schmerzhaft –, im großen und ganzen mit ihm klarzukommen.

Bestimmte charakteristische Verhaltensweisen und Eigenschaften des Menschen – wie beispielsweise Familienbindung, reziproker Altruismus, kooperatives Verhalten, Rachsucht, die Bereitschaft, Frieden zu schließen, sowie seine Emotionen – wurden für sein Überleben so wichtig, daß sich sein Gehirn im Laufe der Evolution daran anpaßte, mit diesen komplexen Mechanismen umzugehen. Zu diesen Mechanismen zählen beispielsweise „Lügendetektoren" für Mitmenschen, die uns in sozialen Beziehungen „beschummeln" wollen, ein räumliches Vorstellungsvermögen, die Fähigkeit, sich eine Vorstellung von den Gedanken anderer zu machen, sowie ein ganzer Katalog von emotionalen Verhaltensweisen, die uns zum kooperativsten Lebewesen dieses Planeten gemacht haben. Außerdem finden die Evolutionspsychologen nach und nach immer mehr Hinweise auf spezielle Eigenschaften in unserer Psyche, die uns in den manchmal unberechenbaren Gefilden von Liebe und Gewalt sowie anderen wichtigen sozialen Bereichen menschlichen Lebens (beispielsweise Sprache) Hilfestellung geben. Einige dieser Mechanismen betreffen den für alle Bereiche des Lebens sehr wichtigen Aspekt der Partnerwahl.

5. Die Evolution der Liebe

Aber ich sehe ein anderes Gesetz in meinen Gliedern, das dem Gesetz meiner Vernunft widerstreitet und mich in dem Gesetz der Sünde, das in meinen Gliedern ist, gefangen hält.

Paulus, Römerbrief 7, Vers 23

Er küßte mich unter der alten Mauer der Mauren und ich dachte nun warum nicht ihn und keinen anderen und dann bat ich ihn mit meinen Augen fragend ja frag mich wieder ja und dann fragte er mich ob ich denn Ja auf sein Ja entgegnen wolle meine Bergblume und da erst umschlang ich ihn mit meinen Armen und zog ihn an mich bis daß er meine Brüste ertasten konnte all meine Düfte und sein Herz schlug wie rasend und ja rief ich ja ich will.

James Joyce

»Bitte beantworten Sie folgende Frage«, sagt David Buss. »Was würde Sie mehr aufregen oder enttäuschen: Wenn Ihr Partner mit jemand anderem Geschlechtsverkehr hätte oder wenn er eine tiefe Zuneigung zu einer anderen Person entwickelte?« Für Männer, so behauptet Buss, ein Psychologe an der Universität von Michigan, wird der Gedanke, daß ihre Partnerin mit jemand anderem schläft, wahrscheinlich viel enttäuschender sein als für Frauen – und tatsächlich traf das auch für die meisten Männer zu, die an der von Buss durchgeführten Studie teilnahmen. Umgekehrt meinten 85 Prozent der Frauen, denen dieselbe Frage gestellt wurde, daß sie der Gedanke, ihr Partner könnte sich in eine andere verlieben, stärker aufwühlen würde. Das war auch nicht nur so dahergeredet – Buss stellte seinen Probanden nochmals die gleichen Fragen, doch schloß er sie diesmal vorher an einen Monitor an und zeichnete ihre physischen Reaktionen während der Befragung auf. In den weit überwiegenden Fällen reagierten Männer stärker bei der Vorstellung, ihre Partnerin könnte Sex mit einem anderen haben, während Frauen stärkere Reaktionen zeigten, wenn sie sich vorstellten, ihr Liebhaber könnte eine starke Zuneigung zu einer anderen Frau entwickeln. Die von Buss durchgeführte Untersuchung trifft mitten in die berüchtigte Doppelmoral unserer Gesellschaft, wonach ein Seitensprung bei Männern mit einem Augenzwinkern toleriert wird, während eine untreue Frau gesellschaftliche Ächtung erfährt. Emotionaler Ehebruch, der eher ein Verbrechen in Gedanken als ein wirklich ausgeübtes Delikt darstellt, läßt sich jedoch viel schwerer nachweisen.

Woher rühren diese unterschiedlichen Einstellungen zur sexuellen Untreue? Für die meisten Soziologen kommen solche Unterschiede im Bewußtsein beider Geschlechter durch Lernprozesse, kulturelle Prägung und Sozialisierung zustande. Sie glauben, daß Männer und Frauen in bestimmten Bahnen denken, weil andere – Medien, Werbung, Eltern und so weiter – sie beeinflußt haben, genau so zu denken. Für die Evolutionspsychologen stammen diese leicht unterschiedlichen Denkweisen bei den Geschlechtern jedoch aus dem entwicklungsgeschichtlichen Vermächtnis unserer frühmenschlichen Vorfahren. »Die Soziologie wurde in diesem Jahrhundert lange Zeit von dem Dogma beherrscht, die Natur des Menschen bestehe darin, daß er keine besitzt«, vermutet Buss. Obwohl die Menschen sicherlich ein Produkt ihrer Erziehung und Kultur sind, können wir die grundsätzlichen Unterschiede in der Einstellung zur Sexualität nur dann begreifen, wenn wir uns zunächst mit den in der Evolution entstandenen Denkmechanismen auseinandersetzen, die wiederum die Basis für diese Einstellungen bilden. Analog kann man beispielsweise den Unterschied zwischen einem Taxi und einem Rennauto nur dann begreifen, wenn man zuvor die Grundelemente beider Wagentypen kennt, wie etwa Motor und Federung.

Buss ist ein Sozialpsychologe, der zwar früher auch die gängige Lehrmeinung vertrat, aber schon bald die Stärke der evolutionspsychologischen Argumentation erkannte und frohen Herzens das Lager wechselte. »Die meisten Psychologen neigen dazu, moderne Theorien zu bevorzugen – wenn eine These nicht innerhalb der letzten fünf Jahre aufgestellt wurde, gilt sie als altmodisch«, meint er. »Ich gehöre jedoch zu den wenigen Psychologen, die in ihren Veröffentlichungen Zitate verwenden, die bis 1870 zurückgehen.« Diese Arbeiten beziehen sich selbstverständlich auf die umfassenden Werke Charles Darwins. Obwohl sich Buss im Studium mit gängigen psychologischen Themen wie etwa der Persönlichkeitstheorie befaßte, setzte er sich als Evolutionspsychologe vor allem damit auseinander, inwieweit die Fähigkeit des Menschen, Abkommen zu schließen, die menschliche Sexualität, Liebe und Partnerwahl beeinflußt.

Die Liebe ist eines der wichtigsten, kompliziertesten und gefährlichsten sozialen Tauschgeschäfte, die wir im Leben eingehen. Liebesbeziehungen stecken voller Versprechungen und Tücken; sie verlangen unserem sozialen „Geschäftssinn" das gesamte Repertoire an psychologischen Spezialisierungen ab, die in der Evolution für kooperatives Verhalten entwickelt wurden. So können wir aufgrund unserer Fähigkeit, uns in andere hineinzuversetzen, die Bedürfnisse, Wünsche und Reaktionen unseres Partners vorhersagen. Und unser eingebauter „Lügendetektor" hält aufmerksam nach Treuebrüchen Ausschau. Entwicklungsgeschichtlich sind Belohnung und potentielle Investitionen für unsere sexuellen Beziehungen so hoch, daß die Themen Sex und Liebe im Alltag breiten Raum einnehmen. Wen wundert es da, daß Klatsch und Tratsch, Liebesgedichte und Arztromane, die Schlagzeilen der *Bild-Zeitung* oder Sendungen wie *Herzblatt* und *Traumhochzeit* die Menschen anziehen; schließlich faszinieren die Details aus dem Liebesleben anderer den *Homo sapiens* schon seit Jahrhunderten. Dementsprechend ist es dann auch nicht weiter verwunderlich, daß Liebe und Sexualität über die reine Fortpflanzung hinaus in der Politik, in Machtkämpfen und anderen Bereichen des menschlichen Miteinanders eine Rolle spielen.

Wie jedes andere kooperative Unterfangen ist auch eine Liebesbeziehung ein Drahtseilakt zwischen den Bedürfnissen und den Wünschen von Menschen, wodurch sich eine Spannung aufbaut, die uns schon seit Urzeiten in Atem hält. Im Grunde genommen war und ist die menschliche Sexualität ein ewiger Kompromiß zwischen Mann und Frau, wobei niemandem sämtliche Wünsche erfüllt werden, beide Parteien letztlich jedoch zufriedener sind, als wenn sie allein geblieben wären.

Es ist keine leichte Aufgabe, einen solchen Dauerdialog mit dem Partner aufrechtzuerhalten, da die entwicklungsgeschichtlichen Ziele von Männern und Frauen häufig nicht nur verschieden, sondern oft auch gegensätzlich sind. Jahrzehntelang nahmen sowohl die Soziologie als auch die Popkultur fälschlicherweise an, daß männliche und weibliche Sexualität im wesentlichen gleich sind – ein unbegrenzt formbares sexuelles Potential mit unbegrenzten Ausdrucksmöglichkeiten, das von Kultur, Religion und, wie Freud behauptet, Erfahrungen der frühesten Kindheit für immer geprägt ist. Die Klischees vom stürmischen Liebhaber und der scheuen Geliebten, vom Mann, der sich die Hörner abstößt, und der Frau, die ihre Keuschheit hütet, all die unterschwelligen Botschaften von der sexuellen Anziehungskraft reicher Männer und junger, schöner Mädchen wurden lange Zeit ausschließlich als Resultat des Sozialisierungsprozesses betrachtet, genährt von Werbung und Medien.

Tatsächlich haben aber viele neuere Arbeiten von Evolutionspsychologen herausgestellt, daß unser Sexualverhalten grundsätzlich von den immer wieder neuen „Verhandlungen“ über die entwicklungsgeschichtlich bedingt verschiedenen Wünsche und Bedürfnisse von Männern und Frauen geformt ist. Dieser Kampf der Geschlechter tobt seit Jahrtausenden und führte letztlich zu einem empfindlichen, metastabilen Gleichgewicht aus Kompromiß und Konflikt. Die Diskussionen um Eherechte, Sexualmoral, Eifersucht, Doppelmoral, das berühmte „verflixte siebte Jahr“ und die Kontrolle der weiblichen Reproduktionsfähigkeit (»Mein Bauch gehört mir«) mögen zwar wie Modeerscheinungen anmuten, jedoch beruhen all diese Phänomene und Verhaltensweisen auf einem entwicklungsgeschichtlichen Vermächtnis, das uns unsere frühen Vorfahren hinterlassen haben.

Sex beginnt im Hirn

So wie sich die Geschlechter rein äußerlich unterscheiden, besitzen Männer und Frauen auch unterschiedliche „Denkorgane“: Zu Zeiten der Urmenschen sahen sich beide Seiten in Sachen Sexualität grundverschiedenen Problemen ausgesetzt. Daher entwickelte sich das Gehirn bei Männern und Frauen anders, so daß die Kriterien für Partnerwahl, Reaktionen auf Untreue und sexuelles Begehren ebenfalls bei beiden Geschlechtern verschieden sind. Wie alle evolutionären Spezialentwicklungen des menschlichen Seelenlebens sind auch die „Geschlechtsorgane im Gehirn“ eine Mischung aus Natur- und Milieuprägung; sie sind weder starre Verhaltensmuster oder vorherbestimmte biologische Weisungen, noch handelt es sich um die verkörperten soziobiologischen Triebe von „egoistischen“ Genen, denen nichts anderes im Sinn steht, als ein Kind nach dem anderen in die Welt zu setzen. Vielmehr sind es Liebe und Libido, und nicht etwa der reine Fortpflanzungstrieb, die uns von unseren Vorfahren vermacht wurden. Wie bei allen heutigen Tieren war es für unsere Vorfahren nicht einmal wichtig zu wissen, daß der Sexualakt zur Schwangerschaft führt; vielmehr brauchten sie lediglich auf ihre sexuellen Wünsche zu hören und auf äußere Zeichen zu achten, die einen Sexualpartner als solchen attraktiv machten. Diejenigen, die nicht so handelten – und beispielsweise ihre gesamte Zeit und Energie dafür verwandten, Rezepte für Mammuteintopf zu entwickeln oder ihren Sexualtrieb an Bäumen abreagierten –, hinterließen keine Nachkommen. Daß die Evolution von Liebe, Lust und Sexualität nur wenig mit Schwangerschaft zu tun hat, wird am Verhalten moderner Paare deutlich, die Verhütungsmittel anwenden: Ihre Lust auf Sex ist ungebrochen, obwohl sie genau wissen, daß sie auf diese Weise ihre „Fitneß“ (das heißt, ihre evolutionäre Anpassungsfähigkeit) nicht maximieren können.

Die einfache Faustregel *Habe möglichst viel Sex mit möglichst vielen Personen* genügt schon deshalb nicht, weil eben zu manchen Dingen zwei gehören: Jede Handlung des einen wird durch die Reaktionen des anderen beeinflußt, der möglicherweise völlig andere Wünsche, Bedürfnisse und Zielvorstellungen besitzt – und unter Umständen ganz entschieden „nicht fitneßmaximierend“ reagiert, wenn er herausbekommt, daß sein Partner ihn hintergeht. Genauso unwahrscheinlich ist es, daß bei einer Art, wo beide Eltern sehr viel in die Erziehung eines Kindes investieren, die beste Strategie zur Vererbung ihrer Gene darin bestehen soll, viele Kinder in die Welt zu setzen. Die gerne propagierte These, wonach Männer viele unterschiedliche Sexpartnerinnen begehren, um so ihre „Fitneß zu maximieren“ (eine Theorie, die sehr wahrscheinlich aus dem Lager der Soziobiologen stammt) spiegelt weder „typisches“ noch „natürliches“ noch „grundsätzlich“ menschliches Verhalten wider. Eine so eindimensionale Strategie ist doch zu simpel und übersieht Tausende von Komplikationen – zum Beispiel unzureichende materielle Mittel eines solchen Mannes, um alle Kinder zu ernähren, mögliche Racheakte durch Konkurrenten, Krankheit und etliche andere Faktoren, die das gesamte alltägliche Verhalten zu einem komplizierten Wechselspiel verschiedener Ziele und Taktiken werden lassen.

Die richtige Wahl treffen

Die unterschiedlichen entwicklungsgeschichtlichen Strategien, wie Männer und Frauen jeweils in ihre Nachkommen investieren, spiegeln sich noch heute in unserem Verhalten bei der Partnerwahl wider. Die psychischen und physischen Merkmale, die Männer und Frauen beim anderen Geschlecht bevorzugen, sind keineswegs eine Erfindung von Medien und Werbeagenturen, sondern tief in der menschlichen Psyche verwurzelt – obwohl gerade die Werbebranche diese Vorlieben genau kennt und geschickt für ihre Zwecke ausnutzt. Hinweise auf die Natur unserer sexuellen Psyche sammelte Buss in einer großangelegten Studie, die mehrere Kulturkreise umfaßte. Dabei wurden weltweit über 10 000 Männer und Frauen aus mehr als 30 verschiedenen Volksgruppen aufgefordert, einige Dutzend körperlicher und psychischer Eigenschaften, die der jeweilige Partner haben sollte, in eine Rangfolge zu bringen. Die Ergebnisse sahen überall auf der Welt ähnlich aus, woraus man schließen kann, daß diese Vorlieben eine grundsätzliche Eigenart der Gattung Mensch darstellen.

Die gewünschten Eigenschaften, die in dieser Studie von beiden Geschlechtern an erster und zweiter Stelle genannt wurden, bestätigten, was die meisten Menschen aus eigener Erfahrung kennen: Die bedeutendsten Charaktereigenschaften für Männer wie Frauen waren Freundlichkeit und Intelligenz [44]. Es überrascht kaum, daß beide Geschlechter diese Eigenschaften als wichtig erachteten, schließlich sind beide unerläßlich, um den komplexen kooperativen Prozeß von Geben und Nehmen in Gang zu halten, der Bestandteil jeder intimen Beziehung ist – insbesondere einer, in der auch Kinder aufgezogen werden.

Nach „Freundlichkeit" und „Intelligenz" trennten sich jedoch die Interessen von Männern und Frauen bei der Partnerwahl. Abgesehen von einer einzigen Gruppe wünschten sich Frauen vor Eigenschaften wie „gutes Aussehen", daß ihr Partner „den Unterhalt der Familie gewährleisten" und „ehrgeizig" sein sollte. Umgekehrt bewerteten Männer die Attribute „Jugend" und „Attraktivität" ihrer Wunschpartnerin höher als ihre Fähigkeit, für Ernährung und Unterhalt sorgen zu können.

Angesichts der verschiedenen Strategien, die Männer und Frauen beim Sex verfolgen, ergeben diese Ergebnisse einen Sinn: Einer der

Hauptgründe für die Abweichungen im Verhalten der Geschlechter, den der Evolutionsbiologe Robert Trivers vor Jahren erkannte, liegt im grundsätzlichen biologischen Unterschied zwischen den Spermien des Mannes und den Eizellen der Frau. So wird beispielsweise für die große weibliche Eizelle, die reich an Nährstoffen ist, sehr viel mehr Biomasse benötigt als für die Spermienbildung: Eine Frau produziert während ihres gesamten Lebens nur 400 reife Eizellen. Dagegen sind Spermien kaum mehr als „bewegliche DNA-Schnipsel", von denen man an die 300 Millionen in einem einzigen Ejakulat finden kann.

Diese Diskrepanz im biologischen Aufwand für den Nachwuchs wird nach der Befruchtung noch größer. Während eine Frau in der Regel nicht mehr als 20 Schwangerschaften in ihrem Leben auszutragen vermag, wird die Anzahl Kinder für einen Mann letztlich nur durch die Zahl der Frauen begrenzt, die er schwängern kann. Streng biologisch betrachtet investiert eine Frau daher in ein einzelnes Kind mehr als ein Mann. Denn schließlich ist nicht nur ihre Reproduktionsfähigkeit neun Monate lang blockiert, auch ihre Kinder verlangen ihr mehr Zeit und Energie ab, als dies bei anderen Arten der Fall ist. Auch sonst sind Frauen bei der Fortpflanzung stärker gefährdet; denn in unserer zivilisierten Welt mit ihrem hohem medizinisch-technischen Niveau vergessen wir leicht, daß zu den Haupttodesursachen junger Frauen bis in die jüngste Zeit Komplikationen bei der Geburt zählten.

Auf die sehr unterschiedlich großen biologischen Investitionen kann es zurückzuführen sein, wie Männer und Frauen die Partnersuche angehen. Das Geschlecht mit dem geringsten biologischen Aufwand als Elternteil (beim Menschen: der Mann) kann die frei werdende Zeit nutzen, um noch mehr Nachkommen zu produzieren. Umgekehrt wird das Geschlecht mit der biologisch höheren elterlichen Investition seinen Partner äußerst sorgfältig wählen, da es bei einer schlechten Wahl einen größeren Verlust hinnehmen muß. Dieses Verhalten hängt nicht davon ab, ob jemand Männlein oder Weiblein ist: Beim Seepferdchen sind es beispielsweise die Männchen, nicht die

Weibchen, welche die größte biologische Investition betreiben. Bei einigen Seepferdchenarten zeigen die weiblichen Tiere ein aggressiveres Balzverhalten, während die Männchen sich aussuchen, mit welcher Artgenossin sie sich paaren wollen. Demnach erscheint es biologisch sinnvoll, daß das Sexualverhalten nicht davon abhängt, welches Geschlecht man besitzt, sondern davon, wieviel das Individuum körperlich in den Nachwuchs investiert.

Diese unterschiedlichen Investitionen legen nahe, daß es kein Zufall ist, was Männer und Frauen an einem Partner attraktiv finden. Da die Anzahl der Nachkommen eines Mannes im wesentlichen von der Fruchtbarkeit seiner Partnerin abhängt, sollte man von ihm erwarten, daß er eine Frau wählt, deren Äußeres gesunde Fruchtbarkeit signalisiert und ihm der Rest relativ egal ist. Für unsere Vorfahren galt daher eine Frau dann als attraktiv, wenn sie jung und gesund aussah – das war zweifellos praktisch, da es zu jener Zeit nahezu unmöglich war, das genaue Alter einer Person zu ermitteln. Die damals entstandenen Ideale gelten auch heute noch: Die Hochglanzanzeigen für Kosmetika, auf die man seitenweise in Modemagazinen stößt, sind kein reines Hirngespinst eines modernen Marketings, denn in nahezu allen Kulturen auf diesem Globus betrachten Männer klare Augen, volle Lippen und eine makellose, glatte Haut als weibliche Schönheitsideale; und nicht von ungefähr sind dies auch Zeichen dafür, daß die betreffende Frau jung und kerngesund ist – und somit wahrscheinlich noch lange Zeit fruchtbar sein wird.

Männer haben auch ein gutes Auge für die Figur einer Frau – weniger, ob sie dünn oder dick ist, sondern ob ihre Hüfte etwa ein Drittel mehr Umfang hat als ihre Taille. Diese Proportion zeigt die Verteilung der Fettpölsterchen an, die medizinischen Untersuchungen zufolge ein Hinweis auf eine gesunde Fruchtbarkeit sind [45]. In einer Studie sollten Männer aus einer Serie von Zeichnungen, auf denen Frauen mit unterschiedlichem Hüft-Taille-Verhältnis und Körperfett zu sehen waren, diejenige aussuchen, die ihnen am attraktivsten erschien: Am häufigsten wurden Frauen gewählt, deren Maße dem Ideal nahezu entsprachen – unabhängig davon, ob sie nun dick oder dünn waren. Und obwohl bei den Wahlen zur Miß Amerika die Gewinnerinnen im Laufe der Jahre etwa 30 Prozent dünner wurden, bewegte sich ihr Hüft-Taille-Verhältnis nach wie vor in der Nähe jenes uralten Optimums.

Im Gegensatz dazu hatte die Attraktivität eines Mannes in den Tagen unserer Vorfahren weniger etwas mit Jugend und Fruchtbarkeit zu tun; denn Männer können noch bis ins hohe Alter Kinder zeugen. Da Frauen generell nur eine beschränkte Zahl von Kindern bekommen können, werden sie sich zu Partnern hingezogen fühlen, die dazu in der Lage sind, sich zeitlich und materiell für den gemeinsamen Nachwuchs zu engagieren; alles andere ist nachrangig. Für eine Frau ist daher immens wichtig, daß ihr Partner bereit und in der Lage ist in eine Familie zu investieren; wichtige Hinweise darauf sind äußere Zeichen von Reife, wie hoher Sozialstatus und Zugang zu Ressourcen (heutzutage gleichbedeutend mit einem gesicherten Einkommen).

Was wir an einem Partner attraktiv finden, ist auch heute noch Teil unseres Verhaltensprogramms, obgleich die entwicklungsgeschichtlichen Gründe dafür – zumindest in der westlichen Welt – größtenteils verschwunden ist. Frauen haben meist nur wenige Kinder, dank der modernen Medizin können sie auch noch im mittleren Alter welche bekommen, und da sie finanziell unabhängiger geworden sind, sind sie weniger auf die materielle Unterstützung durch Männer angewiesen. Doch noch immer steht hinter unserem Sexualverhalten die überkommene steinzeitliche Psyche. Die Aspekte, die für unsere frühen Vorfahren am wichtigsten waren, gelten auch noch für uns: Man muß freundlich und intelligent sein, um die kooperative Beziehungen knüpfen zu können, auf denen letztlich eine lebenslange Verbindung beruht. Jugend und Schönheit bei der Frau sowie sozialer Status und materielle Sicherheit beim Mann sind Eigenschaften, auf die es schon bei unseren Vorfahren ankam, und diese Wünsche spiegeln sich noch heute in allen Kulturkreisen wieder.

Einige Forscher behaupten, der Wunsch der Frauen nach hohem Status und materieller Sicherheit beim Mann beruhe darauf, daß sie weltweit wirtschaftlich schlechter gestellt sei. Doch selbst wenn Frauen aus eigenen Kräften zu Reichtum und Macht gelangt sind, wünschen sie sich weiterhin Partner, die einen hohen Status genießen, reich und älter sind. Eine Umfrage unter Medizinstudentinnen über ihre Kriterien bei der Partnerwahl ergab, daß sich diese jungen Frauen, obwohl sie selbst ein hoher Lebensstandard und ein hohes Maß an finanzieller Sicherheit erwartete, sogar noch häufiger einen Traumpartner mit hohem Gehalt und Status wünschten. Ähnlich verhält es sich mit der Wunschvorstellung von Frauen, sich an einen älteren Mann zu binden, die man in vielen unterschiedlichen Kulturen antrifft [46]. Forscher untersuchten das Alter von Personen aus einer Auswahl von Standesamteintragungen in den amerikanischen Städten Seattle und Phoenix sowie einer abgelegenen philippinischen Insel; ferner untersuchten sie Kontaktanzeigen, die in der US-Hauptstadt Washington sowie in den Niederlanden aufgegeben worden waren, sowie Heiratsannoncen aus Indien. In allen Beispielen sämtlicher Kulturkreise suchten (oder heirateten) Frauen Männer, die etwas älter waren als sie selbst, während die Männer stets eine jüngere Partnerin suchten, wobei der Altersunterschied mit zunehmendem Alter der Männer größer wurde. Die größten Altersunterschiede zwischen den Lebenspartnern fand man auf dem philippinischen Inselchen – also weit ab von jedem Einfluß der westlichen Zivilisation.

Die jeweiligen Wunschkriterien an den anderen Partner mögen zwar auf ein entwicklungsgeschichtliches Konzept abgestimmt sein, in ihrer Ausdrucksweise sind sie aber nicht zwangsläufig fixiert. Die evolutionäre Faustregel – beispielsweise *Suche dir ein Mann mit hohem Sozialstatus* – greift nach wie vor nach kulturellen Hinweisen, die aus dem jeweiligen Umfeld oder Milieu kommen. Noch vor zwei

Jahrhunderten bedeutete zum Beispiel eine dunkle, sonnengebräunte Haut, daß der oder die Betreffende hart im Freien arbeiten mußte; eine schneeweiße Haut war deshalb ein Kennzeichen der Reichen und sozial Hochgestellten. Als Mitte der fünfziger Jahre immer mehr Menschen in Büros oder Fabriken arbeiteten, stand eine gebräunte Haut für viel Freizeit (die man in der Sonne verbringen konnte) und somit für einen hohen sozialen Status. Nun hat sich das Blatt wieder gewendet: Gebräunte Haut hat ihre Funktion als Indikator für hohen sozialen Status eingebüßt, da die Gefahr groß ist, durch übermäßiges Sonnenbaden Hautkrebs zu bekommen – manche Menschen könnten demnach einen gut gebräunten Körper sogar als Zeichen einer geringeren Intelligenz werten.

Das alte Klischee, wonach Schönheit Ansichtssache ist, scheint überholt zu sein, denn tatsächlich ähneln sich die Ansichten der Menschen darüber, was schön ist, stärker, als sie auseinandergehen. Weltweit bevorzugen Männer und Frauen beispielsweise Partner von durchschnittlicher Größe und durchschnittlichem Gewicht. Aus einer Studie, wie Menschen die Schönheit von Gesichtszügen bewerten, geht hervor, daß die Attraktivität eines Gesichtes in hohem Maße davon abhängt, in wieweit es dem Durchschnittsgesicht innerhalb einer Gruppe entspricht. Die Aufnahmen der Gesichter von je 96 Männern und Frauen im Alter von 18 bis 23 wurden digitalisiert und im Computer durch einen Zufallsgenerator zu neuen Gesichtern zusammengesetzt, die den „Durchschnitt" von 4, 8, 16 und 32 verschiedenen Gesichtern repräsentierten. Diese „Durchschnitts"-Photos wurden zusammen mit den Originalaufnahmen in ein Album geklebt und einer Jury aus 56 Studenten vorgelegt, die sie nach Attraktivität bewerten sollten. Die Wissenschaftler stellten fest, daß die Juroren die „16-Komponenten-Gesichter" und „32-Komponenten-Gesichter" attraktiver fanden als die individuellen Gesichter, aus denen sich diese zusammensetzten. Dies läßt die Vermutung zu, daß der menschliche Verstand von der Evolution dahingehend programmiert wurde, diejenigen Gesichter am attraktivsten zu finden, die (ironischerweise) am stärksten dem Mittelmaß entsprechen. Dieses Verhalten entstand vielleicht deshalb, weil unsere Urahnen in diesen Durchschnittsgesichtern (die einen repräsentativen Querschnitt der damaligen Gesellschaft darstellten) besonders leicht Gesten der Freude oder Besorgnis lesen konnten, welche als wichtige soziale Kommunikationssignale dienen. Ein Durchschnittsgesicht zeigt überdies eventuell auch an, daß sein Besitzer über ein durchschnittliches, repräsentatives Genom verfügt, was ihn (und seine Nachkommen) möglicherweise vor Krankheiten schützt.

Sexuelle Selektion

Die Tatsache, daß Männer und Frauen anscheinend leicht abweichende Kriterien bei der Partnerwahl besitzen, bewirkte einen unterschiedlichen Selektionsdruck auf unsere Vorfahren. Wie Darwin erstmals in seinem Werk *Die Abstammung des Menschen und die geschlechtliche Zuchtwahl* feststellte, werden durch das Sexualverhalten beider Geschlechter zwei unterschiedliche Formen des Selektionsdrucks geschaffen, die wiederum zu bestimmten Merkmalen ohne sichtbaren direkten Nutzen für das Überleben führen. Diese Merkmale, wie beispielsweise der Schwanz eines Pfaus, das Geweih eines Hirsches oder die Mähne eines Löwen, können sich mitunter nachteilig auf die Überlebenschance ihres Trägers auswirken: Große, bunte Federn ziehen unter Umständen die Aufmerksamkeit eines Raubtiers auf sich, das ausladende Geweih eines Achtzehnenders kann dessen Beweglichkeit einschränken. Darwin sieht einen Grund für das Entstehen dieser Merkmale in der Konkurrenz zwischen Artgenossen des gleichen Geschlechts um das jeweils andere Geschlecht. Da bei vielen Tieren (und auch beim Menschen) ein einziges Männchen eine große Zahl Weibchen begatten kann, wird es immer einige Männchen geben, die sehr viele Nachkommen haben, während sich andere nur wenig oder überhaupt nicht fortpflanzen. Daher besteht hier der Selektionsdruck, sich selbst möglichst oft zu paaren und andere davon abzuhalten. »Wenn zwei Hirsche mit dem Geweih aufeinander losgehen«, erläutert Buss, »wird der Gewinner die Hirschkühe bekommen, und der Verlierer wird sich verziehen – mit einem deutlich gesunkenen Selbstwertgefühl und ohne Partnerinnen.« Ähnlich verhält es sich bei den Weibchen, die ja nur eine begrenzte Zahl an Nachwuchs bekommen können; hier besteht die Konkurrenz darin, sich das beste Männchen unter den Kandidaten als potentiellen Vater für ihre Kinder herauszufischen.

Der zweite Selektionsdruck entsteht dadurch, daß Mitglieder des anderen Geschlechts einen Partner mit bestimmten Merkmalen wählen, die sie attraktiv finden. Diese Merkmale werden an die Nachkommen vererbt; wenn diese aufgrund jener Merkmale wieder als Partner erwählt werden, gelangen die Merkmale in die nächste Generation. Beide Evolutionsprozesse sind miteinander gekoppelt, da die Merkmale, die von einem Geschlecht für attraktiv befunden werden, automatisch die Konkurrenz unter den Mitgliedern des anderen Geschlechts fördern. »Wenn es beispielsweise den Frauen plötzlich einfiele, nur noch solche Männer zu Partnern zu wählen, die auf den Händen laufen«, meint Buss, »dann stünde in Null-Komma-Nichts die halbe Welt auf dem Kopf.«

Die starke Konkurrenz unter Männern und Frauen bei der Partnerwahl hat dazu geführt, daß beide Seiten eine Unzahl von Strategien entworfen haben, um auf einen Partner attraktiv zu wirken; je nachdem, ob es sich um eine kurzzeitige oder eine dauerhafte Beziehung handeln soll, sind diese jedoch verschieden. Die unterschiedlichen Bedingungen einer Lang- oder Kurzzeitbeziehung lassen auch jeweils andere Dinge als wünschenswert erscheinen: Will ein Mann eine dauerhafte Verbindung, so sucht er nach Fruchtbarkeit und Treue; eine Frau hingegen legt bei einer Dauerbeziehung Wert darauf, daß ihr

Partner sie materiell versorgen kann und auch bereit ist, eine solche dauerhafte Verbindung überhaupt einzugehen.

Bei Menschen, die nur eine kurze Affäre suchen, sehen die Wünsche ganz anders aus: Männer suchen nach einer Frau, die „willig und zu haben" ist – ein Verhalten, das sie bei einer Frau für eine Langzeitbeziehung verabscheuen würden. Kurzum, sie wollen möglichst viele Partnerinnen bei geringst möglichem materiellen Einsatz. Frauen hingegen scheinen bei einer Kurzzeitbeziehung das Ziel zu haben, den Partner materiell so weit wie möglich zu schröpfen – ein Phänomen, das Buss als *„resource extraction"* bezeichnet; die Extremform ist die Prostitution. Aus Studien geht hervor, daß sich Frauen, die eine flüchtige Liaison anstreben, einen Liebhaber wünschen, der beim ersten Rendezvous sehr spendabel auftritt. Frauen beginnen auch mitunter eine Affäre, um die Langzeitabsichten eines Partners besser abschätzen zu können.

Die Evolutionslehre bestätigt, was männliche Rockidole aus Erfahrung wissen: Selbst wenn ein Mann keinerlei Signale versendet, an einer Langzeitbeziehung interessiert zu sein, wird es genug Frauen geben, die es auf kurzfristige Sexaffären anlegen. Eine mögliche Erklärung liefert die Theorie vom „sexuell attraktiven Sohn" (*sexy son hypothesis*): Wenn eine Frau glaubt, daß es in ihrem Umfeld nur wenige Männer gibt, die bereit sind, in Nachwuchs zu investieren, wird sie unter Umständen von einem Partner ein Kind empfangen wollen, der trotz mangelnder Investitionsbereitschaft attraktive Eigenschaften besitzt, die eventuell an ihre Nachkommen vererbt werden. Je promiskuitiver ein solcher Mann lebt, desto attraktiver wird er, da genau dieser Umstand, nämlich das andere Geschlecht magisch anzuziehen, ein Merkmal ist, das sich eine Mutter für ihre Kinder wünscht.

Ein weiterer Grund, warum sich Frauen kurzfristige Sexpartner suchen, liegt darin, daß sie bessere Gene für ihre Nachkommen wollen. Wie Studien zeigen, setzen Männer und Frauen bei der Wahl eines Partners für kurzfristige Affären Attraktivität an die oberste Stelle.

Wenn man sich diese Vorlieben jedoch etwas genauer betrachtet, nehmen Männer bei kurzen Romanzen auch mal ein bißchen weniger Schönheit in Kauf, während Frauen wählerischer sind und kaum von ihren Idealvorstellungen abweichen.

Der Wunsch der Frauen, sich für romantische Abenteuer nur gutaussehende Liebhaber zu suchen, geht darauf zurück, daß gutes Aussehen über die Jahrtausende hinweg gleichbedeutend mit Gesundheit und einem krankheitsfreien Leben war. Jeder Mensch trägt zwei Gensätze in sich – einen vom Vater, und einen von der Mutter. Die einzelnen Genpaare sind im großen und ganzen gleich und erfüllen praktisch dieselben Aufgaben. Minimale Abweichungen in einem Genpaar können prinzipiell eine größere Widerstandskraft gegen Krankheiten nachsichziehen: Wenn ein Gen „ausfällt", kann sein Gegenstück „einspringen". Diese biologische „Doppelbelegung" spiegelt sich auch in der Symmetrie unserer Gesichtshälften wider, die ein wichtiger Bestandteil dessen ist, was wir attraktiv finden. Diese Assoziation zwischen gutem Aussehen und gesunder Konstitution besteht auch heute noch: Der Studie von Buss zufolge bewerteten Menschen aus Regionen, in denen es viele Infektionskrankheiten und Parasiten gibt, körperliche Attraktivität höher als solche, die in weniger stark durchseuchten Teilen der Welt leben.

Letzten Endes hängt die Entscheidung für eine kurze Affäre oder eine Dauerbeziehung auch davon ab, welche potentiellen Partner man in seinem persönlichen Umfeld vorfindet [47]. In einer Studie sollten Männer und Frauen in einem Fragebogen ihre allgemeine Einstellung zur Stabilität einer Beziehung und zur Zuverlässigkeit des anderen Geschlechts angeben. Anschließend sollten sie erläutern, welche Strategien sie benutzten, um sich selbst attraktiv zu machen. Die Studie ergab, daß Frauen, die in ihrer Umwelt primär den „Vater-Typ" – das heißt, einen Mann, der sich zeitlich und materiell für seine Partnerin und seinen Nachwuchs engagieren will – wahrnahmen, die eigene „Züchtigkeit und Treue" betonten, indem sie sich dezent kleideten und rücksichtsvoll verhielten. Frauen hingegen, deren Umfeld nach eigener Einschätzung voller „Playboy-Typen“ – Männer, die kaum zeitlichen und materiellen Aufwand in Beziehung und Kinder investieren – steckte, gaben wesentlich häufiger Taktiken an wie »Ich hatte ein aufreizendes Kleid an« und »Ich schlief mit ihm«.

Ganz gleich, ob es sich um mehr oder weniger wohlhabende Männer handelte, demonstriert der „Vater“ häufiger als der „Playboy“ seinen Status und Reichtum, beispielsweise indem er im dicken Auto vorfährt oder mit seiner Freundin in einem schicken Restaurant essen geht. Insgesamt fanden sich in der Gruppe der „Vater-Typen“ auch mehr Männer mit höheren akademischen Abschlüssen – ein weiteres Zeichen, daß sie nach Erfolg streben. Der „Playboy“ scheint hingegen in seiner Freizeit anderen Beschäftigungen nachzugehen: Im Abschnitt des Fragebogens, wo nach dem Sexualverhalten gefragt wird, geben „Playboys“ überwiegend an »Ich schlief mit ihr« anstelle von »Ich sagte ihr, daß ich nicht ständig mit anderen Frauen schlafe«.

Wahrscheinlich verfolgen die meisten Menschen gleichzeitig eine Mischung aus beiden Strategien, wie man aus der häufig praktizierten Doppelmoral beider Geschlechter ablesen kann: Ein Mann versucht eine Frau dazu zu bringen, mit ihm zu schlafen, hakt sie aber anschließend als mögliche Ehefrau ab, weil sie nicht „anständig“ ist. Frauen träumen andererseits von einem soliden, konservativen Gatten, der sich aufopfernd um sie und ihre Kinder kümmert, hegen gleichzeitig aber den Wunsch, eine stürmische Nacht mit einem gut aussehenden Hollywood-Helden zu verbringen. Allerdings gibt es auch Hinweise, daß sich im einen oder anderen Fall Männer und Frauen ausschließlich für eine der beiden Strategien entscheiden, je nachdem welche Erfahrungen sie in ihrer Kindheit gemacht haben. Nach Untersuchungen an Mädchen aus Familien, in denen das Verhältnis zwischen den Eltern gespannt oder zerrüttet war (zum Beispiel Scheidung oder Alkoholmißbrauch), erreichen diese eher die Pubertät und lebten öfter in rasch wechselnden Beziehungen. Möglicherweise führt das hautnahe Erleben einer zerrütteten Ehe bei einigen Kindern dazu, die gesamte Welt als eine Art „kurzfristige Affäre" anzusehen.

Wie's gemacht wird

Hinweise auf die Ursprünge unseres modernen Sexualverhaltens finden sich nicht nur in der Art, wie wir heute „Eroberungen" machen, sondern auch in Bau und Funktion unserer Geschlechtsorgane wieder. Wie man von einem Wesen, das immer alles ausverhandeln muß, kaum anders erwarten kann, spiegeln auch die Körperfunktionen den langen entwicklungsgeschichtlichen Zwist zwischen den Geschlechtern wider. Der Mensch stellt nicht nur deshalb ein biologisches Kuriosum dar, weil er auf zwei Beinen geht, Werkzeuge anfertigt und sprechen kann. Auch in der Art und Weise, wie *Homo sapiens* Liebe macht, fällt er etwas aus dem Rahmen: Im gesamten Tierreich gehört der menschliche Penis, bezogen auf die Körperlänge, mit zu den größten, und Menschenfrauen haben auch die größten Brüste. Im Gegensatz zu vielen anderen Primaten verfügen Menschenfrauen nicht über optische Signale, die anzeigen, wann sie empfängnisbereit ist; sie können jederzeit Geschlechtsverkehr haben und wenden ihrem Partner dabei normalerweise das Gesicht zu. Und während in der gesamten Klasse der Säugetiere nur drei Prozent der Arten längere Zeit monogam, das heißt, in Einehe leben, verheiraten sich laut Umfragen über 90 Prozent der Weltbevölkerung mindestens ein Mal – wobei die christlich-westliche Vorstellung von der „Ehe, bis daß der Tod euch scheidet" keineswegs in allen Kulturkreisen der Normalfall ist [48]. Diese langfristige Beziehung spiegelt aber auch eine andere Eigenart der menschlichen Natur wider: Menschliche Babys sind bei Geburt praktisch hilflos und benötigen von allen Lebewesen die längste und intensivste Unterstützung durch die Eltern.

Die Ursprünge dieser Besonderheiten in Bau und Funktion der Geschlechtsorgane finden sich bei unseren Vorfahren: Wie wir aus dem Körperbau unserer Ahnmutter Lucy erkennen können, lebten die damaligen Menschenvorfahren nicht – wie lange Zeit angenommen wurde – in sogenannten Kernfamilien, bestehend aus Vater, Mutter und Kindern. Der entscheidende Hinweis ist Lucys Statur: Sie war mit knapp 90 Zentimetern Länge und einem Gewicht von etwa 30 Kilogramm nur eine halbe Portion, während ihre männlichen Artgenossen doppelt so groß und wesentlich kräftiger gebaut waren. Dieser Größenunterschied zwischen Männchen und Weibchen läßt darauf schließen, daß Lucy und ihre Artgenossen in ähnlichen sozialen Gruppen lebten wie heutige Gorillas, bei denen mehrere Weibchen einen Harem bilden, der einem einzelnen „Pascha" untersteht und von diesem gegen die männliche Konkurrenz verteidigt wird [49]. Da sich meist die größten und stärksten Männchen durchsetzen und folglich die meisten Nachkommen hinterlassen, wird der männliche Körperbau im Laufe der Generationen immer stärker und kräftiger werden. Und weil Weibchen diesem Selektionsdruck nicht unterliegen, verändert sich auch ihre Größe nicht. Folge dieser zweigleisig fahrenden Evolution ist schließlich ein starker Größenunterschied zwischen den Geschlechtern, wie man es auch bei Gorillas und Pavianen findet. Bei Tierarten, bei denen Männchen und Weibchen dauerhafte Paarbeziehungen eingehen, wie etwa bei den Gibbons, besteht weniger Konkurrenz um einen Partner, weshalb beide Geschlechter etwa gleich groß sind.

Einen weiteren Hinweis, daß die ersten Hominiden kein trautes, zweisames Eheleben führten, lieferten fossile Kinderzähne. Bei Kindern unserer Tage erfolgt das Zahnwachstum nach einem festen Schema: Im Alter von sechs Jahren bricht der erste bleibende Backenzahn durch, nach und nach folgen die übrigen bleibenden Zähne, und mit 20 Jahren kommt meist der letzte Weisheitszahn. In bestimmten Lebensabschnitten besitzen Kinder daher sowohl Milchzähne wie auch bleibende Zähne. Und während Kleinkinder noch ihre Milchzähne bekommen, entwickeln sich bereits die bleibenden im Kiefer. Aus dem Verlauf des Zahnens, wie er sich aus fossilen Kiefern von *Homo habilis*, einem Vorfahren des Menschen, der vor 2 Millionen Jahren lebte, erschließen läßt, ergibt sich: Die Kinder dieser Hominiden entwickelten sich doppelt so schnell wie unsere Kinder heute – was wesentlich stärker an den Entwicklungsverlauf heutiger Menschenaffen erinnert. Deshalb kann man auch mit hoher Wahrscheinlichkeit ausschließen, daß Kinder damals sehr lange und von zwei Elternteilen betreut wurden.

Wenn man aufgrund dieser Fossilien für unsere Vorfahren ein Sexualleben nach Art der heutigen Gorillas postuliert, so läßt sich aufgrund des modernen Körperbaus von Männern und Frauen vermuten, daß sich das Sexualverhalten des Menschen im Laufe seiner Evolution drastisch verändert hat. So sind beispielsweise Männer und Frauen heute etwa gleich groß, was eine Verlagerung in Richtung monogame Lebensweise andeutet. Ein weiterer Hinweis auf eine Veränderung des Sexualverhaltens ist die heutige Größe des menschlichen Penis. In Relation zur Körpergröße eines Mannes ist er viel länger als das Glied eines Gorillas, und er ähnelt anatomisch stärker dem Penis der Schimpansen, unserer nächsten „biologischen" Verwandten.

Der große menschliche Penis entstand vielleicht, weil unsere männlichen Vorfahren ihr vormals aggressiveres Sexualverhalten unter ein neues Motto stellten – ab dieser Wende hieß es dann nur noch *„Make Love, Not War"*. Wenn ein Schimpansenweibchen „heiß" wird, das heißt, in die fruchtbare Phase seines Zyklus kommt, paart es sich normalerweise mit allen männlichen Tieren seiner Gruppe, die manchmal dafür sogar „Schlange stehen". Obgleich das ranghöchste Männchen versucht, die Schimpansin auf dem Höhepunkt ihres Östrus für sich allein zu beanspruchen, findet noch eine andere Form der sexuellen Konkurrenz statt – nicht mehr zwischen den Männchen, sondern zwischen ihren Spermien. Da Spermazellen einige Tage im

Genitaltrakt des Weibchens überleben können, konkurrieren sie mit den Spermien anderer Männchen um die Befruchtung der weiblichen Eizelle. Tatsächlich gelangt nur ein Bruchteil der Spermien je bis zur Eizelle; der Rest dient offensichtlich dazu, eine Blockade zu bilden und so andere Spermien, die von hinten nachkommen, zu behindern [50]. Bei diesem „Wettschwimmen" ist es vermutlich sehr hilfreich, wenn man sich beim Start sofort an die Spitze setzt und sich möglichst viele „Mitschwimmer" in derselben „Staffel" befinden. Unter diesem Selektionsdruck entstanden ein immer größerer Penis und immer größere Hoden.

Die heutige Penisgröße des Menschenmannes legt nahe, daß unsere Art eine Veränderungsphase mit einem ähnlichen „Spermienwettkampf" durchlief. Dem entspricht die Veränderung der Sozialstruktur, bestehend aus einem Männchen und einem Harem von Weibchen, zu einer Gruppierung mit mehreren Männchen und mehreren Weibchen, wie bei den heutigen Schimpansen. Dieses Vermächtnis der Evolution spiegelt sich auch in anderen anatomischen Einzelheiten der männlichen Geschlechtsorgane wider. Da eine Frau nun in Abwesenheit ihres Partners von einem anderen Mann hätte befruchtet werden können, entwickelte sich ein neuer sexualpsychologischer Schachzug: Die Spermienzahl im Ejakulat eines Mannes ist nahezu dreimal so hoch, wenn er von seiner Frau längere Zeit (in der sie theoretisch von einem anderen hätte geschwängert werden können) getrennt war. Dabei ist es irrelevant, wann er zum letzten Mal einen Orgasmus hatte, entscheidend ist, wann er das letzte Mal *mit seiner Frau* geschlafen hat. In einer anderen Studie wurden Männer danach gefragt, wie sicher sie sich der Treue ihrer Ehefrauen seien. Als man die Anzahl der Spermien im Ejakulat dieser Männer untersuchte, zeigte sich, daß die Spermienzahl um so höher ausfiel, je stärker die Männer an der Treue ihrer Frauen zweifelten. Auch dies könnte ein Hinweis sein, daß das männliche Bewußtsein während der Evolution einen Weg gefunden hat, auf die Konkurrenz durch Spermien anderer Männer zu reagieren.

Im Sexualverhalten der Frau hat sich dieser „Kampf der Spermien“ ebenfalls entwicklungsgeschichtlich niedergeschlagen: Bei 2000 Frauen, die nach eigenen Angaben in einer festen Beziehung lebten, wurde im Rahmen einer vertraulichen Studie der Zusammenhang zwischen sexueller Aktivität und Menstruationszyklen untersucht. Dabei konnten die Forscher keine Regel feststellen, wann die Frauen mit ihrem Dauerpartner schliefen. Bei den Frauen, die einen Seitensprung wagten, fand dieses Stelldichein jedoch fast immer auf dem Höhepunkt ihres Zyklus (kurz vor dem Eisprung) statt, obwohl sie das bestimmt nicht bewußt so geplant hatten. Fast zehn Prozent dieser Seitensprünge ereigneten sich innerhalb von fünf Tagen nach dem letzten Beischlaf mit dem Dauerpartner – so daß die Spermien beider Männer genug Gelegenheit fanden, miteinander zu konkurrieren.

Diese Eigenarten von Männern und Frauen im Sexualverhalten lassen vermuten, daß irgendwann in der Evolution des Menschen eine Frau von mehreren verschiedenen Männern innerhalb derselben kurzen Zeitspanne begattet wurde. Anders ausgedrückt, wechselten männliche und weibliche Frühmenschen von einer sozialen Lebensform, wie man sie bei den Gorillas findet, zu einem Sozialgefüge, wie es für heutige Schimpansen typisch ist. Einen klärenden Hinweis, wann dieser Übergang erfolgte, liefern die Fossilien von *Homo erectus*, einem weiteren Vertreter der Gattung *Homo*, der auf *Homo habilis* folgte. Bei diesem Hominiden, der von vor 1,6 Millionen Jahren bis vor etwa 400000 Jahren auf der Erde lebte, waren männliche und weibliche Vertreter etwa gleich groß. Demnach könnte der Selektionsdruck, der den ausgeprägten Größenunterschied zwischen dem Geschlechtern, verbunden mit einem gorillaartigen Sexualverhalten bewirkt hatte, zur Zeit des *H. erectus* nachgelassen haben. Das Fehlen direkter Konkurrenz um Sexualpartner sorgte dafür, daß sich die Körpergröße bei Männchen und Weibchen stärker aneinander anglich, selbst als aufgrund der Evolution des „Kampfs der Spermien“ unterschiedliche sexuelle Strategien entstanden.

All das hört sich so an, als ob unser evolutionäres Erbe in einem starken Verlangen nach wilden Sexorgien bestünde – und tatsächlich ist Gruppensex ein Bestandteil des menschlichen Sexualverhaltens. Ebenso wahr ist, daß es sowohl Männer wie Frauen sexuell erregt, wenn sie anderen Menschen beim Verkehr zusehen. Das relativ ruhige und gemäßigte Sexualverhalten, das die meisten Menschen heute an den Tag legen, läßt vermuten, daß die Evolution irgendwann einen neuen Winkelzug in unser Sexualverhalten „eingebaut" hat. Dieser Trick fand aufgrund unserer Kooperationsfähigkeit weite Verbreitung.

Menschen, Schimpansen und Gorillas stehen insofern innerhalb der Primaten als Besonderheit da, als bei ihnen die Weibchen mit Erreichen der Geschlechtsreife die Gruppe verlassen, in die sie hineingeboren wurden. Durch das Abwandern von männlichen und weiblichen Tieren aus einer Familiengruppe wird so Inzucht verhindert, da die Paarung mit nahen Verwandten normalerweise das Risiko von Erbkrankheiten innerhalb der Gruppe anwachsen läßt. Bei den meisten Primatenarten wandern indes die Männchen nach Eintreten der Geschlechtsreife ab; bei Schimpansen, Gorillas und Menschen, die entwicklungsgeschichtlich sehr nahe miteinander verwandt sind, gehen wie gesagt, die Weibchen. Die Männchen einer Gruppe leben daher ihr ganzes Leben in engen „Männerbünden".

Die Veränderungen in der Körpergröße von *Homo erectus* könnten ein Hinweis sein, daß die „monopolistische" Sexualstrategie der Männchen möglicherweise im Zuge des zunehmend kooperativeren Verhaltens in vielen anderen Lebensbereichen aufgegeben wurde. Zusammenarbeit wurde damals immer wichtiger, um sich gemeinsam gegen andere Gruppen zu verteidigen – wie man es auch bei den heutigen Schimpansen beobachtet – oder die Jagd zu koordinieren. Der wachsende Zwang zur Kooperation unter Männern stürzte sie in Konflikte: Männer, die den Wettbewerb um Sexualpartner offen und direkt austrugen, gefährdeten dadurch unter Umständen die engen Bündnisse, die sie in anderen Situationen zum Überleben benötigten.

Frauen wurden zur potentiellen Bedrohung dieser kooperativen Männerbünde – und das war entwicklungsgeschichtlich die Geburtsstunde des „reinen Männerclubs“ [51].

Je bedeutender diese reinen Männerbünde für ihr Überleben wurden, desto stärker bewegten sie sich in Richtung sexueller Gleichstellung – der Männer untereinander wohlgemerkt, nicht der Geschlechter. Die Lösung der Männer bestand darin, einander „Paarungsrechte“ an Frauen einzuräumen, wobei sie den permanenten Konkurrenzkampf um sämtliche verfügbaren Frauen zugunsten des alleinigen Besitzanspruchs auf eine einzige Frau aufgaben, wie das bei der heutigen Institution der Ehe noch immer der Fall ist. Diese männliche Taktik paßt in groben Zügen zur weiblichen Sexualstrategie, wenn auch aus ganz anderen Gründen. Und wie die weltweite Misere der Frauen bestätigt, funktionieren diese männlichen Paarungsprivilegien nicht immer zugunsten der Frauen. Außerdem halten sich Männer in der Praxis nicht unbedingt an das, was sie verkünden: Natürlich liegt es in ihrem ureigensten Interesse, Ehebruch öffentlich zu verurteilen, in ihrem Privatleben können sie es aber durchaus anders halten.

Versteckte Signale

Selbstverständlich haben die Frauen das ganze Taktieren in Sachen Sexualverhalten nicht duldsam über sich ergehen lassen, und das hat sich ebenfalls in ihren sexuellen Körperfunktionen niedergeschlagen. Im Gegensatz zu den meisten anderen Säugetieren geben Frauen nicht zu erkennen, wann sie empfängnisbereit sind. Bei einigen Pavianen schwellen die weiblichen Geschlechtsteile an und verfärben sich, andere Tiere, wie zum Beispiel Hunde, setzen bestimmte Duftnoten ab, die den Rüden den Östrus („Hitze“) der Hündin signalisieren. Bei Frauen gibt es das nicht, und theoretisch können sie sich ganzjährig paaren.

Die verborgene Empfängnisbereitschaft der Frauen entstand möglicherweise als ein Schachzug im subtilen Machtkampf, der das soziale Miteinander von Männern und Frauen im Verlauf der Urgeschichte charakterisierte. Da Frauen am meisten in Kinder investieren, wollen sie sicherstellen, daß der Vater auch bei deren Aufzucht hilft; gleichzeitig wollen die Väter natürlich die Garantie, daß die Kinder, die sie da großziehen, auch die eigenen sind. Vom Standpunkt des Mannes wäre es daher besser, wenn die Frau deutlich zu erkennen gäbe, wann sie empfängnisbereit ist, da er sich dadurch leichter seiner Vaterschaft versichern könnte. Während dieser kurzen fruchtbaren Phase seiner Partnerin würde er die Konkurrenz abwehren – und sie in der übrigen Zeit sich selbst überlassen. Anders gesagt, wenn eine Frau deutliche Signale der Empfängnisbereitschaft ausstrahlen würde, sähe sich ihr Partner lediglich bemüßigt, während dieser kurzen Zeitspanne – ein paar Tage im Monat – bei ihr zu sein.

Was dem Manne – evolutionär betrachtet – recht wäre, ist der Frau keineswegs billig: Denn würde sie deutliche Zeichen der Empfängnisbereitschaft aussenden, nähme die Wahrscheinlichkeit ab, daß sich ihr Partner auch dann in ihrer Nähe aufhielte, wenn sie nicht „in Hitze" ist – was ihr das Leben, beispielsweise während der Schwangerschaft, erschweren könnte. Indem sie also ihre Empfängnisbereitschaft verbirgt – oder vortäuscht, sich in einer Art „Dauerhitze" zu befinden, was auf dasselbe hinausläuft –, läßt eine Frau ihren Partner permanent im Dunkeln tappen, wann denn nun der geeignete Zeitpunkt für die Befruchtung sei. Auf diese Weise erhöht sich die Wahrscheinlichkeit, daß der Mann öfter in ihrer Nähe bleiben wird. Unnötig zu erwähnen, daß das Verbergen der fruchtbaren Tage den Frauen auch in anderer Hinsicht einen Vorteil bietet: Wenn niemand weiß, wann eine Frau fruchtbar ist, läßt sich nicht mit Bestimmtheit sagen, wann ein Kind gezeugt wurde, so daß eine Frau von einem Liebhaber geschwängert werden kann, ohne daß es ihr Dauerpartner merkt.

Geheimnisvolle Frauen

Bei dem Versuch, den jeweils anderen bei den sexuellen „Transaktionen“ zu übervorteilen, könnte es zu weiteren Verschiebungen im Gleichgewicht der Kräfte zwischen Männern und Frauen gekommen sein. Die Rede ist von zwei anderen Geheimnissen weiblicher Sexualität: ihren Brüsten und ihrem Orgasmus. Menschen haben von allen Primaten die größten Brüste, und bei den meisten anderen Arten schwellen sie nur an, wenn die Weibchen trächtig sind oder ihre Jungen säugen. Die Größe der weiblichen Brust steht in keiner biologischen Relation zur produzierten Milchmenge, große Brüste erschweren dem Baby sogar das Saugen. In der Vergangenheit nahmen einige Forscher an, große Brüste seien ein Hinweis für einen potentiellen Partner, daß ihre Trägerin über viel Speicherfett verfüge, was zu Urzeiten ein deutlicher Vorteil war. Andere meinten, daß unsere Vorfahren große Brüste deshalb bevorzugten, weil sie diese irrtümlich mit der Fähigkeit assoziierten, ihre Trägerin könne gut Kinder säugen. In seinem Buch *Der nackte Affe* stellte Desmond Morris die These auf, die großen Brüste gaukelten dem Manne vor, es handele sich um das Hinterteil, weshalb der Mensch seine Stellung bei der Kopulation veränderte: Statt mit ihren Partnerinnen wie bei den übrigen Primaten von hinten zu kopulieren, paarten sich die Männer mit ihren Frauen fortan mit einander zugewandten Gesichtern; das soll die Entwicklung der „Paarbindung“ zwischen Mann und Frau gefördert haben. Die Primatenforscher waren allerdings schnell mit Argumenten bei der Hand, daß auch Gibbons lebenslange Paarbindungen eingingen, weibliche Gibbons aber keine großen Brüste besäßen, nicht mit dem Partner zugewandten Gesicht kopulierten und sich überdies nur paarten, wenn sie sich im Östrus befänden. Zwergschimpansen oder Bonobos paaren sich dagegen mit einander zugewandten Gesicht und kopulieren sehr häufig, ohne daß eine dauerhafte Paarbindung entsteht oder daß die Bonoboweibchen große Brüste hätten. Möglicherweise waren große Brüste zunächst ein Signal für die Männchen, sich fernzuhalten, da das betreffende Weibchen gerade schwanger war oder Junge säugte, weshalb es in diesem Moment als Sexualpartnerin nicht geeignet war.

Große Brüste entstanden viel wahrscheinlicher als Teil einer weiblichen Taktik, um ihre Sexualpartner „bei der Stange zu halten". Da angeschwollene Brüste Symptome einer Schwangerschaft sind, signalisierten sie dem Mann, daß seine Partnerin nicht mehr empfängnisbereit war; daher konnte er sich nun auf die Suche nach anderen Frauen machen, während die von ihm „begattete" Frau ungeschützt und auf sich selbst gestellt zurückblieb. Mit ganzjährig vergrößerten Brüsten signalisieren Frauen ständig „Ich bin schwanger", selbst wenn das nicht zutrifft, so daß dieses Signal seinen Wert für den Mann verliert. Als Folge halten die Männer ihren Teil des „Reproduktionsabkommens" ein, bleiben bei ihren Frauen und helfen ihnen bei der Aufzucht.

Selbstverständlich ist eine Schwangerschaft – unabhängig von der Größe der Brüste – irgendwann nicht mehr zu übersehen. Wie die Forschung an heutigen Primaten jedoch zeigt, sind Frauen in der Lage, ihren Zustand zu verbergen – und wenn es nur für einige Monate ist –, und das ist ein weiterer hilfreicher Schachzug in ihrem Sexualverhalten. Typischerweise weigern sich männliche Tiere, Nachwuchs aufzuziehen, den sie nicht gezeugt haben – bei Löwen und anderen Primaten geht das beispielsweise sogar soweit, daß ein Männchen nach Übernahme eines Harems erst einmal alle Jungtiere, die von seinem Vorgänger abstammen, umbringt. Bei manchen Affenarten versuchen die Weibchen, diese Strategie zu unterlaufen, indem sie einen falschen Östrus vortäuschen, sobald ein anderes Männchen die Gruppe übernimmt. Aufgrund dieses biologischen Täuschungsmanövers kann sich das Weibchen mit dem neuen dominanten Männchen paaren und es glauben machen, ihr Nachwuchs stamme von ihm, wodurch das Junge bei der Geburt geschützt ist. Ähnliche Täuschungsmanöver werden sich auch bei manchen unserer Vorfahren abgespielt haben: Eine Frau, die bereits einige Monate schwanger war, paarte sich mit einem anderen Mann, wodurch sie die Chancen erhöhte, daß dieser sich für den Vater hielt und deshalb beim Aufziehen des Kindes half, anstatt es umzubringen.

Der weibliche Orgasmus

Der Wunsch der Frauen, ihre Reproduktionsfähigkeit voll und ganz im Griff zu haben, ist der Grund für den Unterschied zwischen männlichem und weiblichem Orgasmus. Jahrelang glaubte die westliche Wissenschaft, Frauen besäßen keinen Orgasmus, bis Sigmund Freud dieses Bild zerstörte und behauptete, Frauen besäßen sogar zwei Arten von Orgasmus: einen klitoralen und einen vaginalen, wobei mit zunehmendem Alter eine Verschiebung vom klitoralen zum vaginalen Orgasmus auftrete. Später dann enthüllten die berühmten Sexualforscher Masters und Johnson nicht nur, daß der weibliche Orgasmus auf die Klitoris konzentriert ist, sondern daß Frauen auch mehr Orgasmen haben können als Männer.

Früher wurde behauptet, der weibliche Orgasmus brauche überhaupt keine entwicklungsgeschichtliche Funktion zu haben: Die weibliche Klitoris (und der von ihr ausgelöste Orgasmus) seien im Prinzip dasselbe wie die Brustwarzen des Mannes: Nebenprodukte eines biologischen Entwicklungsprozesses, innerhalb dessen sich ein menschlicher Fötus im Mutterleib in ein weibliches oder männliches Wesen differenziert. Ebenso wie aus den Anlagen der weiblichen Brüste die männlichen Brustwarzen entstehen, bildet sich in der Zellregion, in der beim männlichen Fötus der Penis entsteht, beim weiblichen Fötus die Klitoris; dabei handelt es sich um ein Organ, das unbestreitbar als „Freudenspender“ dient, das aber zu keinem bestimmten Zweck in der Evolution entstanden sein muß. Die weibliche Klitoris bringt zwar

Empfindungen hervor, die zum Orgasmus führen, doch wurde sie wahrscheinlich nicht dafür „konstruiert“.

Neuesten Forschungsergebnissen zufolge ist aber die Tatsache, ob und wann eine Frau einen Orgasmus hat, sehr entscheidend für das Schicksal der Spermien im weiblichen Genitaltrakt [52]. Nach jeder Kopulation wird ein Teil des männlichen Samens wieder ausgeschieden. Forscher, die das Volumen dieses Ausflusses bei einer Reihe von Paaren untersuchten, die sich dafür freiwillig zur Verfügung gestellt hatten, fanden folgendes heraus: Wenn eine Frau in der Minute vor der Ejakulation des Mannes einen Orgasmus hatte – oder aber innerhalb der folgenden 60 Minuten –, so nahm das Volumen des ausgeflossenen Spermas drastisch ab. Beim Orgasmus zieht sich die Gebärmutter der Frau rhythmisch zusammen; dadurch entsteht ein Sog, der das Sperma gleichsam in die Gebärmutterhöhle „pumpt“. Diese Studienergebnisse machen klar, daß die Freuden der Frau durchaus eine entwicklungsgeschichtliche Funktion haben – sie entscheiden über das Schicksal des männlichen Spermas.

Selbstverständlich haben weder Männer noch Frauen die Evolution unseres heutigen Sexualverhaltens bewußt gesteuert. Im wesentlichen kam es darauf an, daß diejenigen Kinder, deren Väter die Mütter ihres Nachwuchses nicht im Stich gelassen hatten, mehr im evolutionären Sinne „fitte“ Nachkommen hervorbrachten: Das war die Evolution des treusorgenden Vaters. Gleichzeitig konnten diejenigen Frauen, die ständige Empfängnisbereitschaft signalisierten und Schwangerschaften durch ganzjährig große Brüste kaschierten, erfolgreicher ihre Partner an sich binden. Was man in der Hitze der Debatte um die Ursprünge der menschlichen Sexualität jedoch immer wieder gern vergißt: Eine solche Strategie wäre umsonst, wenn die Kinder – und im weiteren Sinne auch ihre Väter und Mütter – nicht direkt von der Zusammenarbeit der Eltern bei der Aufzucht und Erziehung profitieren würden – das ist die wichtigste Voraussetzung für ein solches Szenario. Obwohl die Großfamilie des Kindes sicherlich dabei half, spielte auch der Vater eine Rolle. Zweifellos ist es möglich, daß Mütter oder Väter ihren Nachwuchs allein groß ziehen – insbesondere in der heutigen Welt, wo der Einzelne besser materiell versorgt ist und es die verschiedensten Einrichtungen zur Kinderbetreuung gibt. Die Evolution hat letztlich nur den Gedankenapparat für ein kooperatives Miteinander geliefert – ein Gen, das Männer und Frauen dazu bringt, als traute Familie zu leben, gibt es jedoch nicht, wie heutige Kibbuzim und alleinerziehende Mütter und Väter beweisen.

Letzten Endes könnte man unsere sexuellen Beziehungen als eine Art entwicklungsgeschichtliches „Gefangenen-Dilemma" beschreiben – beide Geschlechter arbeiten zusammen und schließen Kompromisse, um etwas zu erreichen, das jeder für sich allein nicht geschafft hätte: Die Männer können sich besser ihrer Vaterschaft sicher sein, die Frauen erhalten mehr Unterstützung, und ihre gemeinsamen Kinder gehen „fitter" ins Leben als der Nachwuchs alleinerziehender Eltern. Betrachtet man die Evolution des Sexualverhaltens unter dem Aspekt der kooperativen Verbindung, so wird nochmals deutlich, daß kooperatives Verhalten nicht zwangsläufig nett, altruistisch und naiv sein muß. Mit dem Sex verhält es sich wie mit vielen anderen Beziehungen (zum Beispiel im Geschäftsleben, in der Nachbarschaft oder auf internationaler Ebene): Zusammenarbeit ist unter den angebotenen Möglichkeiten oft die beste Strategie, auch wenn andere Taktiken zunächst einen höheren Gewinn zu bringen scheinen (was in Wirklichkeit aber nur selten zutrifft).

Was Frauen wirklich wollen

Mit zunehmender wirtschaftlicher Unabhängigkeit kehrt die moderne Frau zu einer Art von Beziehung zum Mann zurück, die unsere frühesten Vorfahren jahrtausendelang gelebt haben – einer Beziehung, die stärker auf Gleichstellung und Gegenseitigkeit beruht. Einen Hinweis auf diese Tendenz liefert ironischerweise die sprunghaft angestiegene Scheidungsrate in der modernen Industriegesellschaft. In Jäger-Sammler-Gruppen beispielsweise schließen sich Paare nur für vier bis fünf Jahre zusammen, was zur Aufzucht eines Kleinkindes ausreicht; anschließend gehen sie – wenn sie wollen – getrennte Wege und suchen einen neuen Partner. Die Frühmenschen, die jahrtausendelang als Jäger und Sammler lebten, könnten ein ähnliches „Paarbildungsverhalten" gehabt haben. Die Anthropologin Helen Fisher vom Amerikanischen Museum für Naturgeschichte glaubt, daß das „verflixte 7. Jahr" heutiger Ehen ein Rudiment der seriellen Monogamie darstellt, wie sie unsere Vorfahren gelebt haben könnten [53].

Mit Beginn der Landwirtschaft vor etwa 10 000 Jahren veränderten Männer und Frauen plötzlich ihr Verhalten. Die seßhafte Lebensweise, die der Ackerbau mit sich brachte, bedeutete für beide Seiten, daß man nicht mehr so einfach aus einer Beziehung weglaufen konnte, wenn es damit nicht klappte. Denn schließlich hing das Schicksal beider Parteien nun von einem bestimmten Fleckchen Erde ab. Männer und Frauen waren demnach (auch) wirtschaftlich aneinander gebunden, weshalb eine Trennung katastrophale Folgen gehabt hätte. Der heutige Anstieg der Scheidungsrate in der westlichen Gesellschaft spiegelt möglicherweise die zunehmende wirtschaftliche Unabhängigkeit der Frauen wider, die es nicht mehr nötig haben, sich in einer Einzelbeziehung festzulegen, und auf diese Weise besser entscheiden können, mit wem sie wann ins Bett gehen wollen.

Unterschiedliche sexuelle Interessen

Der Wunsch, über ihre Reproduktion selbst bestimmen zu können, war die treibende Kraft der Evolution der weiblichen Psyche [54]. Dieses Vermächtnis der Vergangenheit beeinflußt auch heute noch das Verhalten von Männern und Frauen. Aus Untersuchungen geht hervor, daß zwar sowohl Männer wie Frauen sexuell erregt werden, wenn sie ein kopulierendes Paar in einem Pornofilm sehen, daß jedoch Männer stärker als Frauen erregt werden, wenn sie sich lediglich Nacktfotos von Personen des anderen Geschlechts ansehen. (Das Frauenmagazin *Playgirl*, in dem nackte Männer abgebildet sind, wird übrigens häufig von männlichen Homosexuellen gelesen.) Der Grund für diese unterschiedliche Reaktion auf Nacktheit besteht darin, daß Sex mit Fremden für unsere männlichen Vorfahren ein billiger Weg zum Reproduktionserfolg war. Deshalb förderte die Evolution solche Männer, die anonymer Sex „anmacht". Für eine Frau ist Sex mit einem Fremden riskanter, da ein Kind von einem genetisch schlecht ausgestatteten oder wenig fürsorglichen Vater für sie eine Belastung darstellt. Frauen werden zwar ebenfalls durch Pornofilme und erotische Literatur erregt, die von miteinander schlafenden Paaren handeln, der Anblick eines splitternackten Unbekannten wirkt jedoch auf sie nicht so prikkelnd – rein entwicklungsgeschichtlich stellt eine solche Veranlagung nämlich ein Risiko dar. Wenn eine unbekannte Frau ihren nackten Körper einem Mann zeigt, wird dieser das normalerweise als Einladung zum Sex auslegen. Posiert allerdings ein wildfremder Mann nackt vor einer Frau, so wird sie das als Bedrohung auffassen – da sie nun Gefahr läuft, nicht mehr über ihre Reproduktion entscheiden zu können.

Den offensichtlichen Unterschied zwischen den Einstellungen beider Geschlechter zu anonymem Sex gibt eine kleine Anekdote wieder, deren Urheber nicht bekannt ist. Der 30. US-Präsident Calvin Coolidge (1872–1933) besuchte mit seiner Gattin eine Farm, wo Mrs. Coolidge auf einen Hahn aufmerksam wurde, der gerade eine Henne bestieg. Als man ihr mitteilte, der Hahn vollzöge diesen Akt bis zu zwölfmal am Tag, soll Mrs. Coolidge gesagt haben: »Bitte, sagen Sie das Mr. Coolidge!« Als der Präsident später selbst diesen Hahn sah, teilte man ihm ebenfalls die sexuellen Wundertaten des Vogels mit, woraufhin Coolidge fragte: »Immer mit derselben Henne?« Nachdem man ihm versicherte, es sei jedesmal eine andere, entgegnete der Präsident: »Sagen Sie das bitte Mrs. Coolidge!« Die stärkere Begierde der Männer nach anonymem Sex ging auch aus einer Untersuchung des Evolutionspsychologen Don Symons hervor, der sich lange mit der Evolution der menschlichen Sexualität beschäftigt hat. In seiner Studie wurde Männern und Frauen dieselbe Frage gestellt: »Wenn Sie Gelegenheit hätten, mit einem Ihnen unbekannten Vertreter des anderen Geschlechts zu schlafen, der nicht mehr und nicht weniger attraktiv als Ihr Dauerpartner und nicht besser, aber auch nicht schlechter im Bett als Ihr Dauerpartner wäre, und es bestünde weder die Gefahr einer Entdeckung, Krankheit oder Schwangerschaft, noch die Chance einer dauerhaften Beziehung, und der Kopulationsakt würde ersatzweise für den ehelichen Beischlaf vollzogen, würden Sie das dann machen?« Symons stellte fest, daß unter den Personen, die eine Dauerbeziehung unterhielten, viermal mehr Männer als Frauen diese Frage mit »Würde ich bestimmt« beantworteten. Von den ungebundenen Männern und Frauen antworteten sechsmal mehr Männer mit »Würde ich bestimmt« und doppelt so viele Frauen mit »Bestimmt nicht«.

Das unterschiedliche Interesse an anonymem Sex schlägt sich auch in den abweichenden sexuellen Phantasien von Männern und Frauen nieder [55]. »Sexuelle Phantasien gewähren einen Einblick in eine private Welt, die zumindest potentiell keinen Beschränkungen der realen Welt unterliegt«, meint Symons. »In sexuellen Phantasien kann man alles bekommen, alles tun und alles sein, was man will.« In einer Studie gab fast ein Drittel der befragten Männer an, im Laufe ihres Lebens sexuelle Phantasien gehabt zu haben, in denen sie mit über tausend verschiedenen Partnern Verkehr hatten, während nur etwa zehn Prozent der Frauen das gleiche äußerten. Fast drei Viertel aller Frauen sagten, daß sie in ihren Phantasien normalerweise mit einem Geliebten beziehungsweise einer Person Sex haben, mit der sie gerne eine Liebesbeziehung eingingen, während die Phantasien der Männer etwa zu gleichen Teilen von Geliebten, möglichen Geliebten und anonymen Sexpartnern handelten. In den weiblichen Phantasien stehen eher Berührungen, Persönlichkeitsmerkmale der Liebhaber und ein langsames Sich-näher-Kommen im Vordergrund. Männer phantasieren hingegen häufiger von Geschlechtsorganen, kommen in Gedanken schnell zur Sache und beziehen auch Personen ein, mit denen sie nichts anderes als Sex machen wollen.

Diese Unterschiede finden sich auch in erotischen Filmen und Büchern wieder: In den typischen Männererotika werden Frauen als lustvolle, aggressive Wesen dargestellt, die Spaß am reinen Sex haben, ohne irgendwelche emotionalen Bindungen oder Paarungsrituale. In den typischen Frauenerotika – will heißen, Liebesromanen – ist Sex nur Beiwerk einer großen Liebesgeschichte, in der sich ein Mann in Liebe nach der Dame seines Herzens verzehrt und keine andere Frau eines Blickes würdigt. Für diese Frau ist Sex kein Akt der Unterwerfung, sondern Mittel zum Zweck, da sie nur so die Gefühle ihres Geliebten kontrollieren kann. Anders ausgedrückt, präsentiert sich der erotische Stoff für Männer und Frauen normalerweise als verzerrtes Abbild der eigenen Sexualität.

Die unterschiedliche Einstellung von Männern und Frauen zu Sex mit Fremden spiegelt sich interessanterweise auch in homosexuellen Beziehungen wider, wo sich die Partner unbeeinträchtigt von den entwicklungsgeschichtlich bedingten Taktiken des anderen Geschlechts entfalten können. Verschiedene Studien zeigten, daß schwule Männer im Laufe eines Jahres normalerweise mehrere Sexualpartner haben, obgleich die AIDS-Gefahr dieses Verhalten etwas verändert hat. Außerdem entstehen viele homosexuelle Beziehungen zwischen Männern aus dem beiderseitigen Wunsch nach Sex, und die Kontakte können extrem kurz sein. Dagegen bauen lesbische Frauen trotz einer ähnlich hohen sexuellen Aktivität wie Männer häufiger eine Langzeitbeziehung auf und suchen seltener sexuelle Befriedigung bei fremden Frauen.

Diese Verhaltensweisen von Männern und Frauen in homosexuellen Beziehungen lassen den Schluß zu, daß das Sexualverhalten eines Mannes und das Sexualverhalten einer Frau in einer heterosexuellen Beziehung einen Kompromiß zwischen ihren verschiedenen, mitunter gegensätzlichen Sexualstrategien darstellt, da jede Seite der anderen Beschränkungen auferlegt. »Sehr wahrscheinlich würden heterosexuelle Männer genauso oft wie Homosexuelle Sex mit Fremden haben, in Saunen und Duschräumen, an anonymen Orgien teilnehmen oder sich auf der Heimfahrt in einer öffentlichen Toilette mal schnell oral befriedigen lassen«, glaubt Symons, »wenn Frauen an derlei Aktivitäten interessiert wären.« Die Tatsache, daß Frauen „so etwas" normalerweise nicht tun, soll keinesfalls heißen, daß ihr Sexualtrieb schwächer ist als der von Männern – sie wollen lediglich mehr Kontrolle darüber, mit wem sie Geschlechtsverkehr haben.

Frauen als Eigentum

Umgekehrt ist natürlich auch die Sexualität der Frau durch die sexuellen Wünsche des Mannes eingeschränkt. Genauso wie Frauen entscheiden wollen, mit wem sie schlafen, weil sie vergleichsweise mehr in ihren Nachwuchs investieren, wollen Männer, die sehr viel zu verlieren haben, wenn die Partnerin das Kind eines anderen Mannes austrägt, letzten Endes das reproduktive Potential ihrer Frauen fest im Griff haben.

Dieser Machtkampf um das Reproduktionspotential der Frauen ist heute noch genauso aktuell wie vor Jahrtausenden auf der ostafrikanischen Savanne: Die hitzigen Diskussionen, die über sexuelle Belästigung, finanzielle Unabhängigkeit von Frauen und die Reform des §218 geführt werden, entspringen letztlich jenem uralten Tauziehen zwischen Männern und Frauen, wer über das weibliche Reproduktionsverhalten entscheiden darf. Das Ganze resultiert nicht etwa aus einer angeborenen „Böswilligkeit“ oder gar Begriffsstutzigkeit dem anderen Geschlecht gegenüber. Denn wie die komplizierten Abläufe des sozialen Miteinanders vermuten lassen, handelt es sich dabei um die direkte Konsequenz eines andauernden Ringens, in dem es – evolutionär gesehen – um den bedeutendsten Aspekt menschlichen Lebens geht: die Weitergabe der eigenen Gene an die nächste Generation.

Eines der offensichtlichsten und besonders ärgerlichen Beispiele dafür, wie evolutionäre Mechanismen „ungebremst“ auf die heutige Gesellschaft wirken, ist das Eifersuchtsverhalten von Männern und Frauen. Die evolutionäre Logik für Eifersucht ist leicht nachzuvollziehen: Ein Mann, der in ein Kind investiert, das ein anderer gezeugt hat, erleidet – aus dem Blickwinkel der Evolution heraus – hohen materiellen Schaden; schließlich hat er sich um den Nachwuchs eines anderen bemüht. Eine Frau trifft es andererseits sehr, wenn ihr Partner ihr Hilfe und materielle Unterstützung versagt, weshalb man von ihr erwarten kann, daß sie auf Anzeichen, daß dieser seine Unterstützung einer anderen Frau zukommen läßt, äußerst negativ reagieren wird. Folglich sorgen sich Männer stärker darum, ob ihre Partnerin mit einem anderen Mann geschlafen hat, während Frauen normalerweise mehr an der ungeteilten Zuneigung und materiellen Unterstützung durch den Partner interessiert sind [56]. Kurzum hat eine Frau entwicklungsgeschichtlich am meisten zu verlieren, wenn ihr Mann sie wegen einer anderen Frau verläßt, während ein Mann dann der große Verlierer ist, wenn seine Frau von einem anderen schwanger wird und bleibt. Der Unterschied zwischen männlicher und weiblicher Untreue besteht nach den Worten des englischen Schriftstellers Samuel Johnson darin, daß »der Mann seiner Frau wenigstens keinen Bankert anhängt«. Dieser Standpunkt über die Auslöser von männlicher und weiblicher Eifersucht wurden durch psychologische Untersuchungen bestätigt: Wie aus den Studien von Buss hervorgeht, bereitet die Vorstellung, seine Partnerin schliefe mit einer anderen Person, einem

Mann die größeren Sorgen, während eine Frau durch den Gedanken, ihr Partner könnte sich emotional an eine andere binden, stärker beunruhigt wird.

Diese ständige Sorge um die Treue ihrer Frauen führte im Laufe der Geschichte auf der ganzen Welt dazu, daß Männer versuchten, das Sexualverhalten der Frauen zu kontrollieren – sei es in Form von Anstandsdamen, Keuschheitsgürteln oder Schleiern, in Harems, die unter der Aufsicht von Eunuchen standen, mit strengen Strafen für Ehebruch und mit der offenen Androhung von Gewalt bei Untreue. Darüber hinaus werden in Dutzenden von Kulturen auf der ganzen Welt Abermillionen von Frauen durch rituelle Beschneidung ihrer Geschlechtsorgane auf brutale Weise daran gehindert, sich auf eventuelle sexuelle Abenteuer einzulassen. Selbst in den paar Kulturen, in denen laut Aussage der Anthropologen so große Liberalität herrscht, daß es praktisch keine Eifersucht gibt, können doch Eifersuchtshandlungen vorkommen. Bei einer erneuten Untersuchung jener Gesellschaften, die von Anthropologen quasi als eifersuchtsfrei bezeichnet wurden, stellten die Evolutionspsychologen Martin Daly und Margo Wilson fest, daß ein Mann, selbst wenn es keine Gesetze gibt, die Ehebruch bestrafen, ein Kind nicht zu akzeptieren braucht, wenn er glaubt, es sei nicht sein eigenes.

Die übermächtige Sorge der Männer um die Echtheit ihrer Vaterschaft hat sogar dazu geführt, daß Frauen in vielen Gesellschaften fast wie Eigentum betrachtet werden. Die Extrembeispiele finden wir in solchen Kulturen, in denen sich Despoten einen Harem nur zum Vergnügen halten, und nicht etwa aus Gründen der Fortpflanzung – ein Statussymbol in einem Konkurrenzkampf unter Männern. Ein Harem verdeutlicht, daß die Absichten des männlichen Sexualverhaltens letzten Endes nicht darauf zielen, »unbegrenzten Sex oder eine unbegrenzte Zahl von Partnerinnen zur Verfügung zu haben«, so Daly und Wilson, »sondern ein sexuelles *Monopol* auf Frauen zu erlangen, und je mehr, desto besser.«

So sehr sich die Männer auch ein passives Weibchen wünschen, so wenig lassen sich die Frauen in diesem Spiel unterkriegen. Nur schwer gelingt es den Männern, das Reproduktionspotential ihrer Partnerinnen effektiv zu überwachen, denn, wie Daly und Wilson anmerken, »handelt es sich hierbei um einen Besitz, der die Ziele und Schwächen seines Eigentümers erkennen kann, der einen Verwandten- und Freundeskreis besitzt, der Fluchtpläne und Schachzüge genauso überlegt und brillant aushecken kann wie sein Besitzer und der es versteht, rivalisierende Besitzanwärter gegeneinander auszuspielen.« In vielerlei Hinsicht können Frauen die Kontrollversuche ihrer Männer parieren – und die Sorgen der Männer, zum Hahnrei zu werden, sind mindestens so real wie die Fähigkeiten ihrer Frauen, sie zu hintergehen: In einer Umfrage gaben etwa 30 Prozent der verheirateten Frauen an, eine außereheliche Beziehung zu haben. Aus einer anderen Studie, bei der die Blutgruppen von Neugeborenen bestimmt wurden, ging hervor, daß bei etwa zehn Prozent der in Nordamerika geborenen Kindern die „Väter" fälschlicherweise glaubten, daß dies ihr eigener Nachwuchs sei. Frauen können sich nicht nur dagegen wehren, daß Männer ihre Sexualität kontrollieren wollen, sondern diesen Umstand manchmal auch zu ihrem Vorteil ausnutzen. In einer Studie über die Motive für einen Seitensprung gaben Frauen beispielsweise als einen Grund an, daß sie dadurch Einfluß auf die bestehende Beziehung nehmen und den Partner dazu bringen wollten, sich mehr um sie zu kümmern.

Am Ende könnte das wachsende Verständnis für unser entwicklungsgeschichtlich bedingtes Seelenleben dazu beitragen, die bestehenden sexuellen Spannungen zwischen Männern und Frauen zu entkrampfen. Selbst wenn die Evolutionspsychologie vielleicht den Schluß nahelegt, daß es für einen Mann „natürlich" sei, mit wildfremden Frauen schlafen zu wollen – im gleichen Atemzug erklärt sie aber auch, warum eine Frau diese Art von Verhalten „natürlich" als Bedrohung empfindet. Wenn Männer mehr über die weibliche Sexualpsychologie wüßten, würden ihre plumpen Bemühungen, Frauen auf der Straße oder am Arbeitsplatz durch anzügliche Sprüche und obszöne Gesten „anzumachen", nicht nur als aufdringlich, sondern schlichtweg auch als idiotisch entlarvt. Und dies ist die bedeutendste Vorhersage der Evolutionstheorie: Obwohl beide Geschlechter gegensätzliche Strategien *in puncto* Sexualverhalten besitzen, werden sie nach Kompromissen suchen, um eine langfristige kooperative Partnerschaft zum gegenseitigen Nutzen eingehen und aufrechterhalten zu können. Als Folge dieser Bemühungen entstanden weltweit unzählige soziale und kulturelle Traditionen, die einen Sozialvertrag zwischen Mann und Frau, die beide ihr Leben lang unterschiedliche Zielvorstellungen und Wünsche haben werden, untermauern halfen.

Rasend vor Eifersucht

Wie bei allen kooperativen Unterfangen gestalten sich die Beziehungen zwischen Ehegatten normalerweise nicht aus aktuellen Konfliktsituationen heraus, sondern aus der bewußten oder unbewußten Erkenntnis, daß man in einer Beziehung mit unterschiedlichen Zielvorstellungen am besten fährt, wenn man gemeinsam am selben Strang zieht. Ähnlich wie bei der „Tit-for-tat-Taktik" dient der mögliche Konflikt als Druckmittel im Hintergrund und hält so eine erfolgreiche Beziehung aufrecht.

Leider können derartige Konflikte in Extremfällen tödliche Folgen haben. Denn im Gegensatz zur virtuellen Computerrealität von „Tit-for-tat" werden kooperative Verbindungen im wahren Leben sehr erschwert, weil zum einen oft konkrete Informationen über den Gewinn fehlen, andererseits der menschliche Verstand nicht in der Lage ist, Kosten und Nutzen nüchtern abzuschätzen. Leidenschaft spielt bei kooperativen Unternehmen eine wichtige Rolle. Leidenschaft, die bisweilen die Grenzen der Vernunft überschreitet, kann ihrem „Besitzer" mitunter zum Vorteil gereichen; denn eine Drohgebärde genügt unter Umständen, um die Überlegungen eines Partners bezüglich der zu erwartenden Vor- und Nachteile dramatisch zu verändern. Drohungen und emotionale Handlungen, die in eine Katastrophe münden, kommen immer wieder vor – insbesondere, wenn es um sexuelle Untreue geht. Eine der Hauptursachen für Mord und Totschlag ist beispielsweise die Ungewißheit eines Mannes über seine Vaterschaft sowie die daraus erwachsende Eifersucht.

Daß Menschen dazu in der Lage sind, einander umzubringen, ist Gegenstand intensiver Diskussionen unter den Forschern des menschlichen Verhaltens. Der Mensch wurde lange Zeit als ein Wesen betrachtet, unter dessen dünner zivilisierter Oberfläche eine brutale, wilde Natur aus unserer animalischen Vergangenheit schlummert. Neuere Untersuchungen, die sich mit den evolutionären Wurzeln der Gewalt beschäftigen, lassen allerdings die These vom „Biest im Menschen" als reinen Mythos erscheinen.

6. Das Biest im Menschen

Wenn man den Menschen rein biologisch betrachtet und andere Gesichtspunkte außer acht läßt, ist er einfach das schlimmste aller Raubtiere und das einzige, das systematisch Jagd auf die eigenen Artgenossen macht.

William James

Vorsichtig stahl sich der Stoßtrupp auf das feindliche Gebiet, einzig und allein darauf erpicht, einen Streit vom Zaun zu brechen. Als ein Zweig in der Ferne knackte, erstarrte die Gruppe in freudiger Erwartung, doch es war bloß ein Pinselohrschwein, das nach Futter wühlte. Dann plötzlich hörten die Eindringlinge ganz in der Nähe das leise Rufen eines Jungtieres. Sofort stürzten sie dorthin und fanden eine Äffin mit ihrem Jungen, die verzweifelt zu fliehen versuchten. Doch zu spät! Die Eindringlinge umzingelten ihre Opfer, traktierten die Mutter mit Fußtritten und zogen das Junge ins Unterholz. Der Überfall dauerte nur wenige Sekunden: Obwohl es stark blutete, gelang es dem Weibchen in einem günstigen Moment, sich loszureißen; es schnappte sein jammerndes Kind und floh ins Gebüsch.

Wieder einmal hatten die Schimpansen von Gombe einen erfolgreichen Coup gelandet [57].

Die Entdeckung der Primatenforscherin Jane Goodall, daß Schimpansen gegen ihre Nachbarn regelrecht Krieg führen, hob die dicke, rote Grenzlinie auf, die den Menschen angeblich vom übrigen Tierreich trennen sollte. Lange Zeit hatte man Schimpansen als glückliche, gesellige Primaten angesehen, geradezu als Urbild einer friedlichen Gemeinschaft. Im Menschen dagegen, so glaubte man, schlummere tief drinnen ein wildes Tier, das bei Gelegenheit, oder wie einige sogar meinten, unweigerlich den dünnen Firnis des zivilisierten Menschen durchbrechen und alles zerstören werde.

In Wirklichkeit jedoch sind unsere haarigen Vettern genauso in der Lage, gegeneinander mit brutaler Gewalt vorzugehen: Im Verlauf mehrerer Monate konnte Goodall mit Entsetzen verfolgen, wie eine Gruppe von Schimpansen, die sie im tansanischen Gombe-Nationalpark beobachtet hatte, systematisch Jagd auf Mitglieder einer benachbarten Schimpansenhorde machte und einen Affen nach dem anderen tötete. Schließlich hatten sie die gesamte Gemeinschaft ausgelöscht. Die Beobachtungen an Primaten zeigen nicht nur, daß der Mensch nicht das einzige Wesen mit der Befähigung zur Gewalt ist; vielmehr lassen sie auch deutlich erkennen, daß aggressives Verhalten ein weitaus komplexeres Phänomen darstellt als lediglich die Wirkung eines gewalttätigen Triebes, der tief im Innern schlummert. Vielmehr ist Aggression bei vielen Primaten – einschließlich des Menschen – ein wichtiges Werkzeug, um mit den Herausforderungen in ihrem komplexen Sozialleben fertigzuwerden.

Der Gedanke, daß der Aggression bei einer höchst sozialen Art eine wichtige Funktion zukommt, sollte vielleicht gar nicht so sehr überraschen. Selbst der Erfolg einer so kooperativen Strategie wie „Tit-for-tat" hängt nicht nur davon ab, daß man freundlich und entgegenkommend ist; man muß auch willens sein, diejenigen zu bestrafen, die das nicht sind. Ob Rüffel, Prügel, Einzelhaft oder Straßenkrawalle – die Drohung mit aggressiven Vergeltungsmaßnahmen durch Eltern, Kumpel, die Gesellschaft oder einen aufgebrachten Mob stellt ein Druckmittel dar, um die an kooperativen Unternehmungen Beteiligten an ihren Teil der Vereinbarung zu „erinnern".

Es ist eine Ironie des Schicksals, daß ausgerechnet unter Menschen, den kooperativsten aller Lebewesen, aggressive Zusammenstöße gefährlicher verlaufen als bei anderen Tieren. In der ganzen Diskussion über die Frage, ob der Mensch grundsätzlich böse oder gut sei, wird der Tatsache wenig Beachtung geschenkt, daß einige der größten Bedrohungen für die Welt Ergebnisse einer erfolgreichen Teamarbeit sind – seien es die Straßenbanden, die unsere Großstädte unsicher machen, Soldaten, die zusammen an der Front stehen, oder das Wissenschaftlerteam, das rund um die Uhr an der Wasserstoffbombe, der schlimmsten aller Waffen, baut. Die Früchte der Zusammenarbeit sind Planen für gemeinsame Ziele, Organisieren von Rohstoffen und Reserven, ausgeklügeltes Koordinieren der Tätigkeiten verschiedener Menschen, Arbeitsteilung und Technologietransfer – doch all dies ermöglichte nicht nur die menschliche Gesellschaft, sondern schuf gleichzeitig auch die Grundlagen für brutale Gewalt und Krieg. Wie schon die gedanklichen Mechanismen, auf denen unsere bemerkenswerte Fähigkeit zur Kooperation basiert, wurzelt auch unser gewalttätiges Verhalten in jenem entwicklungsgeschichtlichen Vermächtnis, das wir von unseren Vorfahren erhalten haben.

Urtriebe

Seit Jahrhunderten bietet die Frage, ob Aggression dem Menschen angeboren sei, Wissenschaftlern wie Laien ein ständiges Diskussionsthema. Darwin vermutete, daß im Mensch unkontrollierbare Leidenschaften schlummerten, die ihm von seinen menschenaffenähnlichen Vorfahren vererbt und von der modernen Zivilisation verdeckt wurden. In Lebewesen mit geringerem Verstand waren solche aggressiven Urinstinkte »wohl notwendig und zweifellos arterhaltend«, schrieb Darwin in sein Notizbuch. »Unserer Abstammung verdanken wir somit unsere bösen Eigenschaften!« [58]

Darwins Vorstellung vom Tier, das in der menschlichen Seele schlummert, griff Freud in seinen Schriften auf, indem er Aggression als »eine angeborene, unabhängige, instinktmäßige Disposition« ansah, die eine der einflußreichsten Kräfte im menschlichen Intellekt darstellten. Der österreichische Verhaltensforscher Konrad Lorenz folgte Freuds Postulat, indem er die These aufstellte, daß diese angeborenen, aggressiven Instinkte zwar für das Überleben von *Tieren* notwendig waren, sich im Menschen jedoch in ihr schreckliches Gegenteil verkehrt hatten. Die martialischen, menschenaffenähnlichen Urmenschen erschienen ihm als natürliche Vorläufer einer Art, die gerade zwei Weltkriege hinter sich hatte und sich nun anschickte, in das Zeitalter der nuklearen Abschreckung einzutreten. »Ein unvoreingenommener außerirdischer Beobachter«, schrieb Konrad Lorenz, »würde bei der Betrachtung des heutigen Menschen, der in seiner Hand die Atombombe als Produkt seiner Intelligenz hält und im Herzen den Aggressionstrieb trägt, den er von seinen anthropoiden Vorfahren geerbt hat, jedoch mit seiner Intelligenz nicht kontrollieren kann, dieser Art kein langes Leben voraussagen.«

In jüngerer Zeit wurde das Image vom blutrünstigen menschlichen Vorfahren von nicht wenigen Soziologen in Frage gestellt, die behaupteten, man dürfe nicht die Natur des Menschen für seine Aggression verantwortlich machen, sondern die Zivilisation selbst. Gewalt sei ein Produkt von Ungleichheit, Unterdrückung, der Klassengesellschaft und weiterer dunkler Punkte der Zivilisation, so diese Wissenschaftler. Diese Kräfte, und nicht ein angeborener Aggressionstrieb, ließen den von Natur aus friedliebenden Menschen zum rasenden Killer werden. Wenn man diese kulturellen Zwänge beseitigen könne, so ihre These, dann würde auch die Gewalt verschwinden. Diese Sichtweise wurde kürzlich in einem Kommuniqué auf einem wissenschaftlichen Kongreß aufgegriffen, wonach »Aggression weder in unserem evolutionären Vermächtnis noch in unseren Genen begründet liegt«.

Solche Überlegungen mögen zwar gut gemeint sein, doch steht insgesamt die Diskussion über die Frage, ob Erbe (Anlage) oder Umwelt den größeren Einfluß auf den Menschen ausüben, auf wackeligen Beinen. Kultur ist keine unabhängige Einheit, welche die Biologie des Menschen überwinden will, sondern vielmehr ein Spiegelbild dieser

Biologie, da die materielle und soziale Umgebung gemeinsam mit den im Verlauf der Evolution entstandenen gedanklichen Mechanismen die ganze Palette menschlicher Verhaltensweisen hervorbringen.

Inwieweit dieser „mentale Apparat" mit der Umwelt in Wechselwirkung tritt, zeigen zahlreiche Studien an verschiedenen Affenarten. Der Mensch hat mehr als 99 Prozent seiner Gene mit dem Zwergschimpansen gemeinsam, und Untersuchungen des aggressiven Verhaltens dieser intelligenten, kooperativen und in Gruppen lebenden Wesen können uns viel über die eigene Aggressivität verraten. Beobachtungen an Rhesusaffen zeigen, daß das soziale Umfeld, in dem ein Primat als Junges aufwächst, einen Langzeiteffekt auf sein Aggressionsverhalten haben kann. So entwickeln sich beispielsweise Affen, die isoliert und nur von einer mechanischen „Ersatzmutter" aufgezogen werden, fast immer zu hyperaggressiven sozialen Außenseitern, die mit anderen Artgenossen nicht klarkommen.

Die genetische Ausstattung eines Affen entscheidet unter anderem auch darüber, wie aggressiv er sich verhält. Normalerweise gibt es in einer Rhesusaffengruppe einen kleinen Prozentsatz männlicher Tiere, die mit keinem anderen Mitglied der Horde zurechtkommen. Wie die isoliert aufgewachsenen Affen mißachten diese Tiere die Gruppenstruktur, zeigen – ohne provoziert worden zu sein – aggressives Verhalten und werden manchmal sogar von der Gruppe verstoßen. Diese Affen sind oft die Nachkommen von Vätern, die ähnliche Züge zeigen, weshalb man vermuten kann, daß zumindest ein Teil ihres Verhaltens genetisch bedingt ist. Obwohl es kein spezifisches Gen für Aggressivität gibt, beeinflußt das Genom eines Tieres die Zusammensetzung der chemischen Botenstoffe, das heißt der Hormone und Neurotransmitter, in Gehirn und Körper, die das Verhalten steuern. Bei hyperaktiven, asozialen Affen findet man zum Beispiel durchgehend einen niedrigen Spiegel des Neurotransmitters Serotonin. Umgekehrt wurden hohe Serotoninspiegel typischerweise bei den Anführern einer Gruppe gefunden. Man nimmt nun an, daß ein Anführer aufgrund einer hohen Serotoninkonzentration in der Lage ist, seine aggressiven Impulse zu unterdrücken. Aus anderen Studien geht hervor, daß nicht etwa die kämpferischen Qualitäten eines Affen darüber entscheiden, ob er die Führung übernimmt, sondern seine Fähigkeit, Bündnisse mit anderen Affen zu schmieden.

Unterdurchschnittliche Serotoninspiegel wurden beispielsweise auch bei amerikanischen Ex-Marines gefunden, die man wegen Gewalttätigkeit aus dieser militärischen Eliteeinheit entlassen hatte, desgleichen bei finnischen Kriminellen, die mutwillig Gewaltakte begangen hatten. Wer mit einem niedrigen Serotoninspiegel zur Welt kommt, braucht sich nicht automatisch aggressiv zu verhalten. Ein Affe, der mit einem durchschnittlichen Serotoninspiegel geboren, aber ohne Sozialkontakte mit Artgenossen aufgezogen wurde, wird als adultes Tier einen niedrigeren Serotoninspiegel und eine höhere Aggressivität aufweisen. Umgekehrt kann sich der Serotoninspiegel bei einem Affen, bei dem das Hormon genetisch bedingt nur in geringen Mengen gebildet wird, durch liebevolle Zuwendung erhöhen.

Die vielschichtige Rolle, die aggressives Verhalten im Leben der Primaten spielt, läßt den Schluß zu, daß Menschen weder grundsätzlich aggressiv noch grundsätzlich nett sind. Nach Ansicht der Evolutionspsychologen haben unsere Vorfahren, um verschiedene Ziele erreichen zu können, jeweils unterschiedliche Strategien entwickelt; hierzu zählen mitunter auch Drohungen, Beschimpfungen, Gewalt, Mord und Krieg. Menschen stellen – in der Regel – keine Kosten-Nutzen-Rechnung ihrer Handlungen auf und wenden Gewalt an, wann immer es ihnen angebracht erscheint. Gewalt und Aggression bestätigen eher das Faktum, daß die meisten menschlichen Beziehungen, ob nun zwischen Mann und Frau oder zwischen benachbarten Nationen, normalerweise sowohl kooperative Komponenten als auch Konfliktelemente enthalten. In unserem Verstand sind spezielle Mechanismen zur Konfliktbewältigung entstanden, die so funktionieren, daß oft beide Parteien davon profitieren. Gelegentlich können jedoch einseitige Mißverständnisse oder Fehleinschätzungen dazu führen, daß es zu Gewaltausbrüchen kommt.

Die Beobachtung, daß wir mentale Mechanismen entwickelt haben, die uns im Umgang mit potentiell gewalttätigen Situationen helfen, bedeutet nicht notwendigerweise, daß der Mensch eine angeborene Neigung zur Gewalt besitzt. Wenn wir begreifen, welche Rolle die Aggressivität im menschlichen Miteinander und in der Kultur spielt – und auf welche Weise in unserem Verstand ein psychologischer Apparat entstanden ist, um damit umzugehen –, so können wir letztlich die Wurzeln der Gewalt verstehen und erkennen, wie die Gesellschaft unerwünschte Aggressionen möglicherweise kontrollieren kann.

Konflikte evolutionär betrachtet

Das Wissenschaftlerehepaar Martin Daly und Margo Wilson von der McMaster-Universität von Toronto hat seit mehr als einem Jahrzehnt die Verbindung zwischen der Evolution des Menschen und dem Delikt der schweren Körperverletzung untersucht. Ihr Buch *Homicide* wird als das Standardwerk zu dem Thema „Wer tötet wen und warum?" betrachtet. »Die meisten Kriminologen sehen Menschen nicht als Individuen, die ihre eigenen Interessen verfolgen«, behauptet Wilson. »Sie stellen sich den Menschen als ein unbeschriebenes Blatt vor, völlig unbeeinflußt von der Evolution, und gewalttätige Menschen werden als „unnormal" betrachtet, denn sie handeln aggressiv, weil sie nicht richtig „sozialisiert" wurden oder in einem schlechten Milieu leben. Doch wir wollen den Kriminellen eher als einen Menschen sehen, der bewußt eine bestimmte Strategie anwendet, um seine eigenen Interessen zu verfolgen – das heißt, er geht hin und versucht, seinen Lebensunterhalt auf der anderen Seite des Gesetzes zu verdienen. Die Zusammenstöße von Halbstarken in einer Bar oder Billardkneipe sind beispielsweise von *sehr* großer sozialer Bedeutung – die

Beteiligten greifen auf mentale Mechanismen zurück, die sich im Laufe der Evolution entwickelt haben und die alle möglichen wichtigen sozialen Informationen verarbeiten: So treten diese Zusammenstöße beispielsweise im Normalfall vor einem Publikum auf, das die Streithähne kennt, und daher ergeben sich für das Ansehen eines Beteiligten ernste Konsequenzen, je nachdem, ob er sich als Schlappschwanz erweist oder sich erfolgreich Respekt verschaffen kann. Selbstverständlich gibt es Tausende solcher Reibereien, die nicht fatal enden, sondern sich quasi von selbst lösen. Doch diejenigen, die sich zu einem Mord aufschaukeln, gewähren uns einen Einblick in die Natur des Menschen.«

So wie alle gedanklichen Mechanismen findet man auch diejenigen, die bei Gewalttaten beteiligt sind, bei allen Menschen in sämtlichen Kulturkreisen. »Wenn man ein Modell der menschlichen Natur betrachtet, das ein grundsätzliches Verständnis über das Wesen von Interessenkonflikten liefert, besteht kein Grund zu der Annahme, man werde bei aggressivem Verhalten grundsätzlich andere Muster finden«, erläutert Wilson. »Sicherlich findet man in verschiedenen Gesellschaften unterschiedliche Bereitschaft zur Gewalt; die typischen Abläufe, wer wen tötet, sowie Geschlecht und Alter der Beteiligten bleiben hingegen gleich. In allen Kulturen folgt Aggression bestimmten Mustern, so zum Beispiel bei sexueller Untreue oder um Unterwerfung zu erzwingen; typisch ist aber auch, daß Männer häufiger Gewalt gegen Männer anwenden als Frauen gegen Frauen und daß die Gewaltbereitschaft mit dem Alter abnimmt. All das ist entwicklungsgeschichtlich zu begründen.«

Die Walstätten der Geschlechter

Der schwierige Drahtseilakt zwischen Kooperativität und Konflikt, der Teil jeder sozialen Bindung ist, wird besonders bei der Beziehung der Geschlechter deutlich, wo zwei Menschen mit oft entgegengesetzten Zielen ihre eigenen Wünsche und Handlungen mit denen des Partners abstimmen müssen – und wo entwicklungsgeschichtlich betrachtet für beide Seiten viel auf dem Spiel steht. Daraus folgt, daß dieses Gleichgewicht manchmal kippt und in tragischer Weise außer Kontrolle geraten kann. Die meisten von uns haben vor allem davor Angst, Opfer einer Gewalttat zu werden, wie wir sie aus den Schlagzeilen der Zeitungen kennen, beispielsweise Schießereien oder Raubmord. In Wirklichkeit jedoch ist der Täter in den meisten Mordfällen ein Bekannter, Freund oder Ehegatte. Als Daly und Wilson die Polizeiakten von über 500 Morden untersuchten, die sich im Laufe mehrerer Jahre in Detroit ereignet hatten, stellten sie fest, daß in mehr als zwei Dritteln der Mordfälle Personen beteiligt waren, die einander kannten. Auslöser waren meist Ehekräche und andere Auseinandersetzungen um und in Beziehungen; nur selten lag das Motiv der persönlichen Bereicherung vor, also Raubmord.

Bei den meisten dieser Morde war das Motiv des vorausgegangenen Streites Eifersucht – in der Regel männliche Eifersucht. Ein Achtel aller Morde in den USA wird von Ehemännern begangen, die ihre Frauen umbringen; in einer weiteren Studie, die sich mit Morden unter kanadischen Ehegatten befaßte, fanden Daly und Wilson, daß 85 Prozent der Straftaten etwas mit Sex zu tun hatten. Viele andere Untersuchungen, die sowohl in technologisch rückständigen als auch in Industriegesellschaften durchgeführt wurden, weisen auf männliche Eifersucht als Hauptmotiv für einen Mord hin. Der Mord an der Ehefrau ist allerdings nur der Gipfel des Eisbergs, was Gewalttätigkeit angeht: Eifersucht ist der Hauptgrund, warum Ehefrauen von ihren Männern verprügelt werden (was jedes Jahr etwa zwei Millionen amerikanischer Frauen widerfährt), aber auch Motiv Nummer Eins für andere Formen der Gewaltakte ohne Todesfolge [59].

Daly und Wilson folgern daraus nicht, daß Männer einem angeborenen blinden Trieb folgen, der sie unausweichlich bei den ersten Anzeichen von Untreue der Ehefrau zum Berserker werden läßt. Die beiden Wissenschaftler behaupten, daß gewalttätiges Verhalten infolge einer Vielzahl von Strategien, Wünschen und Kontrollmechanismen entsteht, die Männer und Frauen anwenden, um ihr Verhalten gegenseitig zu beeinflussen. Eine Ehe ist für die meisten Menschen die innigste, am längsten währende und oft auch komplizierteste Beziehung, die sie in ihrem Leben eingehen. Männer und Frauen bringen grundverschiedene Zielvorstellungen in die Ehe ein, und zudem bestehen fundamentale Interessenkonflikte, die sich in Kultur und Gesellschaft widerspiegeln. Eine Hauptursache für Konflikte zwischen den Geschlechtern ist, daß Männer normalerweise versuchen, Kontrolle über das Reproduktionspotential der Frau auszuüben – und Frauen im typischen Fall versuchen, sich gegen diesen männlichen Druck zur Wehr zu setzen – eine Situation, die in Extremfällen tragisch enden kann. Hierzu Daly und Wilson: »In einem solchen Machtkampf steht für beide Seiten viel auf dem Spiel, und wenn einer der beiden Ehepartner den anderen totschlägt, sollte man das in diesem gefährlichen Spiel als Ausrutscher ansehen« [60].

Gewalt ist nicht die zwangsläufige Folge des Tieres in uns, deshalb fällt das aggressive Verhalten eines Mannes gegen seine Frau aufgrund von Eifersucht je nach individueller und gesellschaftlicher Prägung etwas anders aus. Die Evolutionstheorie nimmt beispielsweise an, daß diese Aggression oft davon abhängt, wie stark Männer und Frauen miteinander *kooperieren*. In einer sozialen Struktur ohne ausgeprägte Hierarchieebenen, wie man sie beispielsweise in Gesellschaften findet, die Jagd und Ackerbau betreiben, sind Männer sehr stark aufeinander angewiesen, was die Nahrungsbeschaffung und den Schutz der Gemeinschaft angeht; deshalb wollen sie nach Möglichkeit vermeiden, daß dieses gegenseitige kooperative Bündnis aufs Spiel gesetzt wird. Die Männer erreichen das, indem sie den Gedanken verdrängen, der andere könne ein Nebenbuhler sein. In diesen Gesellschaften werden Frauen als gefährliche „Spielverderber" angesehen, deren Sexualität kontrolliert werden muß, weil sie die Harmonie der Gruppe bedroht. Ehebruch wird oft der weiblichen Sexualität angelastet und nicht etwa dem männlichen Verhalten. Frauen, die aus dieser von ihnen erwarteten Rolle, Besitztum eines Mannes zu sein, ausbrechen – indem sie beispielsweise allein reisen, sich mit vielen verschiedenen Männern zeigen oder einfach aufreizend anziehen –, gelten oft als Freiwild für andere Männer. In stärker hierarchischen Gesellschaften dagegen, in denen einige Männer über mehr Reichtum und Macht verfügen als andere, werden Frauen von höherem Stand als edel und rein angesehen; sie müssen vor den Männern der niederen Kasten, die man nun als gefährliche Störenfriede betrachtet, unbedingt geschützt werden.

Das Ausmaß der Aggression von Männern gegen Frauen in einer bestimmten Gesellschaft hängt auch davon ab, wie eng die Frauen zusammenhalten. Gewalt gegen Frauen ist in Gesellschaften, in denen starke Bindungen zwischen Schwestern, Müttern und anderen Frauen bestehen, weniger ausgeprägt, weil die Missetäter befürchten müssen, als Vergeltungsmaßnahme direkt oder indirekt sozial geächtet zu werden. In Kulturen, in denen Frauen wirtschaftlich unabhängiger sind, ist die Gewalt ebenfalls geringer, weil sie die (finanziellen) Mittel haben, um aus einer gewalttätigen Beziehung auszubrechen.

Da eine Frau auch entwicklungsgeschichtlich betrachtet kein Interesse daran haben kann, daß andere über ihren Unterleib bestimmen, werden die „sexuellen Verfügungsrechte", die sich Männer gegenseitig zugestehen, oft gewaltsam durchgesetzt – woraus eine Gewalt resultiert, die in rein von Männern dominierten Gesellschaften oft noch abgesegnet wird. Weltweit sieht in vielen Gesellschaften der Gesetzgeber einen Gewaltausbruch eines Mannes als Reaktion auf

Untreue als natürlich und entschuldbar an: In einigen Gesellschaften greifen andere Männer normalerweise nicht ein, wenn ein Mann seine Frau wegen Ehebruchs schlägt, sogar wenn es sich bei der mißhandelten Frau um die eigene Schwester oder Tochter handelt.

In der Regel betrachtet der Gesetzgeber Ehebruch als einen Ausbruch der Frau aus der Ehe und nicht etwa als Untreue des Mannes. Im 17. Jahrhundert konnte der Ehebruch einer Frau in England mit dem Tod bestraft werden; in vielen modernen Gesellschaften ist er ein Scheidungsgrund, und noch vor nicht allzu langer Zeit sahen die Gesetze in einigen Bundesstaaten der USA das Töten einer Ehebrecherin nicht als Strafdelikt an. Gewalt von Männern gegen Frauen wird auch deshalb gesellschaftlich akzeptiert, weil Ehebruch quasi als widerrechtliches Betreten von Privatbesitz (des Mannes) angesehen wird. »In den Männern ist der Gedanke tief verankert, daß sie sexuelle Eigentümer ihrer Frau sind – und das ist, soweit ich weiß, auf der ganzen Welt so«, meint Wilson. »Männer betrachten Frauen als eine Art ›Privatgrund‹, und die Frauen sehen das natürlich anders.« Weil Frauen als Privatbesitz galten, gestand man dem Ehemann ein Schutzverhalten zu, das in etwa der Notwehr gleichkommt. Frauen müssen ihrerseits mit widersprüchlichen inneren Sexualstrategien zurechtkommen: Eine Frau kann beispielsweise eine andere, sexuell aktive Frau als potentielle Rivalin ansehen, die ihre Beziehung bedroht, und sie wird deshalb eine Bestrafung von Ehebrecherinnen gutheißen – obwohl sie selbst vielleicht gerne mehrere Geschlechtspartner hätte.

Gewalt gegen Kinder

Der Druck, der von Männern auf das Reproduktionspotential der Frauen ausgeübt wird, erstreckt sich schließlich auch auf die Kinder. Da Männer in allen Gesellschaft die Aufzucht der Kinder materiell unterstützen, geht die Evolutionstheorie davon aus, daß sie sich primär dafür interessieren, ob diese tatsächlich die eigenen Sprößlinge sind. Wie stark dieses Interesse ist, wird an den Reaktionen der Menschen auf ein Neugeborenes erkenntlich. Daly und Wilson zeichneten die Äußerungen einer Gruppe amerikanischer Mütter unmittelbar nach der Niederkunft auf; dabei stellten sie fest, daß sich die meisten Frauen innerhalb von fünfzehn Minuten darüber geäußert hatten, wie sehr das Kind doch dem Vater ähnele. Laut anthropologischen Untersuchungen gehört es weltweit in vielen Gesellschaften offenbar zum guten Ton, die Ähnlichkeit des Kindes mit dem Vater festzustellen.

Männer haben nicht nur ein besonderes Interesse daran, ihre Vaterschaft zu bestätigen, unter Umständen benehmen sie sich auch recht garstig gegenüber solchen Kindern, die nicht ihre eigenen sind. Wenn bei Gorillas und einigen anderen Affenarten ein neues Männchen die Führung übernommen hat, bringt es einen Großteil der vorhandenen oder kurz nach dem Machtwechsel geborenen Jungtiere um. Auch die Kinder des *Homo sapiens* werden offenbar eher von einem Stiefelternteil verletzt als von den natürlichen Eltern. Bei einem Indianerstamm in Paraguay sterben zum Beispiel fast 50 Prozent der Stiefkinder vor Erreichen des 15. Lebensjahres, jedoch nicht einmal 20 Prozent der Kinder, die von ihren leiblichen Eltern aufgezogen werden. Studien über Kindesmißhandlung im heutigen Nordamerika zeigen, daß Kindesmißhandlung mit Todesfolge hundertmal wahrscheinlicher bei Stiefkindern vorkommt (mit einem Stiefelternteil als Täter) [61]. In den USA lebten beispielsweise fast die *Hälfte* der 276 Opfer von Kindesmißhandlungen mit Todesfolge, die sich in einem einzigen Jahr ereigneten, in Familien mit einem Stiefelternteil – ein Verbreitungsmuster, das nichts mit wirtschaftlichem und sozialem Status, mit dem Alter oder der Familiengröße zu tun hat. Kein Wunder also, daß die böse Stiefmutter in Märchen aus allen Kulturkreisen den Kindern nachstellt.

Das soll nicht heißen, daß alle Stiefeltern automatisch „Rabeneltern“ sind und ihre Stiefkinder mißhandeln. »Mord erlaubt nur einen kleinen Einblick in die Gefühle, Motivationen und Denkprozesse, die dafür verantwortlich sind, wie Eltern für die leiblichen Kinder beziehungsweise Stiefkinder sorgen«, erläutert Wilson. »Wir meinen, daß es so etwas wie ein elterliches Denken, eine Elternpsychologie geben *muß*. Im allgemeinen sind die Psychologen da anderer Meinung: Sie sagen, daß Elternschaft nur eine Rolle ist und wenn man immer brav seine Gedichte auswendig gelernt hat, wird man auch eine gute Mutter oder ein guter Vater sein. Doch für uns erklärt das nicht die Intensität der Bindung, die Eltern ihren Kindern gegenüber empfinden. Unserer Meinung nach sind aufgrund eines Selektionsdrucks psychologische Denkstrukturen entstanden, die sich als äußerst enge Bindung zu einem Kind manifestieren, jedoch nicht zu einem x-beliebigen. Weil wir überzeugt sind, daß es diese Elternpsychologie gibt, haben wir nach Beispielen von „Rabenstiefeltern“ gesucht – und zwar aus dem Grund, daß man nie Berichte über vorbildliche Stiefeltern bekommt, sondern immer nur Informationen über Mord, Mißhandlungen und ähnliches. Niemand registriert offenbar die große Mehrheit von Stiefeltern, die gut zu ihren Kindern sind.«

Wenn dem Menschen aus Sicht der Evolutionspsychologie etwas „angeboren“ ist, dann sein Hang, kooperative Beziehungen aufzubauen, die durch gegenseitiges Vertrauen und Hilfsbereitschaft gekennzeichnet sind. Doch Statistiken über Kindesmißhandlung lassen vermuten, daß die Beziehung zwischen Stiefeltern und Stiefkindern auf anderen Voraussetzungen beruht als die zu den natürlichen Eltern und dadurch leichter unter äußerem Druck zerbricht. Das soll nicht heißen, daß Eltern bewußt versuchen, ihre eigenen Gene zu schützen, indem sie die eigenen Kinder etwa nicht mißhandeln – schließlich gibt es keinen Unterschied in der Häufigkeit von Mord an adoptierten oder eigenen Kindern. Die psychologischen Mechanismen, die dahinter stehen, gleichen vermutlich eher jenen, die auch Inzest vermeiden:

Das Zusammenleben mit einem Kind von seiner Geburt an aktiviert mentale Prozesse, die im Laufe der Evolution entstanden sind und eine besonders starke Bindung an dieses Kind bewirken – diese Bindung ist unter Umständen bei einem Stiefelternteil, der erst zu einem späteren Zeitpunkt in das Leben des Kindes tritt, nicht so stark ausgebildet.

Rivalität innerhalb des eigenen Geschlechts

Das Modell der menschlichen Natur, wie es die soziologische Lehrmeinung vertritt und wonach männliche und weibliche Psyche miteinander identisch und unbegrenzt formbar sind, kann die Tatsache, daß in der ganzen Welt und durch die Jahrhunderte hinweg die meisten Gewalttaten von Männern begangen wurden, kaum erklären. In Nordamerika werden zum Beispiel mehr als 80 Prozent der Morde von Männern begangen, meist an anderen Männern, und in anderen Kulturkreisen kann dieser Prozentsatz bis zu 99 Prozent erreichen.

Weltweit ist der „Prototyp" des Mörders ein männlicher Teenager oder Twen, wobei die Mordrate mit zunehmendem Alter der Männer stark abnimmt. »Als wir diese Daten zum ersten Mal auf dem Bildschirm sahen, konnte ich die Übereinstimmungen kaum glauben«, gibt Wilson zu. »Wenn man die Kurven aus verschiedenen Ländern übereinanderlegt, erscheinen sie fast wie eine einzige Linie.« Selbst wenn die Mordhäufigkeit in den verschiedenen Gesellschaften unterschiedlich ausfällt, so sind doch Alter und Geschlecht des „typischen Mörders" auf der ganzen Welt gleich. Daß die Mordrate unter jungen Männern, die gerade die Pubertät beendet haben, so steil ansteigt, läßt sich aus ihrer Physiologie erklären. Als Achtzehn- bis Fünfundzwanzigjährige verfügen Männer über ihre größte körperliche Kraft, und ihre Reflexe sind am schnellsten. Demnach fällt der Entwicklungshöhepunkt des männlichen Körpers mit dem Lebensabschnitt des Mannes zusammen, in dem er besonders leicht in Konflikte verwickelt wird, die in Gewalt eskalieren können.

Die Evolutionspsychologen können Erklärungsansätze liefern, warum Männer in diesem Lebensabschnitt die meisten Morde begehen. »Wir versuchen herauszufinden, welche Faktoren entscheidend dafür sind, daß Männer sich in diese Statistiken hineinkatapultieren«, sagt Wilson. »Zunächst nimmt man einmal an, daß ein erfolgreich ausgetragener Konflikt zu materiellem Gewinn und Statuszuwachs führt, was für Männer in diesem Lebensalter wichtiger ist als für Frauen.« Die meisten Morde werden nicht aus materiellen Motiven – Geld, Autos, Drogen oder ähnliches – begangen. »Vielmehr geht es *in der Hauptsache* um das Prestige, den Ruf, unerschrocken zu sein, nicht nachzugeben, Respekt zu verlangen und sich auch zu verschaffen«, behauptet Wilson. »Das Opfer wird oft vor den Augen eines Publikums getötet, das aus Freunden der beiden Kampfparteien besteht; das heißt, wer eine solche Konfrontation gewinnt, erhält einen bedeutenden Prestigezuwachs.«

Obwohl Daly und Wilson ihre Untersuchungen noch nicht abgeschlossen haben, zeichnet es sich bereits ab, daß Morde oft aus einem Streit über Dinge heraus begangen werden, die dem Menschen im Lauf der Evolution besonders wichtig wurden – beispielsweise Status, Prestige und schließlich Zugang zu Geschlechtspartnern. Aus der Sicht der Evolutionspsychologie sollte es mehr Rivalität zwischen Mitgliedern des gleichen Geschlechts geben als zwischen Menschen unterschiedlichen Geschlechts, weil Geschlechtsgenossen um die gleichen Ressourcen konkurrieren – und eine der wichtigsten ist das andere Geschlecht. In Gesellschaften mit einer starken Gliederung in Arme und Reiche kann sich ein Mann mit hohem Status die sexuelle Aufmerksamkeit mehrerer Frauen sichern – was zwangsläufig bedeutet, daß Männer mit niedrigem Status eventuell überhaupt keine Partnerin finden.

Der Konkurrenzkampf um die Frauen, aber auch die Aussicht, daß ein Mann – entwicklungsgeschichtlich betrachtet – in dieser Gesellschaft ein „toter Mann“ ist, wenn er von anderen Männern ausgestochen wird, hat zur Folge, daß Männer mit niedrigem Status weniger Angst vor dem wirklichen Tod haben. Insofern kann man von Männern mit niedrigem Status erwarten, daß sie in Situationen, in denen es um Sex, Status oder materielle Werte geht, wesentlich risikofreudiger sind. Und genau dort entsteht dann Gewalt: Wie Daten über Mordfälle zeigen, entstammen Täter und Opfer normalerweise einem Milieu mit niedrigem ökonomischen und sozialen Status. »In Straßenbanden ist das Risiko eines gewaltsamen Todes extrem hoch«, sagt Wilson. »Aber dort kennt man keinen anderen Weg, Konflikte zu steuern: Sie können nicht vor Gericht gehen, sie haben kein Geld, sie können andere nicht materiell belohnen. Wenn jemand einen Vertrag bricht, müssen sie sich selbst revanchieren und dabei den Preis festsetzen. Sie registrieren Lügen und Täuschungsmanöver ganz genau und setzen den gelegentlichen Todesfall als effektives Abschreckungsmittel ein.«

Traurig, aber leider wahr: Evolutionspsychologisch gesehen ist die hohe Gewaltbereitschaft in Banden keineswegs abnormal, wenn die Voraussetzungen Armut, mangelnde Ausbildung und ein passender Anlaß zusammenkommen. »Wenn man etwas besitzt, dann ist es nicht wert, das Leben dafür zu verlieren«, sagt Wilson. »Aber wenn jemand nichts hat, sind für ihn die Aussichten, tot zu sein, ein Leben lang keine Frau beziehungsweise keinen sozialen Status zu besitzen, im Grunde genommen völlig gleichwertig. Entwicklungsgeschichtlich gesehen *muß* jemand sein eigenes Leben als wertlos betrachten, wenn er keine Aussicht auf Nachwuchs hat. Und je weniger Chancen er in der Zukunft sieht, um so größere Risiken nimmt er bereitwillig auf sich.« Die gesellschaftliche Karriere vieler Mörder und ihrer Opfer ist zweifellos eng mit den Klassen- und Rassenproblemen unserer heutigen Gesellschaften verbunden, doch am Ende kommt das Gleiche heraus wie am Anfang der Menschheit: Männer mit wenig Status und materiellem Besitz laufen Gefahr, nur wenige Partnerinnen anzuziehen und somit kaum Nachwuchs zu zeugen. Um ihre Chancen zu steigern, nehmen sie größere Risiken auf sich – unter Umständen auch Situationen, die eventuell in Gewalt eskalieren.

Die große Bedeutung von Status und Prestige unter Männern kann unter Umständen erklären, warum so viele Morde aus ganz „banalem" Anlaß geschehen. So stellten Daly und Wilson, die 560 in Philadelphia begangene Morde untersuchten, fest, daß in fast 40 Prozent der Fälle Streitereien über Flüche, Beleidigungen oder Imponiergehabe die Tat ausgelöst hatten. Status und Prestige sind in jeder sozialen und wirtschaftlichen Klasse von Bedeutung. Männer mit wenig Status haben jedoch bei öffentlichen Auseinandersetzungen und bei der Verteidigung ihres Ansehens mehr zu gewinnen und weniger zu verlieren. Obgleich viele Morde anscheinend aus banalen Anlässen heraus passierten, sind Daly und Wilson jedoch nach ihrer Detroiter Studie davon überzeugt, daß hier doch wesentlich mehr auf dem Spiel stand: Bei gewalttätigen Auseinandersetzungen unter Männern geht es darum, das „Gesicht" zu wahren, die Rangordnung zu klären und sich selbst gut darzustellen.

Eine Situation eskaliert auch dann viel eher in Gewalt, wenn die gesetzlichen Konsequenzen trotz des hohen Risikos, Opfer eines gewalttätigen Konflikts zu werden, für den „Gewinner" nicht besonders ernst sind. Als Daly und Wilson die Mordfälle weiter untersuchten, stellten sie fest, daß bei insgesamt 121 Morden, bei denen ein Verdächtiger identifiziert und festgenommen worden war, in 57 Fällen der Beschuldigte nicht vor Gericht kam oder freigesprochen wurde. Nur in 14 Fällen, die mit einem Schuldspruch endeten, lautete das Urteil der Jury tatsächlich auf Mord; in den anderen 50 Fällen erkannten die Richter auf Totschlag oder ließen sonstige strafmildernde Faktoren gelten, so daß die Verurteilten bereits nach 18 Monaten auf Bewährung entlassen werden konnten. Daly und Wilson nehmen an, daß diese Unfähigkeit der Gesellschaft, Verbrechen effektiv zu bestrafen, möglicherweise zu Vergeltungsakten seitens der Familie oder der Freunde des Opfers führt, wodurch weitere Gewalt gesät wird: In Großstädten werden Morde oft von Bandenmitgliedern begangen, die sich für den Tod von Gruppenangehörigen rächen wollen.

War das ein Bluff?

Als ultimativer „Maschine für soziale Tauschgeschäfte" ist es der menschlichen Psyche gelungen, Mechanismen zu entwickeln, um die feinen Zwischentöne bei Gewaltdrohungen herauszuhören. Bei einer Drohung wie »Ißt du mein Essen, dann bringe ich dich um!« gilt auch ihre logische Umkehrung: Wenn der andere das Essen nicht anrührt, wird er auch nicht getötet. Bei einer Drohung muß man mit zwei Möglichkeiten rechnen: Zum einen kann sie ein Bluff sein – der „Bluffer" wird einen auch dann nicht töten, wenn man das Essen ißt. Bei der anderen Alternative wird man „doppelt gelinkt": Man wird auf jeden Fall umgebracht, auch wenn man sich der Drohung beugt und den Teller des anderen nicht anrührt.

Die Unterschiede in der körperlichen Kraft von Männern und Frauen haben dazu geführt, daß beide Seiten unterschiedliche Fähigkeiten entwickelt haben zu erkennen, wann es sich um einen Bluff oder einen Betrug handelt und wann nicht. Da Männer normalerweise bei einer Auseinandersetzung etwa die gleiche Körperkraft haben, ist es für den Herausforderer gefährlicher, seine Drohung tatsächlich auszuführen. Deshalb sollten Männer erwartungsgemäß gegenüber anderen Männern öfter bluffen als gegenüber Frauen, weil sie ja wesentlich stärker sind als diese. Und da es einen Mann teuer zu stehen käme, einer Drohung nachgegeben zu haben, die sich als Bluff entpuppt, hat sich die männliche Psyche dahingehend entwickelt, daß Männer ganz genau abwägen, ob der Drohende nun blufft oder nicht. Gleichzeitig sollten Frauen weniger Interesse daran haben, den Bluff eines aufbrausenden Mannes zu entlarven, weil dieser in den meisten Fällen seine Drohung gegen die physisch schwächere Frau durchsetzen könnte; Frauen sind daher seltener Opfer eines Bluffs. Wenn es aber darum geht, einen Betrug aufzudecken, sind Frauen genauso umsichtig wie Männer, denn bei einem Betrug haben beide viel zu verlieren.

Als John Tooby und Leda Cosmides Männer und Frauen mit einer Reihe von logischen Rätseln testeten, stellten sie fest, daß Männer und Frauen offensichtlich verschiedene, spezialisierte Strategien entwikkelt haben, um mit bedrohlichen Situationen fertig zu werden. Für dieses Experiment benutzten sie einen Test, den Cosmides schon im Falle des „geistigen Lügendetektors" (siehe Kapitel 1) angewandt hatte. In diesem Fall benutzten Tooby und Cosmides wieder das fiktive Kaluame-Volk und präsentierten ein Szenario mit einem Mann namens Big Kiku, der droht: *Wenn du auch nur eine meiner Cassavawurzeln ißt, werde ich dich töten.* Sie präsentierten dann vier Karten mit den Aufschriften „ißt die Wurzel", „tötet", „tötet nicht" und „ißt die Wurzel nicht". Tooby und Cosmides fanden dabei folgendes heraus: Wenn Big Kiku in dem Szenario als besonders grausam dargestellt wurde und man die Probanden auf die Möglichkeit verwies, der Mann könne durchaus auch „doppelt linken", so verhielten sich die meisten Männer und Frauen gleich – sie drehten die Karten „ißt die Wurzel nicht" und „tötet" um. Ähnlich wie beim Test mit dem „geistigen Lügendetektor" errieten diese Probanden das richtige Ergebnis häufiger als solche Testpersonen, denen man eine abstrakte Version des Tests – Buchstaben mußten mit Zahlen verbunden werden – gegeben hatte. (Man kann dies auch als einen weiteren Beweis sehen, daß der Verstand bei beiden Geschlechtern entwicklungsgeschichtlich so geprägt wurde, daß der Mensch einen „Mogler" besser im sozialen Kontext als in abstrakten Konstellationen erkennen kann.) Im Einklang mit Aussagen der Evolutionspsychologie stellten Tooby und Cosmides fest, daß Frauen den Bluff schlechter durchschauten als

Männer. In diesem Fall wurde das Szenario so umgeschrieben, daß Big Kiku im Prinzip ein Hasenfuß war, und die Testpersonen sollten nun nach Anzeichen Ausschau halten, daß er bluffe – was ein Umdrehen der Karten „ißt die Wurzel“ und „tötet nicht“ erforderlich machte. Dabei schnitten Männer besser als Frauen ab.

Hackordnung und Hierarchie

Zu den wichtigsten Aufgaben, die Aggression in einer Gesellschaft erfüllt, zählt ironischerweise die Erhaltung des Friedens. Aggressionen helfen, die komplizierte Hackordnung aufrechtzuerhalten, die man normalerweise bei Primatengruppen vorfindet. Bei Rhesusaffen existiert beispielsweise sowohl unter den Männchen als auch unter den Weibchen eine eigene Rangordnung, und die meisten Tiere stehen eine Stufe direkt unter oder über einem anderen Individuum. Ein dominantes Tier hat nicht automatisch die Exklusivrechte auf Nahrung oder Geschlechtspartner, vielmehr legt eine solche Hierarchie fest, wer in der Gruppe als erster Zugang zu den Ressourcen bekommt. Solche Hierarchien bestimmen im Vorfeld, wer zuerst kommt, wodurch aggressives Verhalten unter den einzelnen Affen im täglichen Leben auf ein Minimum reduziert wird. So wurden beispielsweise dreimal so viele Begegnungen beobachtet, bei denen sich ein Affe friedlich einem höherstehenden unterwirft, als Zwischenfälle, bei denen beide Seiten offen aufeinander losgehen. Desgleichen setzen dominante Männchen nur selten ihre ganze Stärke und ihre großen, scharfen Eckzähne ein, um Herausforderungen durch andere Affen abzuwehren; vielmehr beschränken sie sich auf Drohgebärden, um ihren Platz zu behaupten.

Wie wichtig die hierarchische soziale Struktur der Gruppe für den Erhalt des Friedens ist, wird deutlich, wenn ein Neuankömmling versucht, sich der Gruppe anzuschließen. Bei den meisten Primatenarten verlassen entweder die männlichen oder die weiblichen Tiere ihre ursprüngliche Gruppe. Bei Rhesusaffen sind es die jungen Männchen, die weggehen müssen, sobald sie ein bestimmtes Alter erreicht haben – normalerweise auf Drängen der dominanten Männchen. Wenn sich ein junger Affe einer neuen Gruppe anschließen will, wird deren Rangordnung durcheinandergebracht, weil er versucht, seinen Platz auf der sozialen Stufenleiter zu finden, und häufig kommt es zu Kämpfen. Das ist eine äußerst schwierige Zeit für junge Affenmännchen: Etwa die Hälfte von ihnen stirbt im weiteren Verlauf – entweder weil sie von anderen Mitgliedern der Gruppe verletzt oder weil sie nicht in die Horde aufgenommen werden und so leichter einem Raubtier zum Opfer fallen oder einfach verhungern. Ist der Affe erst einmal von der Gruppe akzeptiert, nimmt die Aggressivität gegen ihn schlagartig ab, da sich jedes Tier dem über ihm stehenden unterwirft.

Die Aggression spielt eine Schlüsselrolle beim gegenseitigen Geben und Nehmen, das für den Erhalt kooperativer Bündnisse notwendig ist. Einmal streckte ein Schimpanse, der angegriffen wurde, seine Hand nach einem Artgenossen aus und bat ihn offensichtlich um Hilfe. Der angegriffene Schimpanse war diesem bei einem früheren Kampf zu Hilfe gekommen, aber nun wurde seine Bitte um Unterstützung ignoriert. Wie in einem klassischen Beispiel von „Tit-for-tat“ wandte sich der Schimpanse sofort um und griff den Abtrünnigen an, weil er gegen die Vereinbarungen ihrer früheren kooperativen Allianz verstoßen hatte. Andere Studien zeigen, daß sich die Aggression innerhalb einer Gruppe oft gegen die Mitglieder richtet, die selbstsüchtig handeln. In einem Experiment wurde einer Schimpansengruppe ein Bündel Bananen gegeben. Als sich die Schimpansen um die Früchte balgten, richtete sich die meiste Aggression nicht gegen die, die ihre „Beute“ nicht teilen wollten, sondern gegen solche, die bei *zurückliegenden Fütterungen* nichts abgegeben hatten, nun aber darum bettelten, daß geteilt werde. Durch das Reglementieren kooperativer Beziehungen hilft die Aggression, diese zu festigen.

Die Ursprünge des Krieges

Ironischerweise ist es gerade unsere erstaunliche Kooperationsfähigkeit, die die Kriegsführung ermöglicht. Konflikte zwischen verschiedenen Schimpansengruppen ähneln im Prinzip den Kriegen zwischen kleinen menschlichen Gesellschaften: Beide werden von Männerkoalitionen ausgeführt, beide resultieren aus einem Kräfteungleichgewicht zwischen benachbarten Gruppen und beide gehen letztlich auf das Bestreben der Männer zurück, mehr Weibchen zu haben. Im Fall des Konflikts zwischen Schimpansengruppen in Gombe übernahmen die angreifenden Schimpansen das Gebiet ihrer Opfer und gliederten einige der Weibchen, die der anderen Gruppe angehörten, in ihre eigenen Verbände ein. Ein weltweiter Vergleich von 42 Jäger-und-Sammlergesellschaften brachte folgendes Ergebnis: Wenn Menschen nahe an wichtigen Rohstoffquellen – das können fruchtbares Land oder Wasserlöcher sein – leben, dann entbrennen Aggressionen zwischen beiden Gruppen in der Regel um diese Rohstoffquellen. Doch letztlich ist auch der Zugang zu den Frauen an diese Ressourcen geknüpft: Die wohlhabendsten Individuen einer Gesellschaft besitzen normalerweise auch die meisten Frauen; das heißt, wer Ressourcen hinzugewinnt, kann sich auch mehr Frauen leisten.

Wenn es sich nicht besonders lohnt, um Rohstoffe zu kämpfen, dann drehen sich die Konflikte zwischen zwei Gruppen immer direkt um die Frauen. So entbrennt beispielsweise bei den Yanomami-Indianern, einer Gruppe von ungefähr 15 000 Menschen, die in etwa 200 Dörfern im amazonischen Regenwald leben, normalerweise immer dann ein Kampf, wenn ein Mann des einen Dorfes eine Frau aus einem anderen Dorf entführt, um sie zu heiraten. Der Anthropologe Napoleon A. Chagnon von der Universität von Kalifornien in Santa Barbara, der sein Leben lang die Yanomami beobachtet hat, beschreibt, daß die Verwandten der Frau dann Vergeltung üben, indem sie einen Rachefeldzug gegen den Entführer starten. Jeder Angriff führt zu weiteren Vergeltungsaktionen seitens der Angehörigen des Opfers – was durch die Tatsache, daß in einem Yanomami-Dorf im Prinzip jeder irgendwie mit jedem verwandt ist, noch wahrscheinlicher wird. Somit kann es passieren, daß eine solche „Blutrache“ zu einem Teufelskreis ausartet, der viele Jahre andauert.

Trotz der tragischen Verluste und Schäden durch solche Konflikte ernten einige Yanomami-Männer Belohnungen, wenn sie an diesen Rachefeldzügen teilgenommen haben. Erfolgreichen Yanomami-Männern wird eine hohe Stellung in der Gemeinschaft zugestanden, die normalerweise dazu führt, daß der betreffende Mann über mehr Frauen und Kinder verfügt. Yanomami-Männer, die einen Gegner im Kampf getötet haben, besitzen im Durchschnitt zweieinhalbmal so viele Frauen und dreimal so viele Kinder wie diejenigen Männer, die noch niemanden umgebracht haben. Yanomami-Krieger bemühen sich nicht bewußt, Menschen zu töten, um mehr Frauen zu bekommen – und genauso wenig besitzen sie ein besonderes Gen, das sie eventuell kriegerischer macht als ihre Mitmenschen und das sie an ihren Nachwuchs weitergeben. Vielmehr ist es eher so, daß der Reproduktionserfolg eines Mannes mit seinem Status in der Gemeinschaft verbunden ist, und in einer Yanomami-Gesellschaft hängt der Status eng mit der Bereitschaft des Mannes zusammen, seine Verwandten oder die übrigen Gruppenmitglieder auch mit Gewalt zu verteidigen. In dieser Hinsicht unterscheiden sich die Yanomami-Indianer kaum von den Menschen der Industriegesellschaft – ganz gleich, ob es sich dabei um jugendliche Rowdys handelt, die in Bandenkriegen oft gewaltsam und unter hohem Risiko um ihren Status ringen, oder aber um gewisse US-Politiker, die ihre militärische Vergangenheit als Beweis für ihre Führungsqualitäten präsentieren – beziehungsweise den dezenten Hinweis an die Presse liefern, daß der Gegenkandidat keine solche aufzuweisen habe.

Kriegerische Auseinandersetzungen zwischen einzelnen Gruppen sind unter Primaten keine reine Männersache: In Affenhorden, bei denen die Weibchen anstatt der Männchen starke kooperative Bündnisse schließen – was bei den meisten Primaten der Fall ist –, tun sich vor allem die Äffinnen zusammen, um gewaltsam um „Rohstoffe“ zu kämpfen. Aber beim Menschen und den ihm nah verwandten Schimpansen sind es die Männer, die im Familienverband bleiben, und die Frauen, die abwandern. Die Folge ist, daß bei beiden Arten die Männer starke Allianzen – man könnte auch sagen „Seilschaften“ – bilden, die als Gruppe mit anderen Gruppen konkurrieren. Obgleich die Menschenfrauen kompliziertere Gruppen bilden als die Weibchen der übrigen Primaten, bleibt die Bandenbildung mit dem Zweck, andere Gruppen des gleichen Geschlechts anzugreifen, doch ein eindeutig männlicher Zug. Frauen können zwar beim Militär dienen, aber nirgendwo auf der Welt haben Frauen je eine Armee aufgestellt, um mit anderen Frauen um Männer zu kämpfen.

Beobachtungen an Primaten legen nahe, daß Krieg weder das Ergebnis eines „angeborenen“, nicht unterdrückbaren Aggressionstriebes ist noch eine rein pathologische Reaktion auf die Zwänge der modernen Gesellschaft darstellt. Man kann es fast als Ironie betrachten, daß gerade die Bereitschaft zur *Kooperation* sowohl beim Menschen wie beim Schimpansen zu Konflikten zwischen verschiedenen Gruppen führt: Schimpansenhorden und Jäger-Sammler-Völker greifen normalerweise nur dann eine andere Gruppe an, wenn sie ihr zahlenmäßig weit überlegen sind, so daß das physische Risiko für die Angreifer recht gering ist. Der Grund, warum Kriege des Menschen mehr Opfer fordern als die Schlachten unter Schimpansengruppen, liegt nicht etwa an einer höheren Gewalttätigkeit des Menschen, sondern an seiner größeren Kooperativität, die die Aggressionen geballt und mit mehr Zerstörungsgewalt freisetzt.

Demnach ist es ist also diese Fähigkeit, enge Koalitionen und Allianzen zu bilden, die gewalttätige Angriffe gegen andere Gruppen ermöglicht. In mehrfacher Hinsicht kann man erkennen, daß die Zusammenarbeit innerhalb einer Gruppe und die Rivalität zwischen einzelnen Gruppen derselben Evolutionsstrategie entstammen: Als der Gedankenapparat entstand, der für den Zusammenhalt einer Gruppe sorgt, entwickelten sich gleichzeitig ein feines Gespür für potentielle „Störenfriede“ und das Mißtrauen gegenüber vorbeiziehenden Fremden – bei denen nur eine geringe Wahrscheinlichkeit bestand, daß man mit ihnen lang dauernde kooperative Beziehungen einging.

Vom Einzelnen zur Gruppe

Ganz gleich, ob es sich um Verwandte und Sippschaften oder größere Volksgruppen und Staatengemeinschaften handelt, jede Gesellschaft befindet sich in einem ständigen Dilemma, weil sie mehrere Allianzen gleichzeitig managen muß. Wechselwirkungen innerhalb einer Gruppe sind im Prinzip für die gleichen Probleme anfällig wie eine Beziehung zwischen zwei Individuen: Man muß mit unvollständigen Informationen auskommen oder Entscheidungen treffen, bei denen unter Umständen kurzfristige mit langfristigen Zielen kollidieren. Krieg bedeutet wie viele andere Gewaltakte im Normalfall, daß der kooperative Austausch zusammengebrochen ist, weil eine Partei die Lage falsch eingeschätzt hat – kaum eine Nation wird bewußt einen Krieg provozieren, von dem sie erwarten muß, ihn zu verlieren. Ähnlich wie Polen, das sich Hitlers Armeen beugte, und Kuwait, das vor dem Irak kapitulierte, entscheiden sich viele Nationen, nicht zu kämpfen, wenn von vornherein feststeht, wer der Gewinner sein wird. Wenn der Ausgang jedoch ungewiß ist und der Verlust der Zukunft droht, dann kommt es oft zu einem Zusammenbruch des kooperativen Miteinanders und zu kriegerischen Auseinandersetzungen.

Die Tatsache, daß politische Führer persönliche Ziele verfolgen können, die unter Umständen mit den Interessen ihres Landes kollidieren, stellt eine weitere Gefahr für internationale Beziehungen dar. In großen, kompliziert strukturierten Gemeinschaften, wie den Nationen, können die kooperativen Verbindungen – politische Gespräche und diplomatische Beziehungen – untereinander leichter abbrechen, weil die Entscheidung über Krieg oder Frieden normalerweise von einer kleinen Gruppe oder einem einzelnen politischen Führer getroffen wird. Ungeachtet der Komplexität seines Staates und der Tatsache, daß Tausende von Menschenleben auf dem Spiel stehen, kann ein Alleinherrscher durchaus stark von persönlichen Motiven – wie drohenden Gesichtsverlust, persönlichem Ehrgeiz und Ruhmsucht – beeinflußt werden. In demokratischen Staaten wird die Situation noch dadurch kompliziert, daß die Personen, die den Kriegszustand verfügen können, normalerweise nicht dieselben sind, welche die Last des Krieges direkt tragen müssen. Man darf vermuten, daß dieser Umstand die Kosten-Nutzen-Rechnung drastisch beeinflußt, die ein politischer Führer vor dem Entschluß zum Krieg vornimmt.

Ein ermutigendes Ergebnis liefert folgende Beobachtung: Je mehr Personen an der Regierung beteiligt sind, desto zögerlicher wird sie in einen Krieg eintreten. Seit fast zwei Jahrhunderten hat keine demokratisch regierte Nation Krieg gegen eine andere Demokratie geführt, wohl aber gegen Diktaturen und nichtdemokratische Staaten. Auch in nichtindustriellen Staaten scheint die gleiche Beobachtung zu gelten: Je mehr Personen an einer politischen Entscheidung beteiligt sind, wie beispielsweise in einer Demokratie, um so unwahrscheinlicher ist ein Abbruch der kooperativen Beziehungen zwischen den Nationen und somit auch ein Krieg.

Entscheidend für die Teilnahme an politischen Prozessen – wie auch für fast alle anderen Bereiche des täglichen Lebens – ist die einzigartige Fähigkeit des Menschen, nämlich seine Sprache. Als einer der komplexen „Gehirnapparate", die für das dichte Netzwerk des sozialen menschlichen Miteinanders verantwortlich sind, ist Sprache nicht allein für soziale Bindungen ausschlaggebend. Schließlich gehen unsere entwicklungsgeschichtlich nächsten Verwandten enge soziale Bindungen ein, ohne sprechen zu können. Doch Sprache erlaubt uns, das soziale Potential, das im Laufe der Evolution entstanden ist, voll und in einzigartig menschlicher Weise zu entfalten. Dadurch daß wir unsere Gedanken auch aussprechen können, wird aus den einfachen Funken ein sprühendes Feuerwerk menschlichen Verhaltens.

7. Als die Gedanken sprechen lernten

Sprache ist eine Form des menschlichen Verstandes und hat Gründe, die dem Menschen unbekannt sind.

Claude Levi-Strauss

Bis zu ihrem ersten Geburtstag hatte meine Tochter gelernt, daß ihr Mund nicht nur Dinge vereinnahmen, sondern auch von sich geben konnte. Zunächst waren es die Namen, mit denen sie ihre Eltern herbeizuzitieren vermochte; dann kam dieses energische »Nein!«, das ihre Eltern in den folgenden Jahren zweifellos noch tausendfach hören würden. Im zweiten Jahr dann fügte sie Monat für Monat neue Wörter – wie Perlen auf einer unendlichen Schnur – hinzu; schon bald wird sie diese „verbalen Perlen" immer wieder neu anordnen – nicht nur, um der Welt kundzutun, was in ihrem Kopf vorgeht, sondern weitaus wichtiger auch, daß sie eindeutig einen menschlichen Verstand besitzt.

Sprache ist das Aushängeschild des Menschen. Soweit man weiß, hat es in allen Gesellschaften Sprache gegeben, und in jedem Menschen steckt das Potential zur Kommunikation durch Sprechen, Schreiben oder Zeichensprache. Alle Kinder können jede beliebige Sprache von Afrikaans bis Zulu erlernen und selbst mit nur wenig oder ohne Unterricht als Dreijährige fließend sprechen. In einigen Fällen erfanden Kinder sogar richtige eigene Sprachen aus einzelnen Fetzen mehrerer Sprachen, die sie von Erwachsenen aus ihrem Umfeld aufschnappten; das sind die sogenannten Kreolensprachen.

Sprache ist keine Erfindung der Kultur, sondern ein ureigener Bestandteil unserer Psyche. Obwohl es auf der Erde etwa 5 000 verschiedene Sprachen mit jeweils eigenem Vokabular, eigener Flexion und eigenen grammatischen Besonderheiten gibt, hat die grundlegende Fähigkeit des Menschen, Sprache zu sprechen und zu verstehen, nichts mit dem kulturellen Überbau einer bestimmten Gesellschaft zu tun. Sprache wurde nicht an einem bestimmten Ort erfunden und danach weitergereicht, wie es etwa mit dem Rad oder, dem Pflug geschah. Sprache ist auch kein Spiegelbild des politischen Systems oder des Technologiestandes einer Gesellschaft. Die Sprache der Jäger und Sammler der !Kung in der afrikanischen Kalahari ist mindestens so komplex und differenziert wie Hochdeutsch – das gleiche gilt für das Englisch Chaucers (1340–1400) und Hemingways (1899–1961). Dazu der bekannte amerikanische Linguist Edward Sapir: »Sprachlich betrachtet, steht Homer auf einem Niveau mit einem makedonischen Schweinehirten und Konfuzius mit dem eines Kopfjägers aus Assam.«

Die Suche nach der Vergangenheit der Sprache

Über die Frage, wann, wie und warum sich beim Menschen Sprache gebildet hat, wird seit Jahrhunderten diskutiert. »Untersuchungen zur Evolution der Sprache des Menschen besaßen schon immer etwas leicht Anrüchiges«, glaubt der Sprachforscher Paul Bloom von der Universität von Arizona. »1866 verbot die linguistische Gesellschaft in Paris sogar, dieses Thema generell zu diskutieren. Auch heute betrachten viele Wissenschaftler dieses Forschungsgebiet eher als marginale „Orchideenforschung“ – und jemand, der sich zu lange damit beschäftigt, wird als Spinner abgetan.« Bloom und sein Kollege Steven Pinker vom Technologischen Institut von Massachusetts, ebenfalls ein Sprachforscher, sind zwei solcher „Spinner“. Die beiden jungen Wissenschaftler sind anerkannte Forscher im Bereich des kindlichen Spracherwerbs, waren jedoch so sehr von der Evolutionspsychologie fasziniert, daß sie nun herausfinden wollen, wie die Menschen sprechen lernten. »In gewisser Hinsicht ist unsere Aufgabenstellung sterbenslangweilig«, meint Bloom. »Wir behaupten nur, daß sich die Evolution der menschlichen Sprache in keiner Weise von derjenigen des Farbsehens bei Primaten beziehungsweise der Echoortung bei Fledermäusen unterscheidet und daß man sie daher auf die gleiche Weise erklären kann – *im Gegensatz* beispielsweise zu Ackerbau und Viehzucht, die kulturelle „Erfindungen" sind. Sobald die ersten Schritte in diese Richtung getan werden, erhält die Erforschung der Entstehung der Sprache vielleicht etwas mehr Anerkennung.«

Bei vielen Erklärungsansätzen der Vergangenheit handelte es sich um Ammenmärchen oder „Just-so-Stories" [nach einer Märchenreihe des Schriftstellers Rudyard Kipling benannt. Anmerkung des Übersetzers] – Spekulationen, die man weder als richtig bestätigen noch als falsch entlarven konnte. Manche Forscher vertraten die Ansicht, daß Sprache entstand, als die Urmenschen zum Beispiel Tierstimmen oder Geräusche aus ihrer Umgebung nachahmten, möglicherweise aber auch aus anstrengenden Tätigkeiten heraus. Diese Annahmen werden heute jedoch als „Wauwau"- und „Hauruck"-Theorie belächelt und verworfen. Hierzu Bloom: »Diese Hypothesen basieren auf der Annahme, Sprache sei eine kulturelle Erfindung, völlig losgelöst von der Evolution des menschlichen Gehirns. Man stellte sich vor, Menschen existierten ohne Sprache, und dann hörte plötzlich jemand einen Hund bellen und „sagte" sich, daß er das ja wohl auch könne. Hier haben wir es mit einer besonders bizarren wissenschaftlichen Theorie zu tun, die uns als Tiere darstellen will, denen ein Merkmal fehlt, das beinahe jedes andere Tier besitzt. Die Leute, die sich so etwas ausdachten, gingen selbstverständlich davon aus, daß wir vom Himmel auf die Erde gefallen sind.«

Doch selbst angesichts der heutigen Auffassung, daß der Mensch ein Produkt der Evolution sei, wird das menschliche Sprachvermögen als eine Eigenschaft angesehen, die von der biologischen Evolution irgendwie nicht tangiert wird. Erst kürzlich erklärte beispielsweise ein

Sprachforscher, man könne die Sprachfähigkeit des Menschen biologisch nur untermauern, indem man akzeptiere, daß sie »uns direkt vom Schöpfer gegeben wurde; andernfalls hätte der *Homo sapiens* eine Mutation ungeahnten Ausmaßes erlebt – quasi das kognitive Pendant zum Urknall.«

Bloom und Pinker glauben jedoch, daß die Sprache genau wie alle anderen wichtigen Körperteile des Menschen – zum Beispiel das Auge – einen Evolutionsprozeß hinter sich hat [62]. »Als Diskussionsgrundlage legen wir ein klassisches Beweisstück vor, das die Wissenschaft auf der Suche nach den Ursprüngen der Sprache fast gänzlich übersehen hat«, erläutert Bloom. »Dies sind die Psychologie, die Physiologie und die Genetik der Sprache selbst.«

Ein Werkzeug für das soziale Leben

Vögel, Bienen und Affen verständigen sich selbstverständlich auch durch Laute und Gesten miteinander. Aber wie so viele andere tierische Verhaltensweisen hat der Mensch diese einfachen Kommunikationstechniken, übernommen und so stark modifiziert und variiert, daß etwas im Tierreich Einzigartiges dabei herauskam. In Anlehnung an die Theorie vom „Jäger Mensch“ herrschte lange Zeit die Vorstellung, Sprache sei entstanden, um dem Menschen bei der Koordination einer Jagd oder bei der Diskussion möglicher Jagdziele zu helfen. Wahrscheinlicher ist jedoch, daß die Sprache vor allem dort besonders nützlich ist, wo sich unsere Art am meisten von den anderen unterscheidet – im Sozialleben. »Auf die Frage, warum außer dem Menschen keine andere Tierart ein komplexes Sprachsystem besitzt, muß man antworten, daß diese Haltung ein Anthropomorphismus ist«, sagt Bloom. »Die Evolution hat viele Lebewesen von Geburt an mit Kommunikationssystemen ausgestattet, und die menschliche Sprache ist nur eine dieser Möglichkeiten, wenn auch eine *sehr leistungsstarke*.

Die eigentliche Frage wäre demnach, warum Sprache nur für den Menschen, nicht aber für andere Tierarten ein so mächtiges Werkzeug darstellt. Die Antwort liegt in unserer Besonderheit: Der Mensch ist ein außerordentlich soziales Tier.«

Unsere komplexen Sprachfähigkeiten reflektieren ziemlich genau jene äußerst vielfältigen Sozialstrukturen, durch die sich die menschliche Rasse auszeichnet. Sprache ist das perfekte Mittel, um Vereinbarungen zu treffen: Man kann anderen seine Ziele und Absichten darlegen, Versprechen oder Drohungen ausdrücken oder Konditionen für Leistung und Gegenleistung festlegen. Sprache ermöglicht sowohl den anfeuernden Schlachtruf im Krieg wie den gemessenen Wortlaut eines Friedensabkommens. Sprache wird auch eingesetzt, um die Absichten anderer Personen durch Betteln, Bitten oder Werben, durch Nötigung oder Drohungen zu beeinflussen. »Wir bedienen uns der Sprache, um zu verhandeln, um andere zu überzeugen oder mit ihnen eine Einigung zu erzielen«, erklärt Bloom. »Wir brauchen ein Kommunikationssystem, um Beziehungen langfristig zu unterhalten: Ein großer Teil unseres Lebens verläuft wie das „Gefangenen-Dilemma", und um da herauszukommen, müssen wir wieder und wieder miteinander handeln, und Sprache hilft uns dabei. Falls Sie und ich jedoch nur selten zusammenträfen, wäre der Druck, überhaupt ein Kommunikationssystem zu entwickeln, nicht sonderlich groß.«

Sprache ist nicht zwangsläufig die Voraussetzung für die Entstehung komplexer Sozialstrukturen – ebenso wichtig sind spezialisierte mentale Komponenten, wie beispielsweise das Erinnerungsvermögen für Gesichter, logisches Denken, der „mentale Lügendetektor", die Fähigkeit, sich in andere hineinzuversetzen und sich zukünftige Ereignisse vorzustellen. Sprache ist vielmehr das Öl im Getriebe des sozialen Austausches, das den reibungslosen Ablauf der enorm komplexen Wechselspiele garantiert. Forscher zeichneten die Unterhaltungen zwischen Männern und Frauen in einer Cafeteria auf und stellte fest, daß rein soziale Themen, ohne die Weitergabe von Informationen, mehr als die Hälfte der Gesprächszeit einnahmen. »Wir besitzen soziale Fähigkeiten, die nichts mit Sprache zu tun haben«, erläutert Bloom. »Doch unter der Voraussetzung, daß wir diese Talente besitzen, wird Sprache auf einmal äußerst praktisch. Parallel erfolgt eine zweite Evolution, eine Koevolution: Wenn man erst einmal über soziale Fähigkeiten verfügt und dann auch noch Sprache entsteht, verändert sich das soziale Umfeld plötzlich radikal – wodurch wiederum der Selektionsdruck zunimmt, weitere soziale Fähigkeiten zu entwikkeln.«

Das Machtpotential, das in der Sprachfähigkeit des Menschen liegt, rührt nicht einfach daher, daß es seinen Vorfahren gelang zu sprechen – denn schließlich können auch Papageien Laute hervorbringen, die menschlichem Sprechen sehr ähnlich sind. Will man der Macht der Sprache auf den Grund gehen, so ist es von größerem Interesse, worüber gesprochen wird. Wir Menschen benutzen Sprache nicht nur, um mit anderen über das Hier und Jetzt zu plaudern, sie erlaubt es uns auch, die Gegenwart und ihre unmittelbare Umgebung zu verlassen. Durch die Sprache kann der Mensch Zeitpunkte festmachen, und zwar vergangene, zukünftige oder solche, die nur in der Phantasie existieren – mitunter wirft er sogar mehrere Zeitebenen in einen Topf, wie der folgende Satz zeigt: „Okay, du hast letzte Woche das Mittagessen bezahlt. Was spricht dagegen, daß du mich heute die Rechnung begleichen läßt, und wenn wir uns das nächste Mal treffen, teilen wir sie uns?“

Für unsere Altvordern muß es sehr wichtig gewesen sein, kleine Zeitpunktunterschiede deutlich hervorzuheben. Zwischen den folgenden Sätzen bestehen beispielsweise große Unterschiede: „Wenn du mir etwas von deinen Früchten abgibst, werde ich das Wild mit dir teilen, das ich erlegen werde.“ oder „Gib mir was von den Früchten ab, denn ich habe das Wild mit dir geteilt, das ich erlegt habe“, oder „Wenn du mir nichts von den Früchten abgibst, werde ich das Wild für mich behalten, das ich erlegt habe.“ »Einige Sprachforscher nehmen an, eine komplexe Sprache sei nur in der Hektik der industrialisierten Welt erforderlich, nicht jedoch im überschaubaren Mikrokosmos der Jäger und Sammler«, sagt Bloom. »Wenn man jedoch beobachtet, wie heutige Jäger und Sammler Sprache anwenden, wird klar, daß sie bei ihnen einen viel höheren Stellenwert besitzt als bei den Menschen der Industrieländer. In der Großstadt kann ein Mensch zum Beispiel zwei Tage lang in seiner Wohnung hocken, ohne ein Wort zu sagen, bei Jägern und Sammlern besteht jedoch ein enormer sozialer Druck, Sprache anzuwenden. Sein Leben besteht daraus, Vereinbarungen zu treffen, Geschäfte zu machen, im Team zu arbeiten, zu diskutieren und so weiter. Das Leben unserer Vorfahren war vermutlich eine einzige lange Selbsterfahrungsgruppe« [63].

Für Männer wie Frauen ist Sprache ein Bestandteil ihrer „Sozialpflege", wie man sie von vielen Primaten kennt. Bei vielen Affen gehört es beispielsweise zu diesem Verhalten, das Fell eines Artgenossen ausgiebig und sorgfältig nach Läusen und anderen Parasiten abzusuchen. Von größerer Bedeutung ist jedoch, daß dieses Verhalten die soziale Bindung zwischen zwei Individuen verstärkt. Seine Sprachfähigkeit erlaubt es dem Menschen nun, „Sozialpflege" gleichzeitig mit mehreren Mitmenschen zu betreiben, weshalb der Mensch unter anderem größere und stärker in sich geschlossene Gruppen bilden kann als jeder andere Primat.

Sowohl Männer als auch Frauen benutzen die Sprache als soziales Mittel, wenn auch in leicht unterschiedlicher Weise. Männer benutzen Sprache, um innerhalb einer hierarchisch gegliederten Gesellschaft Karriere zu machen – das heißt, Status und Ansehen zu erringen; Frauen hingegen bedienen sich im allgemeinen der Sprache, um menschliche Kontakte zu pflegen, und dabei ist es sehr wichtig, daß sie über die eigenen sozialen Kontakte beziehungsweise diejenigen anderer Leute reden oder „klatschen". Die kooperativen Beziehungen von Frauen untereinander, die zum Teil durch Sprache ermöglicht werden, unterscheidet den Menschen von vielen anderen Primaten.

Genau wie bei den uns verwandten Schimpansen, verlassen die Frauen aus Erntebau betreibenden Gesellschaften – wie das zweifellos auch bei ihren weiblichen Vorfahren der Fall war – die Gruppe oder Familie, in die sie hineingeboren wurden. Aber im Gegensatz zu Schimpansen, bei denen die Weibchen recht einzelgängerisch leben, bilden Frauen von sich aus enge Kontakte zu anderen Frauen. Auch Männer haben natürlich soziale Kontakte untereinander, aber dabei handelt es sich hauptsächlich um hierarchische Verbindungen, die im großen und ganzen denen der Schimpansenmännchen entsprechen. Nur Schimpansenweibchen, die in Gefangenschaft gehalten werden, bilden menschenähnliche Sozialkontakte: Ihre Freundschaften werden nicht unbedingt in der Absicht geschlossen, gemeinsam ein bestimmtes Ziel zu verfolgen, sondern aus Sympathie. Im Gegensatz zu den männlichen Koalitionen halten die Freundschaften der Weibchen oft ein Leben lang. Vielleicht ist es mehr als bloßer Zufall, daß Frauen, für die Sprache ja enorm wichtig ist, in ihrer Kindheit normalerweise früher als Männer zu sprechen beginnen und sie auch als Erwachsene in diesem Bereich weit hinter sich lassen.

Sprache erlaubt uns, nicht nur die Zeit, sondern auch den Raum zu verlassen. Dank ihrer braucht man nicht länger das Verhalten eines Mitmenschen zu studieren, um herauszufinden, ob er vertrauenswürdig beziehungsweise zuverlässig genug ist, um als Sozialpartner in Frage zu kommen. Erst mit der Sprache konnte es so etwas wie „Ruf" oder „Leumund" geben: Mund-zu-Mund-Propaganda, Klatsch und Zeugnisse Dritter beeinflussen unsere Meinung über einen anderen Menschen positiv oder negativ, ohne daß wir persönliche Erfahrungen mit ihm gemacht haben. Vielleicht entstand Sprache auch deshalb, damit Klatsch und Leumund in Worte gefaßt werden konnten.

Die Fähigkeit, wichtige Informationen über die Welt um uns zu übermitteln, ohne sie persönlich gewonnen zu haben, ist ein wichtiger Bestandteil der menschlichen Kultur. Mit Hilfe von Sprache kann ein Lehrer erklären, wie eine Handlung abläuft, ohne diese tatsächlich vorzuführen – Sprache ist also ein didaktisches Mittel, um beispielsweise zu erklären, wie man es vermeidet, von einem Mammut zertrampelt zu werden, oder was im Falle eines Vulkanausbruchs zu tun ist. Obwohl auch bei einigen anderen Tierarten ein Tier ein anderes unterweist, ist der *Homo sapiens* das einzige Wesen, das tatsächlich Pädagogik anwendet – das heißt, er beobachtet das Verhalten eines anderen, beurteilt es, und korrigiert es, sofern erforderlich. Obwohl Sprache zur Unterweisung nicht unbedingt erforderlich ist, stellt sie jedoch offenkundig eine bedeutsame Ergänzung dar.

Wichtiger ist jedoch, daß wertvolles Wissen nicht mit dem Tod derjenigen verlorengeht, die es besitzen, sondern vermittels Sprache in Form von Erzählungen, Balladen, Brauchtum und Literatur weiterlebt. Ist es erst einmal in die Kultur eingegangen, kann bestimmtes Wissen von anderen erörtert, durchdacht und erweitert werden. Indem Sprache Erlerntes über die innere Vorstellungswelt hinaus zum Bestandteil der Umgebung eines Menschen werden läßt, erweitert sie den Umfang des Menschheitsgedächtnisses, da sie die gesamten Erinnerungen der Kultur ebenfalls speichert. Sprache trägt in großem Maße zur Bildung eines solchen kollektiven Gedächtnisses bei, denn sie ermöglicht mündliche und schriftliche Geschichtsschreibung, wodurch die Menschen mit ihrer Vergangenheit verbunden werden. Durch Sprache können Informationen über mehrere Jahrhunderte weitergereicht werden, sie bleiben nicht mehr nur auf die Gehirnwindungen eines einzigen „Besitzers“ beschränkt. Deshalb können wir heute ein Buch nehmen und beispielsweise mit einem griechischen Philosophen „kommunizieren“, der vor 2 000 Jahren gelebt hat.

Die Anatomie der Sprache

Sprache ist für uns so wichtig, daß jedes Jahr einige Menschen für ihre Sprechfähigkeit einen hohen Preis – den Tod – bezahlen müssen. Als direkte Folge jener anatomischen Besonderheiten in der Kehle, die es nur beim Mensch gibt, ersticken jährlich Tausende an ihrem Essen; erst diese Besonderheiten erlauben uns, die Spannbreite von Lauten zu erzeugen, die wir zum Sprechen benötigen. Schon Charles Darwin stellte in seinem Buch *Über die Entstehung der Arten durch natürliche Zuchtwahl* fest, es sei eine »seltsame Tatsache, daß alles, was wir essen oder trinken, an der Öffnung der Luftröhre vorbei muß, wobei die Gefahr besteht, daß etwas in die Lunge gerät.«

Die anatomische Besonderheit, die derartige Erstickungsanfälle möglich macht, liegt im Bau des Kehlkopfs, der beim Menschen – anders als bei allen anderen Säugetieren – ziemlich weit unten in der Kehle sitzt, in der Nähe des Adamsapfels. Der Kehlkopf ist eine Art Ventil am oberen Ende der Luftröhre; seine Hauptaufgabe bei den anderen Säugetieren ist es zu verhindern, daß Nahrung oder Flüssigkeit in die Lunge gerät. Bei den meisten Säugern liegt der Kehlkopf weiter oben im Hals, in der Nähe der Schädelbasis; daher können sie etwas, was der Mensch nicht kann – gleichzeitig essen und atmen. Bei Säuglingen sitzt der Kehlkopf ebenfalls oben, wandert jedoch mit zunehmendem Alter nach unten. Nach drei Monaten hat er schon den größten Teil des Weges zurückgelegt, aber erst in der Pubertät gelangt er an seinen endgültigen Platz – bei Jungen äußert sich dies im „Stimmbruch".

Wenn Menschen husten, weil sie sich „verschluckt" haben, erfüllt der Kehlkopf immer noch diese Schutzfunktion für die Lunge. In der Hauptsache wurde der Kehlkopf des Menschen in der Evolution jedoch auf eine andere Aufgabe angepaßt – nämlich jenes große Repertoire an unterschiedlichen Lauten zu erzeugen, das Sprechen ausmacht und Sprache ermöglicht. Wenn man den Stimmapparat eines normalen Säugetieres mit einem Jagdhorn vergleicht, so entspräche die menschliche Kehle einer Trompete: Beim Sprechen wird die ausgeatmete Luft durch Stimmbänder, die im Kehlkopf sitzen, gepreßt; die vibrierenden Stimmbänder versetzen die Luft in Schwingungen, wodurch Laute entstehen. Konsonanten werden dabei durch Zusammenspiel von Lippen, Zähnen, weichem Gaumen und Zunge erzeugt, während die Vokale wie *a*, *i* und *u* nicht ohne die tiefe Position des Kehlkopfes gebildet werden können; diese drei sind in vielen Sprachen der Welt die häufigsten Vokale. Ohne den speziell angepaßten Stimmapparat wäre die menschliche Rede ein hohes, nasales Winseln, dem diese Vokale fehlten, und die Verständigung zwischen den Menschen würde sich um mehr als 30 Prozent verschlechtern.

Obwohl die wichtigsten Teile des menschlichen Sprechapparates – das heißt Gehirn und Kehlkopf – nicht versteinern können, gibt es in den Knochen der Frühmenschen doch vage Hinweise darauf, wann diese physischen Veränderungen, die für die Sprache wichtig waren, eintraten. Als Forscher die Vertiefungen und Unebenheiten auf der Schädelinnenseite eines *Homo habilis* untersuchten, fanden sie eine Ausbuchtung, die offenbar das sogenannte Broca-Zentrum, eine Struktur im Großhirn, hinterlassen hatte. Dieser Gehirnbereich, den der Anatom Paul Broca um 1860 erstmalig ausführlich beschrieb, koordiniert das Muskelspiel, das eine Sprachbildung überhaupt ermöglicht. Derartige Hinweise darauf, daß das Broca-Zentrum im Gehirn des *Homo habilis* vorhanden war, lassen vermuten, daß dieser Hominide zumindest rudimentäre sprachliche Fähigkeiten besaß.

Die äußere Form des Schädels gibt auch Aufschluß über die sprachliche Vergangenheit des Menschen. Die Schädelbasis muß sich nach unten wölben, um dem gesenkten Kehlkopf des vollständig entwickelten Stimmapparates beim Erwachsenen gerecht zu werden. Nur beim Menschen tritt eine derartige Wölbung auf, die Basis eines Affenschädels ist beispielsweise flach. Diese Schädelwölbung liefert einen Hinweis darauf, wann die Sprache ausgereift war und bei unseren Vorfahren auftrat: Selbst bei den ältesten bekannten Fossilien des *Homo sapiens*, die fast 100 000 Jahre alt sind, ist die Schädelbasis vollständig nach unten gewölbt wie beim heutigen Menschen – was vermuten läßt, daß schon diese Vorfahren die gesamte Bandbreite an Sprachlauten erzeugen konnten. Vor etwa 35 000 bis 100 000 Jahren traf man in Europa den Neandertaler an, dessen Schädel nicht ganz so stark gewölbt ist. Beim *Homo erectus*, dem unmittelbaren Vorfahren des *Homo sapiens*, ist der Schädel ebenfalls flacher, bei *Homo habilis*, einem noch älteren Hominiden, der vor etwa zwei Millionen Jahren lebte, sogar noch flacher. Die Schädel der Australopithecinen – wie beispielsweise der von „Lucy" – zeigen dagegen keine Spuren einer Wölbung, weshalb Australopithecinen wohl eher einen mehr menschenaffenähnlichen Stimmapparat besessen haben dürften.

Der raffinierte Stimmapparat des Menschen bestätigt wieder einmal die These, nach der unsere Vorfahren keine einsamen Robinsons waren, die sich allein in einer feindlichen Umwelt durchschlagen mußten, sondern vielmehr fest eingebunden in größeren Sozialverbänden lebten, wo sich im Kampf ums Dasein jeder auf jeden verlassen konnte. Wie die Zeichensprache beweist, braucht man nicht unbedingt einen tiefer sitzenden Kehlkopf, um kommunizieren zu können. Doch sobald es darum geht, Informationen über eine weite Entfernung, im Dunkeln, beim Löschen eines Brandes oder auf einer belebten Cocktailparty zu übermitteln, kommt es schon sehr auf Geschwindigkeit und Genauigkeit an, und dabei kann sich ein abgesenkter Kehlkopf, der eine Vielzahl von Lauten hervorbringt, als durchaus nützlich erweisen. Obwohl also letztlich ein tief liegender Kehlkopf zur Kommunikation zwischen Menschen nicht zwingend erforderlich ist, war er dennoch eine günstige Voraussetzung, welche die weitere Evolution der Sprachfähigkeit entscheidend vorangetrieben hat.

Die genetischen Wurzeln der Sprache

Sprachfähigkeit hat natürlich mehr mit dem Verstand als mit dem Kehlkopf zu tun. So mehren sich die Hinweise, daß Sprache von einem mentalen „Hirnorgan" gebildet wird, welches sich im Laufe der Evolution weiterentwickelte und nur zu diesem Zwecke entstand. »Die landläufige Meinung über die Entstehung der Sprache bringt sie mit anderen Merkmalen des menschlichen Gehirns in Verbindung, etwa der motorischen Kontrolle oder der hierarchischen Nervenstruktur«, erläutert Bloom. »Aber irgendwo können diese Erklärungen nicht richtig sein, denn es gibt auch Menschen, deren Gehirn, was das angeht, völlig in Ordnung ist und die sich mit dem Spracherwerb schwertun. Doch auch das Gegenteil trifft zu: Man braucht kein großes Gehirn zum Sprechen.« So besitzen Menschen mit Mikrozephalie, deren Gehirn aufgrund einer Entwicklungsstörung besonders klein ist, beschränkte Intelligenz und geistige Fähigkeiten, ihre sprachlichen Fähigkeiten sind jedoch vorhanden.

Ein großes, zu vielen intelligenten Leistungen befähigtes Gehirn ist nicht unbedingt ein Garant für sprachliche Fähigkeiten. So wurde beispielsweise bei einzelnen Mitgliedern einer bestimmten Familie ein seltener genetischer Defekt festgestellt, der bestimmte sprachliche Fehlleistungen bewirkt. Unter anderem können diese Menschen – deren Verstand ansonsten völlig normal arbeitet – grammatische Zeiten (Vergangenheit, Zukunft) und Pluralbildung nicht begreifen. Trotzdem brillierte ein Junge mit diesem Gendefekt als einer der Klassenbesten in den Fächern Mathematik und Informatik. »Diese Menschen haben keinerlei Schwierigkeiten mit Mathematik, beim Schachspielen, im Umgang mit dem Computer, beim Knüpfen von Kontakten, beim Tanzen, oder sonst welchen Dingen«, behauptet Bloom. »Sie können bloß keine Sprache erlernen, und trotz intensiver Bemühungen werden sie nie begreifen, warum „Hunde" zwei oder mehr Hunde bedeutet, während „Hund" immer nur für ein einzelnes Tier steht.«

Der Linguist Noam Chomsky vom Technologischen Institut von Massachusetts (MIT) vertrat lange Zeit die Theorie, daß dem Menschen die Fähigkeit zum Spracherwerb angeboren ist. Zwar veränderte Chomsky, der wahrscheinlich einflußreichste Linguist dieses Jahrhunderts, die Einzelheiten seiner Sprachtheorie, die er Ende der fünfziger Jahre zum ersten Mal vorstellte, doch das Wesentliche seiner These blieb gleich. Alle Sprachen weisen ähnliche Strukturen auf – Chomsky und seine Anhänger nennen dies eine „Universalgrammatik“ oder „generative Grammatik“ –, und diese Ähnlichkeit der Sprachen rührt von der Tatsache, daß die Sprache von einem „Gehirnorgan“ produziert wird, das allen Menschen eigen ist und zum Zweck der Sprachproduktion gebildet wurde. »Die Sprache des Menschen ist ein System von außerordentlicher Komplexität«, äußerte sich Chomsky einmal. »Sie zu erlernen, wäre für ein Wesen, das hierfür nicht gerüstet ist, eine außerordentliche geistige Leistung.«

Während die heute gesprochenen Sprachen beim ersten Hinsehen sehr unterschiedlich erscheinen, bewegt sich ihre gemeinsame Grundstruktur in einem Rahmen, der durch die Evolution des Gehirns vorgegeben wurde. »Wenn man die Thesen Chomskys und Darwins im Hinblick auf die Sprachbildung vereinigt, so wird unsere Intuition ganz gehörig vor den Kopf gestoßen«, behauptet Bloom. »Wenn ich meiner Großmutter erzähle, Sprachen seien nur oberflächlich betrachtet unterschiedlich, wird sie mich für verrückt erklären. Größere Unterschiede, als beispielsweise zwischen Englisch und der pakistanischen Hochsprache Urdu, kann es kaum geben. Wir können kein einziges Wort in Urdu verstehen, und sie können nicht verstehen, was wir meinen. Und doch sind die Unterschiede zwischen Englisch und Urdu im Prinzip nur kleine Variationen, denn entwicklungsgeschichtlich betrachtet sprechen wir alle die gleiche Sprache.«

Folgender Fall soll veranschaulichen, wie sich alle Sprachen aus der gleichen Grundstruktur des menschlichen Gehirns entwickelt haben: Wir beobachten einen Fußgänger, der gemütlich durch die Stadt spaziert, weil er ins Museum will. An irgendeinem Tag kann er aus einer unerschöpflichen Zahl möglicher Wege auswählen – je nachdem, wie das Wetter ist, wo er an einer Ampel anhalten muß, ob er unterwegs noch etwas anderes zu erledigen hat, wieviel Zeit ihm bleibt und so weiter. Während er unterwegs ist, schränkt jede Entscheidung seine zukünftigen Möglichkeiten ein – seien es beispielsweise Buchläden, in denen er nicht stöbert, oder stark befahrene Straßen, die er überqueren muß. Zur selben Zeit eröffnen sich ihm aber andere Wege, möglicherweise ein Spaziergang durch den Park oder eine Abkürzung durch eine Gasse. Anscheinend hat man unendlich viele Wege zur Auswahl, doch es gibt einige sehr klare Begrenzungen: Dieser Fußgänger kann weder über Wohnhäuser springen, noch durch den Fluß schwimmen, durch Mauern gehen oder in Autos hineinlaufen. In dieser Metapher entspricht die Grundstruktur der Sprache, die sich in jedem Gehirn befindet, dem Grundriß jener Stadt: Obwohl es im Prinzip unendlich viele Wanderrouten gibt, sind sie letzten Endes doch schon durch das vorhandene Straßennetz begrenzt, bevor unser Museumsbesucher einen Fuß auf die Straße setzt.

Ein Kind begibt sich während seines Spracherwerbs auf eine ähnliche Reise. Trotz der vielen Möglichkeiten in bezug auf Grammatik und Vokabular ist die eigentliche Grundstruktur für Sprache schon im Gehirn vorgegeben. Der Weg, den ein Kind endgültig einschlägt, wird durch die Sprache bestimmt, die es in seiner Umgebung vernimmt. Erwiesenermaßen sucht sich der Verstand genau jene sprachlichen Stimuli, die er zum Erlernen von Sprache braucht – häufig sogar aktiv. Das kindliche Gehirn ist biologisch so angelegt, daß es mit hoher Treffsicherheit derartige Reize ausmacht – sogar, wenn es sich um nonverbale, wie zum Beispiel Zeichensprache, handelt. Man beobachtete zum Beispiel, daß die taub geborenen Kinder gehörloser Eltern „brabbeln“, indem sie mit ihren Händen Sprachelemente aus der Zeichensprache ihrer Eltern nachahmen; dabei benehmen sie sich im Prinzip genauso wie Kinder mit normalem Hörvermögen, die durch

Lallen, Glucksen und Brabbeln die passenden Sprachelemente ihres Umfelds selektieren.

Im Laufe der Jahre wurden Chomsky und seinen Anhängern oft fälschlicherweise die Behauptungen unterstellt, die gesamte Sprache sei angeboren, sämtliche Grammatiken seien genetisch determiniert, die Universalgrammatik sei bei allen Menschen identisch, Lernprozesse spielten bei der Sprachentwicklung keine Rolle und die Sprache verändere sich nicht. Die Palette der Mißverständnisse ist so groß, daß kürzlich ein Sprachwissenschaftler der Chomsky-Schule einen Artikel in einem Linguistikfachblatt mit der Frage überschrieb: »Warum sagt man so etwas über uns?« Keiner der Linguisten aus der Chomsky-Schule vertritt die oben genannten Ansichten; vielmehr behaupten sie nur, es gebe eine grundsätzliche Struktur, die allen menschlichen Sprachen zugrunde liege und im menschlichen Gehirn verankert sei.

Wortspiel oder Wortsalat

Beweise, daß es im Gehirn so etwas wie ein angeborenes „Sprachorgan" gibt, liefert uns die Sprache selbst. Chomskys berühmter Beispielsatz »*Colorless green ideas sleep furiously.*« („Farblose grüne Ideen schlafen wütend") gilt als grammatisch korrekt, obwohl er inhaltlich überhaupt keinen Sinn ergibt. Umgekehrt erscheint der Satz »*Furiously sleep ideas green colorless.*« („Wütend schlafen Ideen grüne farblose") auch von der Grammatik her nicht stimmig. Die unterschiedliche Beurteilung beider Sätze läßt vermuten, daß es in unserem Gehirn einen Mechanismus gibt, der – unabhängig vom Wortinhalt – die grammatische Richtigkeit eines Satzes überprüft. Analog verhält es sich mit den 3 628 800 Möglichkeiten, die zehn Wörter eines Satzes wie »*Try to rearrange any ordinary sentence consisting of ten words.*« („Versuche, irgendeinen aus zehn Wörtern bestehenden Satz neu zu bilden") neu zu kombinieren [65]. Von allen möglichen Anordnungen ist nur ein einziger Satz syntaktisch richtig und sinnvoll.

Aufgrund der schlafwandlerischen Zielsicherheit, mit der wir den einzigen grammatisch richtigen Satz aus einem Heer von 3 628 799 falschen herauspicken, können wir ziemlich sicher davon ausgehen, daß das Gehirn eine Art geistiges „Kochbuch" besitzt, in dem die Grundrezepte für die Herstellung grammatisch korrekter Sätze stehen. [Die nachfolgenden Beispiele zielen auf Besonderheiten der englischen Sprache, insbesondere was den Satzbau und die doppelte Bedeutung mancher Wörter betrifft, die es im Deutschen in dieser Form nicht gibt. Zur Verdeutlichung wurden die Beispielsätze im Original belassen und die zugehörigen wortwörtlichen Übersetzungen in Klammern dahintergesetzt. Anmerkung des Übersetzers.] Der Satz »*John is easy to please*« („John ist leicht zu erfreuen") sieht oberflächlich dem Satz »*John is eager to please*« („John ist darauf bedacht zu erfreuen") sehr ähnlich. Stellt man die Sätze jedoch um zu »*It is easy to please John*« („Es ist leicht, John zu erfreuen") und »*It is eager to please John*« („Es ist darauf bedacht, John zu erfreuen"), so ist es mit der Ähnlichkeit vorbei. Und das kommt daher, daß unser „mentales Kochbuch" weiß, daß die beiden ursprünglichen Sätze unter ihrer Oberfläche keine Ähnlichkeit aufweisen. „*John*" ist das „Objekt der Tiefenstruktur" des Verbs „*please*" im ersten Satz, während „*John*" im zweiten Satz „Subjekt der Tiefenstruktur" zum Prädikat „*please*" ist und daher korrekterweise zu „*John is eager to please (somebody)*" („John ist darauf bedacht, jemanden zu erfreuen") umgestellt werden müßte. [„Objekt der Tiefenstruktur" beziehungsweise „Subjekt der Tiefenstruktur" sind Begriffe aus der Transformationsgrammatik, einem Bereich der Linguistik. Anmerkung des Übersetzers.]

Weitere Anhaltspunkte dafür, daß Sprache von einem speziellen „Hirnorgan" gebildet wird und nicht etwa das Nebenprodukt einer Gesamtintelligenz darstellt, wie einige Sprachwissenschaftler behaupten, ergeben sich aus dem Faktum, daß Sprache zu komplex, unberechenbar und spezialisiert ist, um als alleiniges Vehikel der Gedanken zu dienen. Die Fehlannahme, Sprache reflektiere das allgemeine Denkvermögen des Gehirns, wurde zu Anfang des Jahrhunderts von Edward Sapir und Benjamin Whorf vertreten. Sie waren der Meinung, die Gedanken eines Menschen würden durch die Sprache, die er spricht, geformt. 1921 schrieb Sapir, Menschen seien der jeweiligen Sprache ihrer Gesellschaft ausgeliefert: »Wir sehen, hören und erleben im großen und ganzen so, wie wir es tun, weil uns die Sprachgewohnheiten unserer Gesellschaft schon von vornherein in eine bestimmte Interpretationsrichtung lenken.«

Obwohl die meisten Sprachwissenschaftler heute die Thesen von Sapir und Whorf verwerfen, sind sie Allgemeingut geworden Das vielleicht berühmteste Beispiel ihrer Theorie war die Behauptung, Eskimos besäßen mehrere Dutzend Wörter für Schnee; diese spiegelten angeblich die Nuancen in der Wahrnehmung wider, mit der Eskimos ihr Leben lang die einzelnen Schneeformen registrieren. Aus Sapirs und Whorfs These ergab sich auch der Schluß, daß der Anwender einer Sprache bestimmte Farben nicht unterscheiden kann, wenn in seinem Idiom die entsprechenden Wörter für diese Farben fehlen. Und da es in einigen chinesischen Sprachen keinen Konjunktiv gibt, könnte jemand, der sie spricht, nach Sapirs und Whorfs These niemals denken: „Wenn ich da wäre, würde ich ..."

Eine Reihe von Untersuchungen deuten jedoch darauf hin, daß diese in Gedanken formulierte Sprache nicht mit der tatsächlich gesprochenen übereinstimmt. Anthropologen haben herausgefunden, daß selbst Menschen aus Kulturen, in denen man zur Beschreibung von Farben nur zwei Wörter – grob etwa: „hell" und „dunkel" – kennt, sich trotzdem eine breite Farbskala vorstellen können; auch sind sie ebenso gut in der Lage, verschiedene Farbschattierungen zu behalten und zuzuordnen, wie Menschen, deren Sprache eine Vielzahl Wörter zur Beschreibung einer Farbe enthält. Bei einem psychologischen Experiment fand man folgendes heraus: Einer Versuchsperson wird eine

Zeichnung mit zwei ähnlichen geometrischen Figuren gezeigt; anschließend soll sie entscheiden, ob es sich tatsächlich um dieselbe Figur handelt, von denen eine im Raum gedreht ist. Viele Menschen bewältigen diese Aufgabe, indem sie die Figuren im Geiste drehen – was den Verdacht aufkommen läßt, daß sich ihre Denkprozesse völlig nonverbal und rein visuell abspielen. Zahlreiche neurobiologische Untersuchungen haben ergeben, daß es den Verstand viel Kapazität kosten würde, in einer bestimmten Sprache denken; denn unser Gehirn operiert weitgehend parallel, das heißt, gleichzeitig über viele verschiedene kognitive Wege. Im Gegensatz dazu ist Sprache eine Kette von aufeinanderfolgenden Symbolen und daher wohl kaum das richtige Medium für eine „Gedankensprache". Darüber hinaus verweisen Linguisten darauf, daß die Eskimos doch nur zwei Wörter für „Schnee" haben, nämlich „*qanik*" („Schnee in der Luft") und „*aput*" („Schnee auf dem Boden") [66].

Wie vielleicht jeder schon einmal festgestellt hat, ist Sprache nicht immer das beste Mittel, um sämtliche theoretischen Gedanken auszudrücken. »Sprache ist eine Möglichkeit, um Gedanken zu kodieren«, behauptet Pinker. »Wenn man jedoch an ein Telefon denkt, das auf dem Tisch steht, so muß dieser Gedanke nicht ausformuliert sein.« Mit Hilfe von Sprache übertragen wir unsere ungeordneten, verschwommenen, unendlich komplexen Gedanken in eine Reihe eindeutiger Laute, die über Zeit und Raum hinweg transportiert und von anderen Menschen verstanden werden können. Doch entsprechen gesprochene Wörter und Sätze nicht immer den eigentlichen Gedanken – wie jeder bezeugen kann, der schon mal verzweifelt nach den richtigen Worten gesucht hat, um seine Gefühle auszudrücken. Leider ist Sprache nur ein bekanntermaßen dürftiges Mittel, um Emotionen und andere Ausdrucksformen des Menschseins – wie Liebe, Loyalität, Ästhetik und Aufrichtigkeit – treffend wiederzugeben. Wie man aus Untersuchungen weiß, verlassen sich die Menschen, wenn sie den Gemütszustand eines Gesprächspartners abschätzen, eher auf seinen

Tonfall und Gesichtsausdruck als auf das, was er ausdrücklich sagt. Sprache kann man zwar benutzen, um bestimmte Orte oder bestimmte Szenen zu beschreiben, doch sagt den meisten Menschen ein Bild meist mehr als tausend Worte.

Auf gewisse Weise ist Sprache so etwas wie ein „Raumschiff" für Gedanken: Sie faßt eine Idee, die im Inneren der Gehirnwindungen herumspukte, in Worte, eine Aneinanderreihung von Symbolen, und entläßt sie in den „Weltraum", die Außenwelt; hier driftet das „Raumschiff der Gedanken" in Gestalt einer Rede, eines Buches oder eines Popsongs frei umher, bis es auf eine andere „Raumstation" (das heißt, ein anderes Gehirn) trifft und dort „andockt". Und nun werden die Symbole wieder in das Durcheinander echter Gedanken zurückübertragen – einschließlich der einmaligen Begriffsassoziationen und Sinnverdrehungen, die der Einzelne mit einer Idee verbindet.

Die ersten Worte

Weitere Anhaltspunkte dafür, daß die Anlagen für Sprache angeboren und biologisch verankert sind, bieten Kinder beim Erwerb der korrekten Grammatik. Denn nicht nur Lehrer interessieren sich für den richtigen Gebrauch der Grammatik: Durch Verknüpfung eines bestimmten Konzeptes mit einem anderen in einer bestimmten Reihenfolge ermöglichen Grammatikregeln ein hohes Maß an Genauigkeit und inhaltlicher Richtigkeit, was im Prinzip für Jäger und Sammler genauso wichtig ist wie für heutige Großstädter. Selbst winzige grammatische Veränderungen können einem Satz eine völlig neue Bedeutung geben. »Zwischen dem Ausdruck *„animals that you can eat"* („Tiere, die man essen kann") und *„animals that can eat you"* („Tiere, die dich fressen können") liegt ein himmelweiter Unterschied«, behaupten Pinker und Bloom. »Und das gilt für *„fruit that is ripe"* („Obst, das reif ist"), *„fruit that was ripe"* („Obst, das reif war") oder *„fruit that will be* *ripe*" („Obst, das reif sein wird") genauso wie für „*you can get there if you walk for three days*" („Man kommt dorthin, wenn man drei Tage läuft") und „*you can get there and walk for three days*" („Man kommt dorthin und läuft drei Tage").«

Die kindliche Fähigkeit, diese komplizierten, nuancierten grammatischen Unterschiede zu begreifen, kann nicht allein darauf zurückführen sein, daß sie laut Behauptung einiger Sprachwissenschaftler so etwas wie ein „Universal-Talent" besitzen, mit der sie das Problem der optimalen Kommunikation im Handumdrehen lösen. »Manchmal wird behauptet, Sprache habe sich nicht von selbst entwickelt, sondern sei quasi als „Randerscheinung" eines anderen Talents des Menschen entstanden, beispielsweise seiner allgemeinen Lernfähigkeit«, erklärt Bloom. »Doch Lernen ist schon etwas anderes, als einen Computer zu programmieren, denn die Eltern geben dem Kind nur Beispielsätze, jedoch keine Sprachregeln an die Hand.«

Wenn es beim Spracherwerb nur darum ginge, die beste Kommunikationsmethode herauszufinden, dann ließen sich Sprache und Spracherwerb eindeutig auseinanderhalten. »Vom ersten Moment des Spracherwerbs an halten sich Kinder an verschiedene Regeln, die ihnen bei der Verständigung allerdings keine Vorteile bieten«, erläutert Pinker. »Kleinkinder sagen beispielsweise „großer Wauwau", stellen aber nie ein Adjektiv vor ein Pronomen, etwa „großer er", obwohl sie mehr Ausdrucksmöglichkeiten hätten, wenn sie das Voranstellen zur Regel machten. Selbst wenn die wirkliche Welt mit klaren Lösungen daherkommt, nutzen Kinder diese offenbar nicht. Bei einer Studie zum Spracherwerb gehörloser Kinder fanden die Forscher, daß sich taube Kinder mit den Begriffen „ich" und „du" genauso schwer tun wie Kinder mit normalem Gehör – und das, obwohl man in der Zeichensprache einfach nur auf sich oder sein Gegenüber zu zeigen braucht, was die wesentlich einfachere Ausdrucksform zu sein scheint. Darüber hinaus: Was für den einen offensichtlich ist, muß es für einen anderen Menschen nicht unbedingt auch sein. »Selbst Bildersprache und Lautmalerei sind nicht überall gleich«, erläutern Pinker und Bloom. »In der amerikanischen Zeichensprache ähnelt das Zeichen für „Baum“ einem Baum, der sich im Wind wiegt, die chinesische Zeichensprache hingegen zeichnet den Stamm des Baumes nach. In Amerika machen Schweine „*oink*“, in Deutschland „*quiek*“ und in Japan „*bubu*“.«

Einen weiteren Grund dafür, daß ein Kind Sprache kaum durch bloße Verallgemeinerung einiger Beispiele lernen kann, liegt darin begründet, daß Sprache viele falsche Hinweise liefert. [Auch hier ist die englische Sprache aufgrund ihrer Struktur mehrdeutiger, wie die folgenden Beispiele zeigen. Im Deutschen wie auch in den romanischen Sprachen kann man beispielsweise aufgrund der Fallbildung wesentlich leichter eindeutige Bezüge erkennen. Anmerkung des Übersetzers.] Wenn man den Satz hört »*John saw Mary with her best friend's husband*« („John sah Mary mit dem Gatten ihrer besten Freundin“) und danach die Frage »*Who did John see Mary with?*« („Mit wem sah John Mary?“) könnte man unter Umständen folgern, daß die im Englischen grammatisch falsche Frage zu dem Satz »*John saw Mary and her best friend's husband*« („John sah Mary und den Gatten ihrer besten Freundin“) lauten könnte »*Who did John see Mary and?*« („Mary und wen sah John?“). Obwohl viele der Sprachbeispiele, von denen Kinder lernen müssen, widersprüchlich erscheinen, gehen die Kleinen beim Spracherwerb anscheinend wohl nicht nach dem Prinzip von Versuch und Irrtum vor, was man annehmen würde, wenn sie sprachliche Grundstrukturen allein durch Verallgemeinerung des Gehörten erfaßten. Kinder machen zwar gelegentlich kleine grammatische Fehler, doch sie würden niemals total „danebengreifen“ und Sätze wie »Milch etwas ich will« von sich geben. »Diese Sprachrätsel sind ja vielleicht ein bißchen albern«, meint Bloom. »Doch angesichts der großen Komplexität der Dinge muß man einfach beeindruckt sein. Wenn man sich die Sprache eines Dreijährigen ansieht, so kann es einfach kein Zufall sein, daß ein Computer weder Sprache erzeugen noch verstehen kann. Das liegt nicht etwa daran, daß wir „schlauere" Computer bauen müßten, sondern weil wir selbst nicht einmal wissen, wie der Dreijährige das macht. Wir kennen die Schachregeln und können den Computer selbst mit Baseballregeln füttern. Doch was Sprache anbelangt, so sind wir noch meilenweit davon entfernt, weil sie so fürchterlich komplex ist.«

Trotz der enormen Komplexität des Spracherwerbs erhalten Kinder nur selten von ihren Eltern Rückmeldung, ob ein Satz syntaktisch in Ordnung ist. Wenn ein kleiner Amerikaner zum Beispiel »*Nobody don't like me*« („Keiner mag mich nicht") sagt, werden seine Eltern im höchstwahrscheinlich entgegnen »*Of course they do!*« („Natürlich mag man dich!"). Selbst wenn die Eltern versuchen, ihre Kinder zu korrigieren, bleiben diese oft unerschütterlich bei ihrer Version. Unbeeindruckt von der Gegenwart eines Sprachwissenschaftlers wiederholte beispielsweise ein Kind zehnmal »*Nobody don't like me*«, obwohl die Mutter es jedesmal mit dem Satz »*Nobody likes me*« korrigierte. Plötzlich ging dem Kind ein Licht auf, und es rief freudestrahlend »*Oh! Nobody don't likes me!*« [Ähnliche Beispiele gibt es auch im Deutschen: Sohn: »Ich bin guter geschwimmt als du!« Vater: »Und warum bist du besser geschwommen als ich?« Sohn: »Weil ich schneller geschwimmt bin als du!« Anmerkung des Übersetzers.] Kinder sind zwar auf die Sprachbeispiele angewiesen, die sie hören, um Vokabular und oberflächlich auch grammatische Besonderheiten (unregelmäßige Verben, unterschiedliche Fälle und Modi) zu erlernen. Aber es ist auch klar, daß ihre Sprachkenntnisse weit über die einzelnen Beispiele hinausgehen. »Ein Kind hört möglicherweise folgenden grammatisch richtigen Satz „Klaus muß gekitzelt worden sein"«, erklärt Pinker. »Doch weiß es auch, daß „Klaus muß gekitzelt sein" reiner „Wortsalat" ist. Und das hat ihm garantiert niemand beigebracht«, meint er.

Kinder stellen sich beim Spracherwerb recht geschickt an, selbst wenn in der Umgebung nicht viel Sprache gesprochen wird, die nachgeahmt werden könnte. In einer Studie zum Spracherwerb bei Kindern untersuchten Linguisten die Kommunikationsfähigkeit von tauben Kindern, deren Eltern die offizielle Zeichensprache nicht kannten. Obwohl die Eltern also nur vereinfachte Gesten zusammenhanglos gebrauchten, entwickelten die Kinder ein sprachähnliches eigenes Zeichensystem mit eigener Syntax und präpositionalen Beschreibungen. Ein ähnliches Phänomen kennt man aus der Kolonialzeit, als Menschen der unterschiedlichsten Sprachkulturen, in der Regel Sklaven, auf abgelegenen Inseln zusammengeworfen wurden. Da sie keine gemeinsame Sprache hatten, schufen sie eine als „Pidgin“ bekanntgewordene Behelfssprache, deren Grundwortschatz sehr reduziert war. Innerhalb einer Generation haben die Kinder dieser Sprachgemeinschaften ihre eigenen komplexen und in hohem Maße strukturierten Sprachen geschaffen, die sogenannten Kreolensprachen.

Ein Hinweis auf die angeborene Fähigkeit des Gehirns, sich die für den Spracherwerb erforderlichen Informationen herauszupicken, ist auch die Tatsache, daß es eine Phase gibt, in der einem Kind der Spracherwerb besonders leicht fällt. Diese Phase, die ungefähr ab dem achtzehnten Monat einsetzt und etwa bis zum siebten Lebensjahr dauert, verläuft zeitgleich mit der vermehrten Bildung neuronaler Verbindungen im Gehirn. In einer Studie untersuchten Sprachwissenschaftler die Sprachfähigkeit von mehr als 50 tauben Personen, die in unterschiedlichem Lebensalter die amerikanische Zeichensprache erlernt hatten. Personen, die vor dem siebten Lebensjahr mit der Zeichensprache in Kontakt kamen, machten weniger Fehler als solche, die sie erst später lernten. Ähnliche Erfahrungen machten Sprachwissenschaftler mit Einwanderern verschiedener Altersgruppen, deren Muttersprache nicht Englisch war und die erst in den USA damit begonnen hatten, es zu lernen. Diejenigen, die vor dem siebten Lebensjahr eingewandert waren, erkannten grammatisch falscher Sätze leichter als Ältere.

Beim Spracherwerb werden Kinder sicherlich von ihrer Umgebung beeinflußt, doch die daran beteiligten Lernprozesse ähneln eher denen des Laufenlernens als dem Erlernen des Klavierspiels. Demnach erwerben Kinder auf der ganzen Welt – von wenigen Ausnahmen abgesehen – ihre Sprache etwa zum gleichen Zeitpunkt und auf ganz ähnliche Art, und auch ohne ausdrückliche Anleitung. Im Alter von sechs Monaten gehen die meisten Kinder vom Lallen zum Brabbeln über und können dann Laute wie *P* oder *B*, *T* oder *D* unterscheiden. Wenn sie acht Monate alt sind, weist ihr Geplapper schon so starke Ähnlichkeit mit den Sprachlauten ihrer Umgebung auf, daß eine englischsprachige Mutter erkennen kann, ob ein Kind aus einem englischsprachigen, russischsprachigen oder chinesischsprachigen Haushalt kommt. Mit einem Jahr fangen die meisten Kinder an, einzelne Wörter zu sprechen – der genaue zeitliche Ablauf hat nichts mit ihrer Sprachfähigkeit als Erwachsene oder ihrer Intelligenz zu tun. Mit achtzehn Monaten beginnen sie, im Telegrammstil zu reden und bilden Zwei-Wort-Sätze – zum Beispiel »mehr Saft« oder »kann alleine«; diesen Konstrukten fehlen zwar Präpositionen und andere komplexe Satzelemente, doch sie sind von schwerwiegender Bedeutung, wie alle Eltern wissen. Mit zweieinhalb Jahren können die meisten Kinder in ganzen Sätzen sprechen. Der Erwerb bestimmter sprachlicher Besonderheiten folgt dabei offenbar einem deutlichen Muster, wobei wirtschaftlicher und sozialer Hintergrund keine Rolle spielt. Kleine Engländer und Amerikaner lernen beispielsweise die *-ing*-Form eines Verbes wie in „*doggie barking*", bevor sie erkennen, daß diese Form mit dem Hilfsverb „*to be*" kombiniert wird (*doggie is barking*). Die Präpositionen „*on*" und „*in*" lernen sie an erster Stelle, dann folgt der richtige Gebrauch von unbestimmtem und bestimmtem Artikel („*a*" und „*the*"), danach der Genitiv (*John's*) und schließlich zusammengezogene Formen wie „*isn't*" und „*don't*".

Wie bei allen unseren in der Evolution entstandenen „Spezialanfertigungen" ist auch beim Spracherwerb ein äußerer Einfluß erforderlich, um die biologischen Anlagen zur Expression zu bringen. Wie wichtig dieser Einfluß seitens Umwelt ist, wurde an dem traurigen Fall des Mädchens Genie aus Los Angeles deutlich. Vom achtzehnten Monat bis zu ihrem dreizehnten Lebensjahr lebte Genie völlig isoliert, weil ihre Eltern sie ins Schlafzimmer gesperrt und nie mit ihr gesprochen hatten. Als die Behörden sie schließlich entdeckten, konnte das Mädchen nicht sprechen. Da ihre Intelligenz ansonsten jedoch völlig normal war, lernte sie nach vielen Jahren Betreuung und Unterricht, in kurzen, knappen Wortstößen zu sprechen. Allerdings gelangte sie nie über das Sprachniveau einer Zweijährigen hinaus.

Der Fall Genie ist ein weiteres plastisches Beispiel dafür, daß die angenommene Zweiteilung von Erbe und Umwelt bedeutungslos ist. Wie auch bei anderen menschlichen Verhaltensweisen üben Gene und Milieu keinen eigenständigen, antagonistischen Einfluß auf die Entwicklung des Geistes aus. Vielmehr arbeiten sie synergistisch und sind auch von „Natur aus" so ausgerichtet. Die Notwendigkeit für einen „Umwelt-Input" ist im Genom des Menschen festgelegt. Die Umgebung, in der ein Kind aufwächst, entscheidet nicht nur über seine Sprachentwicklung, sondern auch, ob seine Sprache überhaupt funktioniert. Während die grammatischen Grundstrukturen einer Sprache durchaus ein entwicklungsgeschichtliches Erbe sein können, finden sich die meisten Einzelheiten einer bestimmten Sprache, wie beispielsweise oberflächliche Syntax, Wortschatz, idiomatische Ausdrücke und so weiter, in der Umgebung – sie werden demnach von der Kultur einer Gesellschaft geprägt, in der ein Kind aufwächst.

Sprechende Primaten

Bei der Erforschung der Evolution der menschlichen Sprache untersuchten die Forscher unter anderem auch die Sprachfähigkeit der uns verwandtschaftlich nahestehenden Primaten. Zwar stellte sich aufgrund dieser Studien ironischerweise heraus, daß sich die Unterschiede zwischen der menschlichen Sprache und dem Kommunikationsvermögen anderer Tiere verwischen; doch haben sie auch gezeigt, wie differenziert menschliche Sprache tatsächlich ist. Obwohl wir aufgrund dieser Forschungsergebnisse nun wissen, daß einige Tiere durchaus elementare Kenntnisse in Vokabular und Wortstellung erwerben können, zeigt sich auch, daß unsere eigene Sprachfähigkeit der ihren doch haushoch überlegen ist.

So besitzen Grüne Meerkatzen beispielsweise immerhin sechs verschiedene Warnrufe, um Artgenossen vor nahenden Freßfeinden zu warnen [67]. Diese Warnrufe haben nicht alle die gleiche Bedeutung: Ein bestimmter Schrei signalisiert beispielsweise die Anwesenheit eines Leoparden oder einer anderen Raubkatze, worauf sich die in Hörweite tummelnden Meerkatzen sofort in die nächsten Bäume retten. Weitere Schreie rufen andere Reaktionen hervor: Ein aufgeregtes Grunzen, das die Tiere vor großen Raubvögeln warnt, lenkt alle Blikke in die Luft, während der „Schlangenalarm" sie auf den Boden schauen läßt; ferner gibt es noch Schreie für Hyänen, Paviane und Menschen. Das Gros der Meerkatzen hört den jeweiligen Ruf und verhält sich dann so, als wäre das entsprechende Raubtier in der Nähe – selbst wenn weit und breit nichts zu sehen ist. Demnach reicht der Alarmruf allein aus, um die richtige Reaktion auszulösen. Allerdings handelt es sich dabei nicht bloß um unkontrollierte Angstschreie auf den Anblick eines Leopards oder Bussards; vielmehr werden die Schreie offenbar bewußt ausgestoßen: Meerkatzen schreien niemals, wenn sie allein sind, und sie schreien häufiger, wenn sich verwandte Artgenossen in der Nähe aufhalten als bei Nichtverwandten.

Wenn auch die verschiedenen Schreie der Meerkatzen wie eine Art Sprache erscheinen, so gibt es doch einen feinen Unterschied zur menschlichen Kommunikation. Bei Menschen kann so ein einfaches Wort wie „Python" verschieden interpretiert werden. Wenn man bei der Aussprache am Ende die Stimme hebt, klingt es fragend, etwa im

Sinne von „Ist da drüben eine Python?" Mit neutraler Betonung ausgesprochen wäre dasselbe Wort vielleicht nur als Antwort auf eine Frage wie „Was ist die größte Schlange Afrikas?" zu verstehen. Darüber hinaus meint jemand, der das Wort „Python" benutzt, nicht unbedingt eine ganz bestimmte Schlange. Die Worte der menschlichen Sprache beziehen sich nicht direkt auf real existierende Dinge, sondern man benutzt sie, um ihre „Repräsentationen" in unserem Gehirn zu beschreiben. Das heißt, die Information, die wir über unsere Sinne über eine Python erhalten, wird gesammelt und läßt ein geistiges Abbild der Schlange, die sogenannte Repräsentation, entstehen. Es ist also dieses geistige Bild und nicht das Tier selbst, das dem Wort „Python" zugrundeliegt. Dieser geistige Transfer macht Begriffe wie „Einhorn" oder „Walhalla", die ja keinen konkreten, realen Bezug besitzen, überhaupt erst möglich. Im Gegensatz dazu hat der Warnschrei der Meerkatze nur eine einzige Bedeutung: Da vorne liegt eine Python, und das bedeutet Gefahr.

Nur ehrliche Absichten

Ein entscheidender Unterschied zwischen einem Meerkatzenschrei und der menschlichen Sprache besteht darin, daß sich sowohl Sprecher als auch Zuhörer eine Vorstellung von den Gedanken des anderen machen können. Der Philosoph Daniel Dennett von der Tufts-Universität, der die Primatenforscher Robert Seyfarth und Dorothy Cheney auf ihren Meerkatzen-Expeditionen nach Kenia begleitete, behauptet, die Fähigkeit eines Wesens, eine Vorstellung von den Gedanken eines anderen zu entwickeln, könne nach den *Ebenen der Intentionalität* bewertet werden. Diese Ebenen korrelieren damit, wieviel ein Lebewesen von seinen eigenen Gedanken und denen anderer weiß. Wenn die Meerkatzen beispielsweise nur zu „*Intentionalität 0. Ordnung*" – wie Dennett sie nennt – in der Lage wären, kämen die Schreie einer instinktiven Reaktion auf den Anblick eines Raubtiers gleich – genauso, als ob jemand bei plötzlichem starkem Schmerz »Aua!« schreit. Bei einer „*Intentionalität 1. Ordnung*" bedeuteten die Schreie der Meerkatze so etwas wie die Aufforderung „Nichts wie auf die Bäume!". Demnach bewirkt der Anblick eines Raubtiers eine Veränderung im „Bewußtsein" der Meerkatze, jedoch wollte das Tier mit diesem Schrei nicht die „Bewußtseinszustände" anderer Meerkatzen verändern – sehr wahrscheinlich ist ihr überhaupt nicht einmal klar, daß sich die „Gedanken" ihrer Artgenossen von ihren eigenen unterscheidet. Der Schrei soll das *Verhalten* der anderen Meerkatzen ändern, indem er sie auffordert, auf die Bäume zu klettern.

Mit steigender Intentionalität nehmen auch die jeweiligen Verständnisniveaus für die Gedanken und Bewußtseinszustände anderer zu. Wenn Meerkatzen über eine „*Intentionalität 2. Ordnung*" verfügten, könnte man ihren Ruf etwa folgendermaßen übersetzen „He ihr da unten, ihr solltet wissen, daß sich hier eine Python in der Nähe rumtreibt" – demnach „wüßte" die Meerkatze, die den Warnschrei ausstößt, daß sich das „Wissen" anderer Meerkatzen möglicherweise von dem ihren unterscheidet. Der Schrei ist ein Versuch, nicht nur das Verhalten der anderen Meerkatzen zu ändern, sondern auch deren „Bewußtseinszustand". Bei einer „*Intentionalität 3. Ordnung*" weiß die warnende Meerkatze nicht nur, daß die „Bewußtseinszustände" ihrer Artgenossen von ihren eigenen abweichen, sondern ihr ist auch klar, daß jede der anderen Meerkatzen umgekehrt ebenfalls weiß, daß ihre „Gedanken" anders sind als die der Warnerin. Ihre Rufe wollen die anderen darauf aufmerksam machen, daß sich in ihrem „Bewußtseinszustand" (dem der rufenden Meerkatze) etwas verändert hat: „Alle mal herhören: Ich sehe eine Python. Ihr solltet euch besser auf die Bäume machen."

Die menschliche Sprache bewegt sich normalerweise auf der dritten Intentionalitätsebene: Richard redet auf Steffie ein, weil er das ändern will, was sie denkt, daß er denkt. Anders gesagt, redet er, weil er verstanden werden will. Da der menschliche Verstand entwicklungsgeschichtlich bedingt hervorragend ahnen kann, was bei anderen Menschen im Kopf vorgeht, liegt die tatsächliche Bedeutung dessen, was eine Person sagt, möglicherweise weit von dem entfernt, was sie tatsächlich äußert. »Diese *Intentionalitätsebenen* des Menschen führen sich beinahe schon *ad absurdum*«, stellen Cheney und Seyfarth fest. »Wie man beispielsweise in Wahlkämpfen mit bedrückender Regelmäßigkeit feststellen muß, machen sich Politiker mehr Sorgen darüber, was ihre Wähler denken (beziehungsweise was diese über sie denken) als um aktuelle Weltereignisse.«

Dennett ist der Ansicht, daß sich Menschen auf unendlich vielen *Intentionalitätsebenen* bewegen können und setzt trocken hinzu: »Tatsächlich jedoch vermute ich, daß Sie sich jetzt überlegen, ob ich bemerke, wie schwer es Ihnen fällt, sicher zu sein, daß Sie verstehen, ob ich gerade sagen will, daß Sie merken würden, wenn ich glauben könnte, Sie wollten, daß ich erkläre, die meisten von uns könnten nur mit ungefähr fünf oder sechs Schichten umgehen, und das auch nur im Idealfall.« Gottseidank sind derartige verworrenen Verständnis- (und Mißverständnis-) Niveaus selten. Allerdings läßt unsere verblüffende Fähigkeit, die verschiedenen Verständnisniveaus bei anderen Menschen zu erkennen, menschliche Beziehungen immer vielschichtiger und komplexer geraten. Wir wissen beispielsweise ein Kompliment um so mehr zu schätzen, je stärker uns bewußt ist, wie schwer der andere damit zu kämpfen hat, es auszusprechen. Genauso könnte sich jemand verletzt fühlen, wenn ein anderer eine völlig harmlos gemeinte Bemerkung als Beleidigung auffaßt und sich dann vielleicht mit den Worten beschwert „Du solltest mich ja eigentlich besser kennen."

Bei den Rufen der Meerkatzen handelt es sich nicht um eine menschenähnliche Sprache, weil die Affen sich anscheinend nur auf der ersten *Intentionalitätsebene* bewegen – der Ruf also nur eine Verhaltens-, nicht jedoch eine Bewußtseinsänderung herbeiführen soll. Das läßt sich beispielsweise daran erkennen, daß gelegentlich ein rangniederes Meerkatzenmännchen falschen Alarm schlägt, wenn sich ein fremdes Männchen der Gruppe nähert. Dieser Trick bringt den potentiellen Rivalen dazu, eiligst auf den nächsten Baum zu klettern und den beabsichtigten Anschluß an die Gruppe (vorläufig) aufzugeben. Obwohl die Meerkatze mit ihrem Täuschungsmanöver den Rivalen sicherlich auf den nächsten Baum schicken wollte, hatte der Affe jedoch offenbar nicht vor, eine Bewußtseinsveränderung zu erzielen. Mitunter wanderte der „Schlaumeier" am Boden umher und stieß mehrfach den „Leopardenwarnschrei" aus, wobei er offenbar völlig vergaß, daß er sich selbst überhaupt nicht so verhielt, als wenn ein Leopard im Anmarsch wäre. Im Prinzip wäre es das gleiche, wenn ein Mensch seelenruhig im Wohnzimmer sitzt und den übrigen Anwesenden „Feuer! Feuer!" zuruft. Weil die Meerkatze bei ihrer Finte keinerlei Anstalten macht, sich so zu verhalten, als ob tatsächlich ein Leopard in der Nähe wäre, läßt das den Schluß zu, das Tier nutze einfach nur aus, daß die meisten Meerkatzen bei einem Warnschrei auf die Bäume sausen – und daß es keineswegs vorhabe, die anderen tatsächlich von der Gegenwart eines Leoparden zu überzeugen. Dies heißt nichts anderes, als daß dem Schnattern der Meerkatze einfach die Komplexität menschlicher Sprache fehlt.

Zeichen-Sprache

In einem weiteren Ansatz, die Ursprünge der Sprache herauszufinden, versuchte man des öfteren, Menschenaffen Zeichen- oder Symbolsprachen beizubringen. Das wohl berühmteste Beispiel ist das Schimpansenweibchen Washoe, das etliche hundert Zeichen der amerikanischen Gehörlosensprache ASL (*A*merican *S*ign *L*anguage) lernte. Washoe benutzte die Zeichen häufiger, um Objektgruppen als um Einzelgegenstände bezeichnen. Offenbar wußte sie, daß das Zeichen für „Banane" für *jede* Banane steht und nicht nur für die gelbe Frucht, die direkt vor ihr lag. Sie verwendete auch gelernte Wörter für neue Objekte an und nannte beispielsweise eine Nachtmütze einen Hut, obwohl sie derartige Hüte nie gesehen hatte. Als Washoe zum ersten Mal eine Ente zu Gesicht bekam, gab sie ihr den Namen „Wasservogel". Menschenaffen erkennen auch, daß die Wortstellung von Bedeutung ist. Der Bonobo Kanzi begann spontan, mit Hilfe von Plastiksymbolen auf einer Tafel Worte in eine bestimmte Reihenfolge zu bringen, um etwas auszudrücken. Die Reihenfolge, in der Kanzi auf die beiden Wörter „jagen" und „verstecken" deutete, entsprach der Reihenfolge, in der er diese Handlungen ausführte. Auch andere hochintelligente Säugetiere wie Delphine und Seelöwen sind nachweislich dazu in der Lage, die Wortfolge zur Übermittlung einer bestimmten Bedeutung zu bemerken.

So beeindruckend sie auch sind, demonstrieren diese Studien letztlich nur, welch tiefe Gräben zwischen menschlicher und tierischer Kommunikation klaffen. Die größte Zahl von Zeichen, die angeblich je von einem Menschenaffen gelernt wurden, liegt bei rund 400 (normalerweise sind es weniger), ein zehnjähriges Kind kennt dagegen immerhin schon 10 000 Wörter. Die Wortstellung ist zwar ein wichtiger Bestandteil der Sprache, doch steckt hinter dem Verständnis von Sprache weitaus mehr als die Reihenfolge, in der ihre Wörter erscheinen. Zweifellos besteht ein entscheidender Unterschied zwischen „*John hat Mary erschossen*" und „*John wurde von Mary erschossen*".

Letzten Endes bestätigen diese Versuche offenbar nur die stillschweigenden Vermutungen der Wissenschaftler, daß nämlich die menschliche Sprache eine Art Höhepunkt der natürlichen Kommunikation darstellt – etwas, das andere Tiere ebenfalls benutzen würden, das für sie jedoch in unerreichbarer Ferne liegt. »Einmal fragte mich ein Student, ob sich irgendwann, sofern wir nur lang genug warten, auch beim Schimpansen Sprache entwickeln würde«, erinnert sich Bloom. »So als ob seiner Meinung nach Schimpansen die Sprache der Menschen wollen und haben müßten. Allerdings ist der Gedanke, menschliche Sprache sei die Spitze der Evolution, nun wirklich albern – etwa genauso albern wie ein Mistkäfer, der sich damit brüstet, wie viele Kotballen er drehen kann.« Sprache ist zwar etwas Bemerkenswertes, wenn wir uns jedoch zu sehr darauf konzentrieren, ob Tiere unsere Sprache nachahmen können, übersehen wir leicht, daß sie auch *ohne* diese hervorragend kommunizieren können. »Die Frage, ob Tiere *echte* Sprache besitzen, ist bedeutungslos«, behauptet Pinker. »Das ist im Prinzip dasselbe wie die Frage, ob sie tatsächlich sehen können.«

Häufig interessieren wir uns nur dafür, ob die „geistigen" Leistungen von Tieren den von Menschen ähneln, und übersehen seine anderen kognitiven Leistungen. In diesen Zusammenhang paßt die Geschichte vom „Klugen Hans": Um die Jahrhundertwende sorgte der Deutsche Wilhelm von Osten, ein ehemaliger Lehrer, für Aufsehen, weil sein Pferd „Kluger Hans" anscheinend rechnen konnte. Wenn es gefragt wurde, wieviel zwölf minus sieben ist, schlug es fünfmal mit dem Huf auf – selbst dann, wenn sein Besitzer nicht zugegen war. Schließlich kam jedoch heraus, daß der „Kluge Hans" mehr von menschlicher Psychologie als von Mathematik verstand: Sein vermeintliches mathematisches Talent rührte von seiner Fähigkeit her, geringfügige Signale in den Gesichtern seiner verblüfften Zuschauer zu interpretieren. Er schlug einfach so lange mit dem Huf auf, bis ihre Gesichter verrieten, daß er bei der richtigen Zahl angekommen war. Alle – sogar von Osten – hatten sich täuschen lassen, weil ihnen nicht klar wahr, daß sie mit dem Pferd nonverbal kommunizierten.

Kritiker der Sprachstudien an Schimpansen behaupten, daß diese Tiere ebenfalls bloß auf nonverbale Signale ihrer Betreuer reagieren, wenn sie das erwartete Handzeichen machen. Doch selbst wenn man versucht, die nonverbalen Signale auszuschalten – indem man beispielsweise Kanzi ein Tastenfeld mit Symbolen hinstellt – wird nicht eindeutig ersichtlich, ob die Tiere nicht doch nur Symbole aneinanderreihen, damit sie vom Betreuer belohnt werden. Beim Menschen hingegen spiegeln sich in der Sprache nicht nur die alltäglichen, sondern auch die geistigen Bedürfnisse wider. Selbst Zweijährige benutzen schon Sprache, um ihren Mitmenschen eine Menge scheinbar unwichtiger Informationen über ihre Gefühle und Gedanken oder ihre Sichtweise der Welt mitzuteilen. Die entwicklungsgeschichtliche Bedeutung der Sprache für den Menschen liegt also offenbar in ihrer sozialen Funktion, nicht in der Informationsübermittlung.

Wahrscheinlich stellt Sprache eine ähnliche Besonderheit dar wie der lange Hals einer Giraffe oder die Echoortung bei Fledermäusen – anders, aber nicht unbedingt besser. Nun könnte man behaupten, Sprache sei für den Menschen deshalb überlebenswichtig, weil ihm genau jene Spezialadaptationen fehlen, die es den anderen Primaten ermöglichen, ohne Sprache auszukommen. Letztlich macht es keinen großen Unterschied, ob man einem Schimpansen Zeichensprache beibringt oder einen Menschen das Schwimmen lehrt – die Fähigkeit der einen Art, die Anpassungsmerkmale der anderen nachzuahmen, verrät über beide nicht sehr viel. Wenn wir uns zu sehr auf die Sprachfähigkeit von Tieren konzentrieren, ergeht es uns letzten Endes wie jenem Publikum, das ob der Additions- und Subtraktionskünste des „Klugen Hans" völlig aus dem Häuschen geriet. Offenbar waren die Menschen stärker davon beeindruckt, daß das Pferd eine einfache Rechenaufgabe lösen konnte – was selbst eine simple Rechenmaschine vermag – als von seiner anspruchsvollen Kunst, die feinen Hinweise in den Gesichtern der Leute zu registrieren und richtig zu deuten – etwas, was heute nicht einmal die besten Computer der Welt leisten. Die Fähigkeit, die Gedanken anderer auch ohne Sprache richtig einzuschätzen, ist ein Aspekt der Intelligenz, der mehr Bedeutung besitzt, als die bloße Fähigkeit, zwei und zwei zusammenzuzählen – möglicherweise sogar noch wichtiger als Spracherwerb.

Unvollständige Sprachen

Die Hinweise darauf, daß Sprache ein von der Evolution geformtes „mentales Organ" ist, beantworten noch nicht die Frage, wie das geschah. Genau wie bei anderen komplexen Gebilden – zum Beispiel dem menschlichen Auge – beruht Sprache auf dem komplizierten Wechselspiel spezifischer Strukturen, in diesem Fall beispielsweise Zeitformen, Subjekt, Prädikat, Objekt, besitzanzeigende Fürwörter und so weiter. Man kann sich daher eine Sprache, die nur wenige dieser Merkmale besitzt, kaum vorstellen. »Sicherlich wird der eine oder andere fragen, welchen Nutzen eine halbe Sprache hat«, erläutert Bloom. »Tatsächlich würde sie, bräche man sie in der Mitte durch, nicht funktionieren. Sprache ist eine komplizierte Maschine, und solche Maschinen laufen nicht, wenn eine Hälfte fehlt. Die Gretchenfrage lautet jedoch nicht, ob eine halbe Sprache funktioniert, sondern ob man sie Stück für Stück aufbauen kann. Ein halbes Auge ist sicherlich nutzlos, ein *rudimentäres* gewiß nicht. Das Gleiche gilt auch für rudimentäre Sprache.« Dennoch ist eine rudimentäre Sprache auch ohne die komplexen Strukturen moderner menschlicher Sprachen sicherlich nützlich. Solche „Sprachtypen" gibt es auch heute. Laut Pinker und Bloom zählen hierzu Pidgin, Basic English (ein auf 850 Grundwörter beschränktes und in der Grammatik vereinfachtes Englisch) sowie die Sprachen von Kindern, Einwanderern, Touristen, Aphasiepatienten (Patienten, zum Beispiel nach einem Schlaganfall, mit deutlichen Sprachstörungen), Telegrammstil sowie Werbungs- und Zeitungssprache. Alle diese „Rumpfsprachen" zeigen, daß sich Sprache *in puncto* Perfektion und Einfachheit auf unterschiedlichstem Niveau bewegen kann und trotzdem Kommunikationsmittel bleibt.

Der wechselseitige Einfluß von „Erbe und Umwelt" wäre eine weitaus „sanftere" Art und Weise, um die menschliche Sprachfähigkeit im Laufe der Zeit komplexer werden zu lassen. Nehmen wir mal an, der Mensch besäße eine andere besondere Fähigkeit – etwa in der Art wie

Sprache –, und diese Anlage bildete sich nur aus, wenn zwanzig einzelne Merkmale auf komplizierte Weise zusammenwirken. Nehmen wir weiter an, alle diese Merkmale müßten vorhanden sein, damit das Verhalten nutzbringend sein kann – das heißt, Menschen, die mit einigen dieser Merkmale geboren werden, haben genauso wenig einen Vorteil davon wie Menschen, die gar kein Merkmal besitzen. Die Wahrscheinlichkeit, daß sich diese Fähigkeit infolge einer spontanen, gleichzeitigen Mutation aller zwanzig Merkmale herausbildet, ist verschwindend gering. Selbst wenn ein Mensch mit einer derartigen „Genkombination" geboren würde, ginge diese Mutation in der nächsten Generation wieder verloren, da die elterlichen Chromosomen, die Träger der Gene, bei der Vereinigung von Ei und Samenzelle neu verteilt werden.

Nehmen wir jetzt aber mal an, diese Merkmale könnten – selbst wenn sie nicht im elterlichen Genom sitzen – nach dem Prinzip von Versuch und Irrtum erlernt werden. Paradoxerweise würde das den Selektionsdruck auf genetische Verankerung der Merkmale verstärken. Dahinter verbirgt sich folgende Logik: Obwohl die Wahrscheinlichkeit sehr gering ist, daß ein Mensch mit allen zwanzig Merkmalen geboren wird, stehen die Chancen besser, daß ein Mensch mit beispielsweise *zehn Prozent* der erforderlichen Merkmale zur Welt kommt. Diese sind in den Genen verankert. Lebewesen, deren Genom zehn Prozent angeborene Merkmale enthält, besitzen einen Vorteil gegenüber denjenigen ohne angeborene Merkmale, weil sie ja weniger zu lernen brauchen – das heißt, bei ihnen prägt sich die betreffende Fähigkeit schneller aus. Wenn die nächsten Nachkommen dieser Menschen wiederum zehn Prozent mehr angeborene Merkmale aufweisen, wäre diese Generation noch schneller in der Lage, die Fähigkeit zu erwerben. Dieser „Aufsummierungseffekt" pflanzt sich von Generation zu Generation fort, bis die meisten Merkmale genetisch verankert sind. An dieser Stelle fällt auf, daß mit zunehmender Verankerung der Merkmale im Genom interessanterweise der Selektionsvorteil, der in der weiteren genetischen Fixierung von Merkmalen liegt, wieder abnimmt. Menschen, deren Genom 95 Prozent der erforderlichen Gene aufweist, besitzen dann kaum noch einen Vorteil gegenüber Personen mit nur 90 Prozent, weil der Großteil der Merkmale ausgeprägt ist und jeder den fehlenden Rest rasch lernen könnte.

Wenn auch die Evolution von Sprache sicherlich komplexer war als unser kleines Beispiel, so bietet es doch eine faszinierende Erklärung für die Verbindung von Natur und Milieu, von Erbe und Umwelt, durch die sich die heutige menschliche Sprache auszeichnet. Man kann sich diesem Phänomen nähern, wenn man davon ausgeht, daß die Grundstruktur von Sprache in den Genen verankert ist, denn die Variationsmöglichkeiten in Wortschatz und Syntax sind so groß, daß die Umwelt unmöglich alle möglichen Beispiele für grammatisch richtige Sätze liefern kann. Andererseits können Wortschatz und oberflächliche Syntax im sozialen Umfeld, sprich in Unterhaltungen, „gespeichert" und auf diese Weise erlernt werden. Das bietet enorme Vorteile, da sich bei Veränderungen im sozialen Umfeld auch die Sprache ändern kann – zum Beispiel wenn neue Technologien (wie Laser, Laptop oder Geldautomat) beziehungsweise neue Umstände (wie Jetlag, Mobbing oder Solidaritätszuschlag) entstehen.

Vom angeborenen Mechanismus, der ein dreijähriges Kind zum „Sprachprofi" macht, bis hin zu den starken Bindungen, die Sprache zwischen den Menschen auf dem Globus herstellt, demonstriert Sprache, daß die Menschen mehr Gemeinsamkeiten als Unterschiede aufweisen. Stärker, als wir uns das vorstellen, bilden wir eine große Evolutionsfamilie mit gemeinsamen Ursprüngen – Familienbande, die auch durch kulturelle Erfindungen nicht durchtrennt werden können. Neue Forschungsergebnisse über die Anfänge der menschlichen Psyche untermauern diesen Gedanken und beleuchten einen weiteren faszinierenden Aspekt: Die Entstehung der Kultur.

8. Der kreative Quantensprung

Man könnte sogar sagen, Kultur ist das, was das Leben erst lebenswert macht.

T. S. Eliot, Notes Towards a Definition of Culture

Vor etwa 40 000 Jahren erlebten Psyche und Verstand des Menschen eine Blüte, wie sie im Laufe der Evolution noch nie dagewesen war. Jahrtausendelang hatten die Menschen nur einfachste kulturelle Verhaltensweisen gezeigt, doch dann änderten sie plötzlich ihr Leben radikal: Sie fertigten neuartige, kunstvoll gearbeitete Werkzeuge aus Knochen und Elfenbein an, beides für sie völlig neue Werkstoffe. Musik, Tänze und andere Rituale, wie beispielsweise ein ausgeprägter Totenkult, fanden Eingang in ihr Leben. Fortan wohnten die Menschen in festen Häusern, wärmten sich an neuartigen Herdstätten und fertigten Kleidung, die sie gegen die winterliche Kälte der Eiszeit schützte, die damals auf der Nordhalbkugel herrschte. Auch ihr reichhaltiger Speisezettel zeugt davon, daß ihre Fertigkeiten im Sammeln und Jagen damals einen Entwicklungssprung durchmachten. Zum ersten Mal in der Geschichte der Menschheit entstanden Kunstgegenstände – Halsketten aus Steinen und Fuchszähnen, geschnitzte Werkzeuggriffe in Tierformen, kleine Skulpturen galoppierender Pferde, rätselhafte Statuetten, die zur Vermutung Anlaß geben, daß sie der Verehrung von Göttern dienten sowie perlenverzierte Hemden, Bänder und Gürtel. Zu den berühmtesten Werken dieser sogenannten paläolithischen oder Steinzeitkunst gehören die Felsenmalereien aus Höhlen in Frankreich und Spanien, auf denen hervorragende Abbildungen von Hirschen, Wisenten und anderen Tieren zu sehen sind.

Damals schlug die Geburtsstunde der Kreativität [69].

Die größte Neuerung dieser ganz unvermittelt einsetzenden Kultur-Evolution waren nicht Werkzeuge, Kleidungsstücke und Kunstgegenstände, sondern die *Innovation* an sich. Jahrtausendelang hatten die Menschen überall auf der Welt ihre einfachen Steinwerkzeuge stets in gleicher Form und Manier angefertigt. Doch in diesem Kapitel der Menschheitsgeschichte wird der Wandel um seiner selbst willen gefeiert: Das Design von Werkzeugen und Waffen änderte sich von Jahr zu Jahr und von Tal zu Tal. »In den ersten fünf Minuten dieser Epoche gab es mehr technische Neuerungen als in der gesamten vorausgegangenen Menschheitsgeschichte«, behauptet der Archäologe Randall White von der Universität New York [70].

White gehört einer neuen Generation von Archäologen an, die anhand von Gegenständen, welche unsere Vorfahren hinterlassen haben, die Evolution des menschlichen Verhaltens, insbesondere seiner sozialen Komponenten, verfolgen wollen. Während sich die paläoanthropologische Forschung in der Vergangenheit vor allem mit der Suche nach dem ältesten Vorfahren des Menschen befaßte, interessiert sich White primär für die jüngste, vorerst letzte Phase der menschlichen Evolution – die Ursprünge des *Homo sapiens*, des modernen Menschen. Sein besonderes Augenmerk richtet sich auf jene entscheidende Epoche vor 40 000 Jahren, als die damaligen Frühmenschen plötzlich begannen, wie moderne Menschen zu handeln und kulturelle Verhaltensweisen an den Tag legten, wie wir sie von heute kennen.

Whites Forschung befaßt sich vor allem mit den Anfängen der Kunst, die fast gleichzeitig mit dem Beginn der Innovationswelle einsetzte. In seinem Manhattaner Labor zieht White begeistert eine Schublade nach der anderen auf, in denen Dutzende geschnitzter Statuetten, Perlen, Anhänger und durchbohrter Tierzähne liegen, die zum Teil bis zu 34 000 Jahre alt sind – also etliche Jahrtausende vor den Höhlenmalereien von Altamira und Lascaux entstanden. Diese Kunstgegenstände kennzeichnen den Anfang des menschlichen Selbst-Bewußtseins. Vorsichtig hält White mit Daumen und Zeigefinger ein uraltes Elfenbeinstäbchen, kleiner als ein Bleistift, gegen das Licht. Am oberen Ende des Stäbchens ist das winzige Konterfei eines bärtigen Mannes eingraviert, der offenbar in eine Art Umhang gehüllt ist – eine der ältesten Abbildungen der menschlichen Gestalt, die es gibt.

Diese Kunstgegenstände machen deutlich, daß der enorme Aufschwung der Kreativität vor 40 000 Jahren nicht nur eine technologische Revolution, sondern auch eine soziale Umwälzung darstellte. Plötzlich wurden *Aussehen und Form* wichtige Bestandteile im Alltagsleben unserer Altvorderen: Die Art und Weise, wie sich eine Person kleidete und schmückte, wurde ein wichtiger Indikator dafür, zu welcher Gruppe sie gehörte und welchen Status sie innerhalb dieser Gruppe einnahm. Muster und Schmuckstücke zeigten jedoch auch, wer jemand war und was ihm etwas bedeutete. Dieses Verhalten kann man noch genauso bei unseren heutigen Mitmenschen beobachten, die Status, persönlichen Geschmack und Weltanschauung mit Hilfe von Autos, Schmuck, T-Shirts oder Baseballkappen der Öffentlichkeit kundtun. »Im Prinzip besteht kaum ein Unterschied zwischen dem Körperschmuck, den die Menschen vor 40 000 Jahren trugen, und der Schulkrawatte eines Eton-Schülers beziehungsweise dem Totenkopfemblem auf der Lederjacke eines Motorradfahrers«, meint White. »Sie sind Zeichen von Gruppenidentität, von Solidarität, von menschlicher Kultur, wie wir sie kennen – es ist ein Verhaltensmuster, das uns, wenn wir es bei Menschen in irgendeiner Ecke der heutigen Welt anträfen, überhaupt nicht befremden würde. Doch damals, vor 40 000 Jahren, gab es nichts dergleichen – es existierte einfach nicht.«

Die ersten Europäer

Bei der Suche nach den Ursprüngen dieser einschneidenden Änderung des menschlichen Sozialverhaltens stößt man als erstes auf einige besonders hitzig diskutierte Fragen in der Paläoanthropologie: Wann, wo und wie ist der moderne Mensch, *Homo sapiens sapiens*, auf diesem Planeten aufgetaucht? Lange Jahre hatten viele Forscher angenommen, daß die verschiedenen modernen Menschenrassen auf der ganzen Welt aus Populationen des *Homo erectus* entstanden sind, die vor etwa einer Million Jahren Afrika verließen und sich in der restlichen Alten Welt (dem Nahen Osten, Europa und Asien) verteilten. Dieses sogenannte „Kandelaber-Modell“ geht davon aus, daß sich die europäischen, afrikanischen und asiatischen Rassen unabhängig voneinander in den einzelnen Regionen entwickelt haben: Die heutigen Asiaten entwickelten sich demzufolge aus einer ehemaligen *Homo erectus*-Population, die vor mehreren hunderttausend Jahren in Asien gelebt hat. Nach demselben Modell wurde der Neandertaler (*Homo sapiens neanderthalensis*) – ein Hominide mit vorspringendem Gesicht, fliehender Stirn und kräftigen Augenbrauenwülsten, der etwa 100 000 Jahre lang bis vor etwa 30 000 Jahren in Europa vorkam – als europäische Form eines archaischen *Homo sapiens* und somit als Vorfahr der modernen Europäer angesehen.

In der jüngsten Vergangenheit befürworteten jedoch immer mehr Wissenschaftler die These, daß tatsächlich nur eine Handvoll Vertreter des *Homo erectus*, der vor etwa 200 000 Jahren in Afrika lebte, die direkten Vorfahren der heutigen Menschen bildeten. Nach diesem „Out-of-Africa“-Modell – manche Paläoanthropologen sprechen auch von der „Arche-Noah“- oder „afro-europäischen Sapiens-Hypothese“ – wanderten einige dieser Frühmenschen aus ihrer Heimat aus und verbreiteten sich über die ganze Welt, wobei sie nach und nach alle anderen menschenähnlichen Zweibeiner verdrängten, die damals die Erde bevölkerten. Diesem Modell zufolge markiert das plötzliche Einsetzen der Kreativität in Europa genau jenen Zeitpunkt, an dem die Auswanderer – die nach jenem französischen Ausgrabungsort, an dem man ihre Knochen erstmalig entdeckte, Cro-Magnon-Menschen genannt werden – auf einem Kontinent eintrafen, der *bis dato* nur von Neandertalern besiedelt worden war. Schließlich starben die Neandertaler aus.

Bei der Verdrängung des Neandertalers durch den modernen Menschen muß man nicht zwangsläufig an blutige Gemetzel zwischen beiden Hominidenarten oder gar an systematischen Genozid denken. Wie eine Computersimulation über Populationswechselwirkungen gezeigt hat, wären die Neandertaler innerhalb weniger tausend Jahre schrittweise ausgestorben, wenn ihre Geburtenrate infolge des Einflusses durch die Cro-Magnon-Menschen nur um zwei Prozent zurückgegangen wäre. Nach den aktuellsten archäologischen Funden haben moderne Menschen und Neandertaler möglicherweise beinahe 10 000 Jahre lang gemeinsam in Europa gelebt. »Man bekommt schon bei dem Gedanken eine leichte Gänsehaut, daß man bloß 40 000 Jahre zurückzugehen braucht, um zwei verschiedene Spezies Mensch auf der Erde anzutreffen«, meint White. »In der Evolution des Menschen war es wirklich ein phantastischer Augenblick, als Neandertaler und moderne Menschen buchstäblich Seite an Seite gelebt haben.«

Die Eva der Mitochondrien

Ursprünglich konnten nur Fossilien das „Out-of-Africa"-Modell belegen, doch dann erhielt diese Theorie durch Neuigkeiten aus dem Lager der Genetiker unerwartete Schützenhilfe. Beim Vergleich von DNA-Fragmenten aus menschlichen Genen, die von Menschen auf dem ganzen Globus stammten, kamen die Forscher zu dem Ergebnis, daß alle heute lebenden Menschen von einer gemeinsamen Ahnmutter abstammen müssen, die vor etwa 200 000 Jahren in Afrika gelebt hat.

Es wahr wohl unvermeidlich, daß man diese Ahnmutter „Eva" taufte – was tatsächlich aber in die Irre führt, da sie nicht die wahre Mutter aller Menschen ist. Die Verbindung kommt über eine spezielle Form der menschlichen Erbinformation zustande, nämlich die sogenannte „mitochondriale DNA" (Desoxyribonukleinsäure) oder kurz „mtDNA". Diese DNA-Form liegt nicht im Zellkern, sondern in bestimmten Zellorganellen, den sogenannten Mitochondrien. Verglichen mit dem restlichen menschlichen Genom macht die mtDNA nur etwa 0,3 Prozent der Gesamt-DNA aus.

So klein und unbedeutend dieses Molekül auch wirkt, besitzt es doch eine einzigartige Eigenschaft, die es für Genetiker – und letztlich auch für diejenigen, die den Ursprung des menschlichen Sozialverhaltens erforschen wollen – besonders interessant macht: mtDNA unterliegt nicht der Rekombination der Gene (das heißt, der Neuordnung des Erbgutes), die im Anschluß an jede Verschmelzung von Ei- und Samenzelle, die Befruchtung, erfolgt. Spermium und Eizelle besitzen jeweils den halben Chromosomensatz eines Elternteils; mütterliche und väterliche Chromosomen werden bei der Rekombination gemischt und neu verteilt – aus diesem Grunde ähneln Kinder auch beiden Elternteilen. Die erste Zelle des neuen Embryos ist jedoch die befruchtete mütterliche Eizelle, und da das Spermium zu dem oben erwähnten Verschmelzungsvorgang lediglich seine DNA beisteuert, stammen sämtliche Mitochondrien und die darin enthaltene mtDNA ausschließlich von der Mutter. Die Eizelle teilt sich nun rasch und ständig weiter, so daß zunächst ein Zellhaufen entsteht, der wie eine Brombeere aussieht; aus diesem entwickelt sich der Fötus. Fest steht jedoch, daß die *gesamte* mtDNA eines Menschen von seiner leiblichen Mutter stammt; auf diese Weise wird sie fast unverändert von einer Frau über ihre Töchter an Enkelinnen, Urenkelinnen, Ururenkelinnen und andere nachfolgende weibliche Generationen weitergereicht.

Im Lauf der Jahrtausende bewirken spontane Mutationen während der normalen Zellteilung, bei der ja auch die DNA der Mitochondrien repliziert werden muß, daß sich das mtDNA-Molekül ebenfalls – wenn auch nur geringfügig – verändert. Diese minimalen Veränderungen können bereits zwischen einzelnen Generationen auftreten; dabei sind die Unterschiede der mtDNA von Mutter und Tochter kaum auszumachen, während sie bei derjenigen zwischen Mutter und Ururgroßmutter bereits stärker sein können, da größere Zeitabstände zwischen diesen beiden Generationen liegen – Zeitabstände, in denen Mutationen während der Replikation stattgefunden haben können.

Die Genetiker bemerkten, daß man mitochondriale DNA – unter der Prämisse, daß ihre Mutationsrate konstant und meßbar ist – als eine Art „molekulare Uhr" verwenden kann, um die Entwicklung der menschlichen Abstammungslinie bis zu ihren Anfängen zurückzuverfolgen. Manche Moleküle unterliegen mit einer gewissen Regelmäßigkeit Mutationen, beispielsweise kann ein Prozent eines bestimmten Moleküls innerhalb von einer Million Jahren mutieren. Wenn die Forscher bestimmen könnten, wie groß die Abweichungen zwischen verschiedenen mtDNA-Proben sind und wie hoch ihre Mutationsrate ist, dann könnten sie auch sagen, wann genau die ersten Unterschiede zwischen den Moekülen aufgetreten sind – anders ausgedrückt, wäre man wissenschaftlich in der Lage, die „Spuren" der einzelnen mtDNA-Moleküle bis zu der „gemeinsamen Urmutter" zurückzuverfolgen.

Die Genetiker verglichen Mitochondrien-DNA-Proben von Menschen aus der ganzen Welt – und kamen zu atemberaubenden Ergebnissen: Die mtDNA der heutigen Menschen weist auffällige Übereinstimmungen auf, woraus man schließen kann, daß der moderne Mensch vor noch nicht allzu langer Zeit aus einer einzigen „Urform" entstanden ist – der von den Genetikern geschätzten Mutationsrate zufolge lebte diese gemeinsame Vorfahrin aller heutigen Menschen vor etwa 200 000 bis 100 000 Jahren.

Im Gegensatz zu ihrem biblischen Pendant stammen von dieser „Eva der Mitochondrien" keineswegs alle Menschen ab, die jemals gelebt haben. Vielmehr handelt es sich dabei um eine Frau, deren Nachkommenschaft bis auf den heutigen Tag pro Generation mindestens eine Tochter hervorgebracht hat. Faktisch ist ihre „Nicht-Existenz" in der menschlichen Vergangenheit unmöglich, da andernfalls sämtliche Frauen auf der Erde irgendwann einmal ausschließlich Söhne hätten bekommen müssen. Ein analoges Beispiel sind Familiennamen, die in bestimmten Kulturen über Generationen hinweg vom Vater an den Sohn weitergegeben werden: Wenn in einer Generation eine Familie nur Töchter hat, stirbt der Familienname aus – obgleich die Gene beider Eltern davon unbeeinträchtigt an die Kinder weitergegeben werden. Wenn heute auf der Welt nur noch Menschen mit dem Familiennamen Müller lebten, hieße das nicht, daß der „Ur-Müller" der Adam aller Menschen wäre, sondern nur daß es in jeder Müller-Generation immer mindestens einen Stammhalter gab. Und ähnlich wie in diesem Beispiel der Familienname aussterben kann, konnten auch mtDNA-Moleküle bestimmter Linien verschwinden, wenn es in diesen Familien oder Generationen keine weiblichen Nachkommen gab.

Die „Eva der Mitochondrien" kann nicht die Urquelle der gesamten menschlichen DNA sein, weil die Informationen ihrer Kern-DNA (welche für den allgergrößten Teil der menschlichen Entwicklung zuständig sind) nur zur Hälfte an ihre Kinder weitergegeben wurden; die andere Hälfte steuerte der jeweilige Vater bei. Betrachten wir einmal die Tatsache, daß ein Mensch zwei Eltern, vier Großeltern, acht Urgroßeltern und sechzehn Ururgroßeltern besitzt. Das Genom dieses Menschen setzt sich aus einer Mischung der Gene aller 16 Ururgroßeltern zusammen, seine Mitochondrien-DNA stammt jedoch nur von einer *einzigen* Frau, nämlich der Großmutter mütterlicherseits seiner Großmutter mütterlicherseits. Die „Eva der Mitochondrien" ist also lediglich eine der Urmütter der Menschheit.

Wie man sich vorstellen kann, ist das „Out-of-Africa"-Modell äußerst umstritten. Mathematischen Untersuchungen zufolge läßt sich nicht völlig lückenlos nachweisen, daß die „Eva der Mitochondrien" in Afrika und nicht beispielsweise in Asien gelebt hat. Allerdings wird die Theorie durch archäologische Daten erhärtet: So wurden beispielsweise die ältesten Fossilien und Gebrauchsgegenstände des modernen Menschen, deren Alter auf 100 000 Jahre datiert wird, allesamt in Afrika gefunden.

Unabhängig davon, ob die Wiege des modernen Menschen nun in Afrika, Asien oder sonstwo stand, hat der Umstand, daß sich die modernen Menschen erst vor kurzem aus einem gemeinsamen Vorläufer entwickelten, bedeutende Folgen für unsere Frage nach den Ursprüngen des Verhaltens. Gemäß dieser Theorie sind beispielsweise alle Menschen genetisch sehr eng miteinander verwandt; die heutige Weltbevölkerung besitzt insgesamt nur etwa zwei Prozent der genetischen Vielfalt, wie sie bei den Schimpansen, unseren entwicklungsgeschichtlich nähesten Verwandten, vorkommt. Darüber hinaus sind die Rassenunterschiede, die wir bei heutigen Menschen beobachten, im Vergleich zu unserem äußeren Erscheinungsbild – und insbesondere unserem Seelenleben – relativ neuen Datums und zudem nicht sehr tiefgreifend. Unter den Mitgliedern einer bestimmten Rasse bestehen in Wirklichkeit nämlich größere genetische Unterschiede als zwischen den einzelnen Rassen als ganzes; so ist es durchaus möglich, daß ein Europäer beispielsweise mit einem Asiaten oder Afrikaner genetisch näher verwandt ist als mit einem anderen Europäer [71]. Allen Menschen ist ein grundlegender „genetischer Bauplan" für Biologie und Sozialverhalten gemeinsam, welcher durch alle darüberliegenden äußeren Anzeichen wie Hautfarbe und Kultur hindurchschimmert.

Ein wichtiger Aspekt des „Out-of-Africa"-Modells ist auch, daß es den Menschen nicht als *unvermeidliches* Produkt der Evolution darstellt. Das „Kandelaber-Modell" geht davon aus, daß sich unterschiedliche regionale Hominidenlinien zum heutigen modernen Menschen entwickelten, so daß wir heute sozusagen als das Produkt einer Art natürlicher, unabhängiger Parallelentwicklung (Konvergenz) dastehen. Dagegen hält sich das „Out-of-Africa"-Modell mehr an die These, daß die Evolution niemals zielgerichtet verläuft: Der moderne Mensch ist lediglich ein äußerst erfolgreiches Beispiel aus einer Gruppe unterschiedlicher zweibeiniger, „verkopfter" Primaten, die im Laufe der vergangenen drei Millionen Jahre die Erde bevölkerten. Das Auftauchen des modernen *Homo sapiens sapiens* war zwar ein isolierter und einmaliger Vorgang, im Grunde genommen aber nichts besonderes – denn jede beliebige Tier- und Pflanzenart, die neu in Erscheinung tritt, stellt ebenfalls eine Einmaligkeit dar.

Zeit für Kreativität

Ein besonderes Geheimnis beim Erforschen der Ursprünge des menschlichen Sozialverhaltens liegt in der Tatsache, daß der anatomisch moderne Mensch bereits vor 200 000 bis 100 000 Jahren auf der Erde lebte – also gut 60 000 Jahre, *ehe* die ersten technischen Neuerungen sowie Kunst- und Schmuckgegenstände auftauchten. Wenn also der moderne Mensch bereits seit mehr als 100 000 Jahren existierte, warum entstand die Kreativität erst viel später, dann jedoch fast explosionsartig? »Vor etwa 40 000 Jahren fingen die Menschen sozusagen von heute auf morgen an, komplizierte Techniken zu entwickeln, die es 500 Jahre, vielleicht aber auch 1 000 Jahre zuvor noch nicht gegeben hat«, meint White. »Urplötzlich passiert etwas, und als Ergebnis haben wir diese neue Pfeilspitzentechnik, die Menschen schmücken sich oder schnitzen kleine Tierfiguren aus Elfenbein. Auf einmal finden wir eine Menge von Verhaltensweisen, die ganz anders sind als alles, was wir vorher gesehen haben.« Im Nahen Osten hat man Fossilien von Menschen gefunden, die der Anatomie nach moderne Menschen waren und vor erst 45 000 Jahren gestorben sind, aber noch einfache Waffen besaßen, wie man sie von Neandertalern kennt. Weiterhin gibt es auch keine Anzeichen dafür, daß diese anatomischen Neuzeitmenschen vor jener Zeit (das heißt, „vor“ vor 40 000 Jahren) „moderne“ Verhaltensweisen (wie beispielsweise verfeinerte Jagdtechnik, Hüttenbau oder Anfertigen von Kunstobjekten) an den Tag legten. »Im Zeitraum 100 000 bis 40 000 vor unserer Zeitrechnung haben wir es – rein anatomisch gesehen – mit Jetztzeitmenschen zu tun«, so White. »Doch wo ist der ganze Rest? Wo sind die Speerspitzen aus Knochen, der Körperschmuck und all die anderen Kunstgegenstände?«

Diese Verhaltensänderung ist so abrupt, daß einige Forscher davon ausgehen, beim Menschen müßten vor 40 000 tiefgehende Mutationen stattgefunden haben – wodurch, wie manche glauben, möglicherweise dann auch unsere Sprachfähigkeit entstand. Betrachtet man jedoch die menschliche Psyche, so erschient das höchst unwahrscheinlich: Kunst und Musik spielten bei der Evolution der Kreativität eine wichtige Rolle, und musisches wie künstlerisches Verständnis sind zwei fundamentale Anlagen, die im Gehirn verankert sind, aber nichts mit Sprachfähigkeit zu tun haben. Menschen, die eine Gehirnverletzung erlitten haben (etwa durch einen Schlaganfall) können manchmal ihre Musikalität verlieren, ohne ihr Sprachvermögen einzubüßen; und umgekehrt konnten die Opfer eines Schlaganfalls anschließend zwar nicht mehr sprechen, waren aber durchaus in der Lage, zu tanzen, zu musizieren oder neue Dinge zu schaffen. Bestimmte Details an fossilen Schädeln stützen die Annahme, daß Neandertaler wie auch andere, frühere Hominiden wenigstens ansatzweise über Sprachfähigkeit verfügten; allerdings findet man bei diesen Frühmenschen nicht jene reichhaltige Kreativität, wie sie beim Cro-Magnon-Menschen vorkommt. Höchstwahrscheinlich war also die komplexe Sprachfähigkeit nicht für jene neue schöpferische Vielfalt verantwortlich, sondern vielmehr eine von vielen *Folgen* einer anderen, tiefgreifenderen Verhaltensänderung, die neuartige Werkzeuge, Kunstgegenstände und Musik für den Menschen und seine Gesellschaft nützlich werden ließ.

Wie man aufgrund der Fossilien unserer Altvordern vermuten kann, vollzog sich diese Veränderung möglicherweise lange, bevor die Menschen plötzlich kreativ wurden. Hominiden wie *Homo erectus* und *Homo sapiens neanderthalensis* waren riesige, muskelbepackte Wesen, deren robuster, ungeschlachter Knochenbau auf eine Lebensweise hinweist, die dem Einzelnen sehr viel physische Kraft abverlangt, damit er überleben kann. Belastungstests an fossilen Knochen lassen den Schluß zu, daß ein ausgewachsener männlicher Neandertaler theoretisch mehr als 300 Kilogramm Gewicht heben konnte. Dagegen besitzen die Skelette selbst des frühesten anatomisch modernen Menschen einen viel leichteren Knochenbau, und ihre Knochen weisen kaum Anzeichen für starke körperliche Belastung auf. Diese anatomische „Leichtbauweise" kann kein reiner Zufall gewesen sein: Denn obwohl man bei diesen ersten modernen Menschen noch keine Hinweise auf eine plötzliche, gesteigerte Kreativität vorfindet, müssen sie sich im Alltag *irgendwie* anders verhalten haben – denn sie konnten überleben, ohne jene physischen Belastungen auszuhalten, die ihre Vorfahren ertrugen. »Da fragt man sich, welche Vorteile diese anatomisch neuen Menschen bei ihrem ersten Erscheinen wohl besaßen«, behauptet White. »Was war so Besonderes an diesem kleinen Wicht mit seinem Riesenschädel – der im Prinzip ja der Prügelknabe des Schulhofs war, den all die andern Jungs permanent hänselten und herumschubsten?«

Eine soziale Revolution

Die wahre Umwälzung bestand für unsere Vorfahren nicht einfach aus der Fähigkeit, neue Werkzeuge anzufertigen oder gar zu sprechen, sondern darin, die Komplexität ihrer Gesellschaft drastisch und sprunghaft zu verändern. »Man kann kaum in Worte fassen, was damals geschah«, meint White. »Wir haben es mit einer Veränderung der sozialen Ordnung, einer komplett neuen sozialen Matrix zu tun; und als Folge dieser sozialen Veränderungen gewinnt eine Kulturgruppe die Oberherrschaft, sie expandiert und erstreckt sich bald über den gesamten Globus.« Eine vergleichbar dramatische Veränderung ereignete sich vor etwa 10 000 Jahren, als die Menschen zu Ackerbau und Viehzucht übergingen. Innerhalb von 5 000 Jahren nach dem Aufkommen der Landwirtschaft war der gesamte Planet mehr oder weniger von Agrargesellschaften besiedelt, deren Sozialgefüge und Kultur sich deutlich von den Sitten und Verhaltensweisen ihrer Jäger-und-Sammlervorfahren unterschied. Wenn zukünftige Archäologen aus der Distanz von 50 000 Jahren diesen Zeitabschnitt betrachten werden, wird ihnen wohl der gleiche abrupte Sprung ins Auge fallen. »Manche Forscher sehen diese unvermittelt einsetzende Kreativität gerne als das Ergebnis irgendeiner biologischen Veränderung, weil das die schnellste, kompromißloseste und effektivste Art und Weise ist, das Problem zu lösen«, sagt White. »Jedoch sind die Unterschiede in den Verhaltensweisen der Menschen vor und nach der Agrarrevolution mindestens so groß wie, wenn nicht sogar größer als beim „kreativen Quantensprung" – und niemand würde *wagen* zu behaupten, die Menschen unterschieden sich neurologisch von ihren Vorfahren, die 10 000 Jahren vor ihnen gelebt haben.«

Das soziale Gefüge der Cro-Magnon-Menschen unterschied sich stark vom Sozialleben der Neandertaler: Die persönlichen Schmuckstücke der Cro-Magnon-Menschen bestätigen, daß ihnen die Individualität des Einzelnen sehr viel bedeutete – wie auch der gesamten Gruppe; die sorgfältige Bestattungsweise mancher Cro-Magnon-Menschen weist außerdem daraufhin, daß diese Toten in ihrem Leben einen hohen Status genossen – was wiederum auf eine komplexe Gesellschaftsstruktur schließen läßt. Die Neandertaler haben offenbar zwar auch gelegentlich ihre Toten bestattet, doch lief das Ganze in eher „bescheidenem Rahmen" ab, so daß der Eindruck erweckt wird, die Neandertaler wollten ihre Toten nur schnell loswerden. (Frühere

Thesen über einen angeblich hochentwickelten Totenkult bei Neandertalern werden heute als versehentliche Übertreibungen angesehen.) Die Neandertaler hinterließen keinerlei Kunstwerke, weder persönlicher noch sonst welcher Art, und es gibt keine Hinweise auf Jagdmethoden, die nur mit einer äußerst kooperativen Sozialstruktur möglich sind.

Die Komplexität im Sozialgefüge der Cro-Magnon-Menschen wird auch an einigen biologischen Besonderheiten des modernen Menschen deutlich: Unter den Primaten steht der Mensch insofern einzigartig da, als daß seine Kinder ziemlich hilflos auf die Welt kommen und für mehr als zehn Jahre aufwendige Betreuung und Unterweisung benötigen; zum Schutz der Kleinen ist also eine komplexe Sozialstruktur erforderlich. Im Gegensatz dazu waren junge Neandertaler offenbar schon in sehr frühen Jahren ziemlich kräftig: Untersuchungen eines dreijährigen Neandertalerkindes ergaben, daß es vermutlich in der Lage gewesen wäre, etwa 90 Kilogramm zu heben – ein möglicher Hinweis, daß Neandertalerkinder wie andere Primatenjunge früh heranreiften.

Außerdem besitzt der moderne *Homo sapiens* im Vergleich zu den restlichen Primaten eine relativ hohe Lebenserwartung. Diese potentielle Langlebigkeit geht nicht allein auf verbesserte medizinische Versorgung und Ernährung zurück. Denn in allen Kulturen der Welt – unabhängig vom technologischen Stand dieser Länder – findet man immer einige Hundertjährige und eine große Zahl Menschen, die 70 bis 80 Jahre alt und noch älter werden. Aus einigen Skelettfunden von Cro-Magnon-Menschen geht hervor, daß die Menschen damals gut 50 Jahre alt wurden; dagegen schließ man aus den Fossilien erwachsener Neandertaler, daß die meisten Anfang 30 gestorben sind. Kombiniert man diese relative Kurzlebigkeit mit der raschen Juvenilentwicklung der Neandertaler, so kann man davon ausgehen, daß *Homo sapiens neanderthalensis* einen ähnlichen Lebenszyklus hatte wie andere höhere Primaten, beispielsweise die Schimpansen.

Die Eigenschaft des modernen Menschen, ein hohes Alter zu erreichen, zeigt darüber hinaus, daß alte Leute ihren Wert für die Gesellschaft selbst dann nicht verloren, wenn sie nicht mehr körperlich fit beziehungsweise nicht mehr fortpflanzungsfähig waren. Alte Menschen spielten vielmehr eine bedeutende Rolle in jenem dichten sozialen Netzwerk, auf das sich unsere Kultur gründet. In einer Art, die Information quasi als „geistige Nahrung" benötigt, dienen die Alten und Erfahrenen als wichtige Wissensspeicher – insbesondere in solchen Gesellschaften, die keine Schrift kennen [72]. Ältere Menschen wurden zu „wandelnden Lexika", die über Informationen verfügten, welche in einer Gesellschaft von Nutzen sind – beispielsweise wie man extreme Winter, Dürren oder andere Notsituationen übersteht, die vielleicht nur ein einziges Mal in einer Generation auftauchen. Wenn Eltern ihre eigentliche „Reproduktionsphase" überleben, hat das zudem den Vorteil, daß sie auch ihre jüngsten Sprößlinge bis zum Erwachsenenalter begleiten können; darüber hinaus sind sie eine wichtige Hilfe bei der Aufzucht ihrer Enkel. Obgleich ältere Menschen mit zunehmendem Alter immer mehr Pflege und Unterstützung benötigen, müssen ihre Beiträge zum kulturellen Leben der Gesellschaft den durch sie verursachten Mehraufwand an Ernährung, Kleidung und so weiter mehr als wettgemacht haben. »Tatsächlich lohnt es sich zu fragen, ob die persönlichen Erfahrungen der älteren Menschen – wie zum Beispiel Fertigkeiten beim Jagen und Sammeln. Wissen über Heilmethoden und Heilpflanzen, Kenntnisse von kultischen Handlungen, Verwandtschaftsverhältnissen, Territorien und Bedeutungssystemen, die auch bestimmten Körperzierat erforderlich machten – Kriterien waren, an denen ihr Wert (für die Gemeinschaft) bemessen wurde«, vermutet White. »Dies wäre jedenfalls ein entscheidender Schritt in der menschlichen Evolution gewesen.«

Eine derartig einschneidende Veränderung in der Sozialstruktur muß die Wechselwirkungen unserer frühmenschlichen Vorfahren mit ihrer Umwelt – vor allem mit anderen zeitgenössischen Hominiden –

nachhaltig beeinflußt haben. Die Neandertaler lebten sehr wahrscheinlich in einer Sozialstruktur, wie man sie bei heutigen Schimpansen antrifft: Kleine Gruppen aus verwandten Weibchen mit ihren Jungen durchstreifen kleine Verbreitungsgebiete auf der Suche nach Nahrung, während die Männchen – ebenfalls gruppenweise – größere Gebiete durchkämmten und möglicherweise auch größere Tiere jagten. Im Zeitraum 100 000 bis 40 000 Jahre vor unserer Zeitrechnung herrschte im nördlichen Europa eine Eiszeit, weite Landmassen waren von Gletschern bedeckt, und es war sehr kalt. Da es damals in Europa nur stellenweise ausreichend Nahrung gab, reagierten die Neandertaler möglicherweise auf diesen Druck, indem sie sich auf die wenigen Stellen konzentrierten, wo die Ressourcen vielfältig genug waren.

Ganz anders reagierten die modernen Menschen auf die Tatsache, daß ihre Nahrungsquellen zunehmend weiter verstreut lagen: Sie verteilten die Arbeit auf mehrere Gruppenmitglieder, teilten ihre Nahrung untereinander, und beide Elternteile kümmerten sich um die Erziehung der Kinder. Dieses kooperative Verhalten bot so viele Vorteile, daß sich unsere Vorfahren bald über ganz Europa verbreitet hatten und später dann die Welt besiedelten, während die Neandertaler schließlich ausstarben.

Die Verlagerung zu einer Gesellschaftsform mit Arbeitsteilung und gemeinschaftlicher Nutzung von Rohstoffen ließ eine auf Informationsaustausch beruhende „Sozialwirtschaft“ entstehen, in der sich jeder Einzelne in einem interaktiven Netzwerk aus Rechten und Pflichten, Traditionen und sozialen Positionen befindet. Eine überaus wichtige Voraussetzung für den Aufschwung der Kreativität war jedoch das soziale Umfeld, das unsere Altvorderen schufen; in ihm begannen sich die einzelnen Menschen über ihre Beziehung zu anderen zu definieren – sei es als erweiterte Familie, Klan oder Stamm. Demnach ist dieses Bedürfnis nach Integration in ein größeres Sozialgefüge der entscheidende Motor, der die Entwicklung der schönen Künste vorantrieb.

Der Drang des Menschen, seine Welt unter dem Aspekt der sozialen Bindung zu begreifen, durchsetzt seinen gesamten Lebensbereich – unter anderem auch sein Verhältnis zur Natur. Aus ethnographischen Untersuchungen an heutigen Eskimogruppen geht hervor, daß diese Jäger ihre Beutetiere als Teil einer sozialen Beziehung zwischen Mensch und Natur betrachten; auch kennt die Kultur der Eskimos viele Rituale, mit denen die Jagd als „sozialer Akt" gefeiert wird. Möglicherweise wurden die Höhlenmalereien unserer Vorfahren in einer ähnlichen Absicht angelegt – nämlich um eine soziale Bindung mit einem zwar abstrakten, aber dennoch für sie lebenswichtigen Wesen einzugehen – der Natur. Das Schaffen von schönen Dingen, um sie in einem kooperativen Tauschgeschäft mit der Natur oder einer Gottheit zu verwenden, trifft man bei allen Menschen an. Oder wie es ein britischer Forscher formulierte: »Jeder, der einmal einen englischen Winter erlebt hat, wird verstehen, daß die Menschen Stonehenge einfach bauen mußten, um die Sonne wieder zurückzuholen.«

Der Klimafaktor

Unsere Vorfahren änderten ihren Umgang miteinander, als die Population des *Homo sapiens* wuchs. Etwa gleichzeitig setzten mehrere Kältewellen auf der gesamten Erde ein, so daß das Überleben unserer Altvorderen noch stärker von ihrer Kooperation abhing. Lockere Bindungen zwischen einzelnen Mitgliedern einer Gruppe – aber auch zwischen verschiedenen Gruppen eines Gebietes – wurden vertieft, Zusammenarbeit wie auch Konkurrenz wurden größer, so daß die soziale Verflechtung innerhalb des Gruppenverbandes beziehungsweise größerer regionaler Verbände ebenfalls zunahm.

Ein faszinierendes Beispiel für den Einfluß des Klimas auf die Komplexität sozialer Beziehungen liefert der Fundort Howieson's Poort in Südafrika. Die hier ausgegrabenen Steinwerkzeuge sind so hervorragend bearbeitet, daß sie jeder Archäologe spontan jener Zeit zuordnen würde, in der die Menschen urplötzlich innovativ wurden. Jedoch sind die Werkzeuge etwa 80 000 Jahre alt – stammen also aus jener Zeit, in der anatomisch moderne Menschen weltweit noch jene schlichteren Werkzeuge herstellte, wie sie für den Neandertaler typisch sind. Noch verwirrender ist, daß diese Art der Werkzeugherstellung vor 60 000 Jahren in Howieson's Poort zum Erliegen kam und fortan wieder die primitiveren Werkzeuge früherer Generationen angefertigt wurden.

Dieses kurze Intermezzo einer ausgefeilten Werkzeugherstellung wurde möglicherweise durch eine globale Klimaverschlechterung ausgelöst: Vor etwa 80 000 Jahren setzte weltweit eine Periode starker Vereisung ein. Obgleich Afrika davon selbst nicht betroffen war, bewirkte die Vergletscherung auf der Nordhalbkugel, daß überall auf der Erde die Meeresspiegel fielen, was wiederum in Afrika zu vermehrter Trockenheit und dadurch zur Verknappung der Ernährungsmöglichkeiten für Mensch und Tier führte. Die plötzlich auftauchenden technologisch verbesserten Steingeräte in Howieson's Poort sind eine Reaktion der dort lebenden modernen Menschen auf diesen Umweltdruck; diese Änderung trat ein, als die Menschen ihr Sozialgefüge veränderten. Die südafrikanischen Werkzeuge besaßen vermutlich einen ähnlichen sozialen Stellenwert wie die 40 000 Jahre jüngeren, verzierten Geräte der Cro-Magnon-Menschen: Sie gaben beispielsweise Auskunft über die Klanzugehörigkeit einer Person und dienten möglicherweise auch als Gastgeschenke, die wie auch bei heutigen Jäger-und-Sammlergesellschaften in der Absicht überreicht wurden, bestehende soziale Verbindungen zu bekräftigen. Als sich dann vor 60 000 Jahren das afrikanische Klima wieder verbesserte, ließ auch der umweltbedingte Druck nach, diesen hochwertigen Gerätetyp herzustellen. Möglicherweise bewirkte eine ähnliche Klimaveränderung, daß unsere Vorfahren begannen, in großem Maßstab Höhlenwände zu bemalen; denn auch hier fällt der Höhepunkt der künstlerischen Aktivitäten zeitlich mit der starken Vereisung Europas zusammen, die vor etwa 18 000 Jahren einsetzte. Als sich die Gletscher vor 10 000 Jahren wieder zurückzogen, schwand auch das Interesse der Menschen an der Höhlenmalerei.

Demnach schlummerte die Kreativität offenbar schon in jenen ersten Vertretern des *Homo sapiens*, die vor 100 000 auftauchten. Doch obwohl diese Menschen kulturfähig waren, kamen ihre kreativen Begabungen erst unter dem Druck von Klimaverschlechterung und Bevölkerungswachstum zur Entfaltung. Diese erzwangen eine Intensivierung der sozialen Beziehungen und schufen ein Umfeld, in dem Kultur, Kunst und neue Ideen auf einmal etwas *wert* waren. Vor dieser Zeit waren kunstvoll ausgeführte Werkzeuge und Höhlenmalereien reine Zeit- und Energieverschwendung, doch von da an besaßen die gleichen Tätigkeiten einen völlig neuen Stellenwert für die gesamte Gruppe. »Ich denke, daß Kunst, Körperschmuck und derlei Dinge im Rahmen eines kontinuierlichen Prozesses entstanden sind. Die Menschen haben immer experimentiert, herumgespielt und Dinge ausprobiert haben, die mal klappten und mal nicht«, vermutet White. »Sicherlich gab es schon vor 600 000 Jahren den einen oder anderen Menschen, der gelegentlich eine Knochenschnitzerei angefertigt hat, doch das brachte nichts, weil die entsprechende Sozialstruktur fehlte. Ob irgendeine technische Erneuerung von den Menschen akzeptiert wird, hängt entscheidend davon ab, inwieweit sie von einer Gruppe gebraucht wird oder ihr einen Vorteil verschafft.« Im Prinzip waren schon durch die jahrtausendelange Entwicklung des Gehirns sämtliche „neuronalen Weichen" gestellt, damit die Intensivierung der sozialen Beziehungen ins Rollen kommen konnte. Der entscheidende Funke jedoch, der letztlich das Feuerwerk der Kreativität entzündete, war – und ist auch heute noch – der *Mitmensch*.

Kultur(r)evolution bei den Neanderthalern?

Am deutlichsten wird der Unterschied zwischen Kulturfähigkeit und dem Schaffen von Kultur, wenn man die Funde aus dem französischen Saint-Césaire betrachtet. An dieser Fundstätte wurde neben dem Skelett eines Neandertalers eine Sammlung an Geräten freigelegt, die keinem anderen Gegenstand gleichen, den ein Neandertaler in den vorausgegangenen 100 000 Jahren angefertigt hatte. Diese Werkzeuge weisen große Ähnlichkeit mit den Werkzeugen der Cro-Magnon-Menschen auf; sie bestehen zum Teil aus sorgfältig behauenen Flintklingen, andere wurden aus Knochen und Geweihen gefertigt – zwei Merkmalen, die man bei anderem Neandertalerwerkzeug nicht findet. Der Neandertaler von Saint-Césaire hat allerdings erst vor etwa 36 000 Jahren gelebt und ist somit der „jüngste" Vertreter seiner Art überhaupt. Der Fund demonstriert aber auch, daß sich Neandertaler sogar Jahrtausende, *nachdem* die Cro-Magnon-Menschen nach Europa gekommen waren, immer noch in diesem Erdteil aufhielten [77]. Denn diese sorgfältig bearbeiteten Neandertalergeräte wurden hergestellt 5 000 bis 8 000 Jahre, nachdem die modernen Menschen europäischen Boden betreten hatten.

Es gibt keinerlei Hinweise, daß die Neandertaler diese Techniken zur Werkzeugherstellung nach und nach selbst entwickelten; sehr wahrscheinlich lernten sie die Verfahren von ihren Nachbarn, den Cro-Magnon-Menschen durch Nachahmung oder lasen weggeworfene oder verlorene Cro-Magnon-Werkzeuge auf. Genau wie die modernen Menschen jahrtausendelang bereits die *geistigen Voraussetzungen* besaßen, Landwirtschaft zu betreiben oder Computer zu bauen, ohne diese Fähigkeiten tatsächlich umzusetzen, waren offenbar auch die Neandertaler in der Lage, Werkzeuge wie die Cro-Magnon-Menschen herzustellen, taten dies jedoch 100 000 Jahre lang nicht.

Ein ähnlicher Technologiesprung fand vor einigen Jahren am Yerkes-Zentrum für Primatenforschung in Georgia (USA) statt: Dort hatte der Archäologe Nick Toth einem Zwergschimpansen namens Kanzi beigebracht, primitive Steinwerkzeuge herzustellen, die grob jenen Geräten ähnelten, welche *Homo habilis*, der älteste menschliche Vorfahr, angefertigt hat. Obgleich Kanzis Werkzeuge wie auch sein Talent, diese herzustellen, nur grobe Imitationen des Menschen sind, kann man aufgrund dieser Arbeiten davon ausgehen, daß Bonobos zumindest ansatzweise die geistige *Fähigkeit* besitzen, so etwas wie komplizierte Steinwerkzeuge anzufertigen. Kanzis Leistungen zeigen nicht nur, daß man die geistige Kapazität von Zwergschimpansen bisher unterschätzt hat, sondern auch, daß hinter der Fähigkeit, Werkzeuge zu schaffen, mehr steckt, als bislang angenommen wurde. Man braucht mehr dazu als nur die grundlegenden geistigen und körperlichen Fähigkeiten, um einen Stein zu behauen: Kanzi hat wohl demonstriert, daß Bonobos geistig zur Herstellung von Steinwerkzeug in der Lage sind, in freier Wildbahn tun sie dies jedoch nicht. Vielleicht verhielt es sich mit den Neandertalern ja genauso, denn obwohl sie theoretisch vom Intellekt her zum Anfertigen von Werkzeug befähigt waren, fehlten ihnen eventuell die komplexen Sozialstrukturen, um derartige Geräte so zu benutzen wie moderne Menschen. Die eigentliche Erfindung der Cro-Magnon-Menschen, welche die neue Technologie erst ermöglichte, lag in ihrem Sozialgefüge, nicht in den Werkzeugen selbst.

Die Vorstellung, geistig für bestimmte Verhaltensweisen prädisponiert zu sein, ohne dieses Verhalten zu äußern, wäre weniger verwirrend, wenn die Menschen nicht dauernd den Fehler begingen, Evolution mit *Fortschritt* gleichzusetzen. Entwicklungsgeschichtlich betrachtet gibt es keine Adaptation, die eindeutig „besser" ist als eine andere, denn jede Verhaltensänderung besteht aus einem sorgfältigen Abwägen von Kosten und Nutzen, von kurzfristigen und langfristigen Vor- und Nachteilen. Wir neigen häufig dazu, den Neandertaler als Versager abzustempeln, weil er ausgestorben ist. In Wirklichkeit jedoch gehört er zu den Erfolgreichen der Erdgeschichte: 200 000 Jahre lang bevölkerte er die Erde – also mindestens so lang, wenn nicht sogar länger als der moderne Mensch. Aus heutiger Sicht waren die Werkzeuge der Cro-Magnon-Menschen eindeutig eine Verbesserung gegenüber den Geräten der Neandertaler; für diese Hominiden jedoch (die immerhin mit ihrer „altmodischen" Technik über Tausende von Generationen hinweg erfolgreich existiert hatten) wäre eine Veränderung in ihrem Alltagsleben nur dann gedanklich plausibel gewesen, wenn es sich um einen Akt der Verzweiflung gehandelt hätte.

Obgleich der Kultur nach ihrem unvermittelten Erscheinen vor etwa 40 000 Jahren offenbar ein ziemlicher Erfolg beschieden war, muß man sich den wichtigen Aspekt vor Augen führen, daß damals weder Neandertaler noch Cro-Magnon-Menschen auch nur die leiseste Vorstellung von den Langzeitkonsequenzen dieser Verhaltensänderung besaßen. »Das plötzliche Auftauchen der Kreativität kann man keinesfalls als ein spezielles Lösungspaket auf ein Bündel ganz bestimmter Probleme betrachten«, behauptet White. »Vielmehr handelt es sich um eine Verhaltensänderung mit enormen Konsequenzen, die unsere Altvorderen überhaupt noch nicht vorhersehen konnten. Welche Konsequenzen resultieren aus dem Entstehen der Kunst? Vermutlich das Raumzeitalter. Hätten unsere Vorfahren das in dieser Form erkennen können? Wohl kaum. Und welche Konsequenzen werden uns aus der Landwirtschaft erwachsen? Möglicherweise der Untergang der Spezies Mensch. Hätten die ersten Bauern das in dieser Form erkennen können? Wohl kaum. All diese Dinge entstanden als kurzfristige Lösungen auf akute Probleme, und was letzten Endes dabei herauskommt, war für die Menschen, die diese Erneuerungen praktizierten, niemals vorhersehbar.«

Verbesserte Werkzeuge

Die plötzliche Kreativität machte sich erstmalig bemerkbar, als unsere Vorfahren vor 40 000 Jahren sprunghaft ihre Technik bei der Werkzeugherstellung veränderten. Zuvor hatten die Hominiden – selbst angesichts größerer Umweltveränderungen – auf der ganzen Welt nur recht primitive Gegenstände aus Stein und Holz hergestellt. »Beim Neandertaler finden wir stets denselben Werkzeugtyp – ganz egal, ob er in kalten oder wärmeren Gegenden, im Wald oder sonstwo gelebt hat«, meint White. »Schaut man sich Werkzeuge von europäischen Neandertalern oder Werkzeuge von Neandertalern an, die Tausende von Kilometern entfernt in Afrika gelebt haben, so sehen sie alle gleich aus. Doch mit der Ankunft des modernen Menschen vor 40 000 Jahren ist es plötzlich völlig anders: Ab dieser Zeit kann man nicht einmal mehr das gleiche Klassifizierungsschema für Funde aus Frankreich und solche aus Italien verwenden. Sie sind einfach zu verschieden.«

Zur Herstellung von Steinwerkzeug schlugen die Cro-Magnon-Menschen einen Rohling aus Flint oder Feuerstein so zurecht, daß ein großer Zylinder von der Größe einer Kaffeedose entstand; anschließend schlugen sie von den Außenrändern des Zylinders lange, dünne Steinblättchen ab. Diese Steinklingen wurden dann zu einer Reihe weiterer Geräte verarbeitet. Schlug man die Klinge an einem der schmalen Enden zurecht, so entstand eine Speer- oder Pfeilspitze, während durch seitliches Abschlagen der Klinge eine Messerkante oder ein Schaber zum Glätten von Tierbälgen entstanden. Mit Hilfe dieser Abschlagtechnik gewannen die Cro-Magnon-Menschen aus einem etwa 450 Gramm schweren Rohling etwa 12 Meter „Klingenkante“, während die Neandertaler mit ihrem antiquierten Verfahren gerade mal *einen* Meter „Abschlagkante“ produzierten. Der Cro-Magnon-Mensch fertigte auch Stichel und Ahlen aus Stein an, um damit Felle und Häute zu durchbohren und anschließend zu Kleidern weiterzuverarbeiten. Außerdem führte er eine weitere Innovation in das Alltagsleben ein: Er benutzte Knochen, Elfenbein und Rengeweihe als neue Werkstoffe, um seiner Kreativität Ausdruck zu verleihen und schnitzte aus ihnen Schmuck, Harpunen, Angelhaken und Nähnadeln. »Geweihe sind ein auffälliges Rohmaterial, das vor dem Auftauchen des modernen Menschen nie verwendet wurde«, meint White, während er durch sein Labor geht. »Allein in dieser Schublade kann ich Ihnen mehr Speerspitzen aus Rengeweih zeigen, als auf der *gesamten Welt* vor dem „Kreativitätssprung" existierten.«

Heidi Knecht, eine ehemalige Studentin Whites, stieß auf ein faszinierendes Verfahren der Cro-Magnon-Menschen, mit dem sie Pfeil- oder Speerspitzen aus Rentiergeweih an einem Holzschaft befestigten. »Eine Methode, an die weder Sie noch ich je gedacht hätten«, erklärt White, während er eine weitere Schublade voller Speerspitzen herauszieht. »Im Vergleich zu den Neandertalern ist das hier das Raumzeitalter. Man nimmt eine Geweihstange, halbiert sie der Länge nach und feilt sie dann solange ab, bis eine Spitze entsteht. Das stumpfe Ende wird dann gespalten. Als die Archäologen die ersten Spitzen dieser Machart fanden, dachten sie natürlich sofort, daß die Cro-Magnon-Menschen das gespaltene Ende auf einen Holzschaft aufflanschten. Wie man heute vermutet, war das noch lange nicht alles: Die Menschen nahmen damals einen Holzschaft, spalteten ihn an einem Ende, und steckten dann das gespaltene Ende der Speerspitze in den Schaftspalt. Anschließend trieben sie einen winzigen Keil in den Schaftspalt, und zwar so, daß die Speerspitze nicht herausrutschen konnte und festsaß. Das Ganze ist gewiß nicht die einfachste Art und Weise, so etwas zu tun – was ich damit sagen will: Sie sind wie wir.«

Die Wahrheit über den „Jäger Mensch“

Zeitgleich mit diesen neuen Werkzeugen verbesserten sich auch die Jagdtechniken der damaligen Menschen, und zum ersten Mal gibt es Anzeichen dafür, daß sie die Zusammenarbeit besser koordinierten, um gemeinsam größere Mengen Wild zur Strecke bringen zu können [74]. Die Vorstellung vom Urmenschen als Großwildjäger hat eine lange Tadition in der Erforschung der Evolution des Menschen. Jahrelang glaubte man, daß der „Jäger Mensch“ der auslösende Faktor für die Evolution des heutigen *Homo sapiens* war; denn schließlich sind ausgeklügelte Waffen und ein gut entwickeltes Gehirn unerläßliche Bedingungen, um große, gefährliche Tiere zu erlegen. Allerdings wurde dieser Gedanken vom Menschen als „urzeitlichen Großwildjäger“ weitgehend als Mythos entlarvt.

Ganz sicher spiegelt auch unsere Anatomie die Tatsache wider, daß wir Menschen seit Urzeiten Fleischfresser sind. In den menschlichen Eingeweiden dominiert rein funktionell der Dünndarm, in dem Proteine und andere Nährstoffe aufgeschlossen und absorbiert werden – die besondere Anatomie des Verdauungstraktes läßt dann auch die Vermutung zu, der Mensch habe sich schon seit langen Zeiten von nährstoffreicher Kost, wie Obst, Nüssen und vor allem Fleisch, ernährt. Diese These wird auch durch fossile Zähne unserer Altvordern belegt: Da Zähne beim Zerkauen hartfaseriger Pflanzen auf ganz charakteristische Weise abgenutzt beziehungsweise von kleinen, in den Pflanzen enthaltenen Kristallen „zerkratzt“ werden, müßten solche „Kratzer“ auf der dünnen Schmelzschicht zu sehen sein, jedoch fehlen sie. Darüber hinaus kann der menschliche Organismus die Vitamine A und B_{12}, die gehäuft in der Leber vorkommen, selbst nicht bilden.

Einige Besonderheiten der heutigen Verdauungsphysiologie des Menschen lassen ebenfalls vermuten, daß das Fleisch, das unsere Vorfahren aßen, nicht mit dem zu vergleichen ist, was wir heute beim Metzger kaufen: Der Mensch absorbiert 95 Prozent der verzehrten

Fettmenge, weshalb man annehmen kann, daß Fett zu Urzeiten eine echte Mangelware war. Dementsprechend entstand eine psychologisch geprägte Vorliebe für bestimmte „Leibgerichte“, die auch heute noch unser Eßverhalten beeinflußt: Unseren Altvorderen käme sicherlich jedes Fast-Food-Restaurant wie ein kulinarisches Schlaraffenland vor. Und genau jene Eigenschaft von Fett, die unsere Vorfahren an ihm schätzten, nämlich Kalorien in Kompaktform zu sein, macht es in der modernen westlichen Welt, wo es in Hülle und Fülle vorkommt, so problematisch: Da der menschliche Verstand in einer Umwelt geprägt wurde, in der es kaum Fett gab, fällt es ihm heute schwer, rechtzeitig auf die Eß-Bremse zu treten.

Fleisch ist die ideale Speise für das kooperativste Wesen dieser Welt: Denn da es von Kalorien nur so strotzt, stellt Fleisch eine der kompaktesten Nahrungsquellen dar. Vom Polarkreis bis zur Savanne werden durch die Jagd auf Großwild die meisten Kalorien pro Arbeitsstunde erzielt, wobei es unerheblich ist, ob die Tiere per Schleuderspeer mit Steinspitzen, Netz, Angelhaken oder Pfeil und Bogen erlegt beziehungsweise gefangen werden. Deshalb ist Fleisch eine hervorragende „Währung“ im sozialen Tauschhandel. Normalerweise konnte eine Einzelperson nur etwa soviel Pflanzenkost sammeln und nach Hause tragen, daß davon höchstens ein paar Menschen satt wurden. Ein Großwildkadaver hingegen lieferte ausreichend Nahrung für eine große Zahl Personen – Nahrung, die man gut mit Nachbarn, Freunden und Geliebten teilen, an Kranke schenken oder zum Unterhalt einer Familie verwenden konnte.

Indem sie Fleisch auf ihren Speiseplan setzten, schufen sich die Frühmenschen zweifellos zahlreiche neue Probleme: Zum einen sind die „Fleischquellen“ nicht wie Pflanzen fest im Boden verwurzelt, sondern neigen dazu wegzulaufen, so daß Wild als Nahrungsquelle nicht sehr zuverlässig ist, weshalb man Jagdmethoden, Fallen und Waffen verfeinern mußte, um der Beute habhaft zu werden. Außerdem brachte eine Lebensweise als Fleisch- oder Aasfresser mit sich, daß man sich plötzlich in direkter Konkurrenz mit unangenehmen Kreaturen wie Großkatzen und Hyänen befand.

Eine dramatische Wende

Die ersten Hinweise, daß frühmenschliche Vorfahren plötzlich auch Fleisch konsumierten, stammen aus Grabungsstätten, an denen Fossilien des *Homo habilis*, der vor zwei Millionen Jahren auf der Erde lebte, freigelegt wurden. Einer der berühmtesten Fundorte dieses Hominiden ist die Olduwaischlucht in Tansania, die oft als der „Grand Canyon der Frühgeschichte" bezeichnet wird. An einem Grabungsort in dieser Schlucht fanden Archäologen mehrere große Haufen, die 1,85 Millionen Jahre alt waren; diese Haufen bestanden aus über 2 500 Steinwerkzeugen und mehr als 15 000 Knochentrümmern, die unter anderem von Mäusen, Wildschweinen, Antilopen und Elefanten stammten.

Ausgehend von der „Jäger Mensch"-Hypothese nahmen die Forscher an, daß es sich bei diesen Geröll- und Knochenhaufen um die Überbleibsel von Lagerstätten handelte, die nomadische Jägergruppen zu Lebzeiten genutzt hatten. Diese Orte, die man als Beweise für eine „Ausgangsbasis" interpretierte, wie man sie auch bei heutigen Jäger-und-Sammlergruppen antrifft, zeugten demnach von einer Lebensweise, bei der die Männer auf die Jagd gingen und die Frauen pflanzliche Nahrung sammelten. Nach getaner Arbeit versammelten sich alle Gruppenmitglieder an der Heimstätte, wo sie gemeinsam aßen und auf diese Weise möglicherweise den Grundstein für soziale und kulturelle Bräuche legten, von denen die moderne menschliche Kultur geprägt wird. Einige kreisförmig angelegte Steingruppen, die man in der Olduwaischlucht entdeckte und die den Überresten von Zweighütten ähnelten, wie sie heutige Jäger und Sammler bauen, bildeten folglich die ersten Beweise für den Hausbau.

Obgleich dieses Modell von der jägerischen Lebensweise der Frühmenschen zunächst sehr interessant war, fanden Archäologen schon bald Hinweise auf einen völlig anderen „Lifestyle", als sie nämlich die Knochentrümmer und Gerätschaften untersuchten, die der *Homo habilis* hinterlassen hatte. Als die Forscher die Knochen unter dem Elektronenmikroskop untersuchten, bemerkten sie auf vielen Knochen unverwechselbare Schnitt- und Schabespuren, die von Steinwerkzeugen stammten – etwa in der Art, wie ein Küchenbrett von Rillen und Schnitten übersät ist, die beim Schneiden mit einem Messer entstehen. Diese Spuren sind ein deutlicher Beweis, daß die Menschen in Olduwai das Fleisch ihrer Beute mit Steinwerkzeugen von den Knochen trennten.

Das Elektronenmikroskop brachte aber nicht nur die carnivore Lebensweise unserer Altvorderen an den Tag, sondern erlaubte es den Forschern auch, andere Spuren auf den Knochen zu erkennen, die dem Treiben in Olduwai kaum noch Platz für Pfadfinderromantik lassen: Viele Knochen trugen Biß- und Nagespuren, die von Raubtieren, wie beispielsweise Hyänen, stammten, weshalb man annehmen kann, daß die Olduwaischlucht nicht nur von Menschen als „Futterplatz" genutzt wurde. Aufgrund anderer Kratzer und Spuren entsteht der Verdacht, daß sich *Homo habilis* nicht nur als Jäger, sondern zumindest zeitweise auch als *Aasfresser* betätigte [75]. Denn auf einigen Knochen verlaufen die Zahnabdrücke der Raubtiere unter den Schnittspuren, die von einem Steinwerkzeug hinterlassen wurden, und umgekehrt gibt es auch Bißspuren, die über eine Schlagspur ziehen. Menschen und fleischfressende Tiere scheinen also am gleichen Knochen genagt zu haben. Knochen mit „Doppelspuren" kommen etwa zu gleichen Teilen vor; diejenigen Knochen, wo die Schnittspuren zuunterst liegen, werden wohl von Raubtieren abgenagt worden sein, nachdem der Mensch den Knochen weggeworfen hatte. Hingegen sind die Knochen, die zuerst von Raubtieren benagt wurden, ein Hinweis, daß *Homo habilis* diese Knochen von dem Ort entwendet hat, wo zuvor ein Raubtier seine Beute geschlagen hatte.

Gemeinsame Mahlzeiten

Die Jagd auf Großsäuger tauchte in größerem Maßstab nicht vor jener Zeit auf, in der die *Kultur* ihren großen Aufschwung nahm. Wie die Archäologie belegen kann, war der moderne Mensch ein geschickter und erfolgreicher Jäger. Zu seinen Beutetieren zählten unter anderem Hirsch, Wisent, Auerochse, Pferd, Wildschwein und Mammut, aber auch viele Vogelarten wie Enten, Tauben, Birk- und Auerhühner; außerdem fing er Füchse, Biber und Kaninchen, die ihm Pelze lieferten. Und der wahre Grund, warum viele eiszeitliche Großsäuger – im Gegensatz zu Rindern und anderen Haustieren – heute nicht mehr leben, ist wohl der, daß die Menschen das Gros dieser Tiere damals verspeist haben. »Vor etwa 12 000 Jahren starb das Mammut in ganz Europa aus«, kommentiert White. »Daran traf sie keine Schuld, und auch die Umwelt konnte nichts dafür. Schuld waren die Menschen.« Die Jagdfertigkeiten der eiszeitlichen Jäger werden uns in Nordamerika besonders kraß vor Augen geführt, wo die damaligen Ureinwohner nahezu 70 Prozent der dort lebenden Großsäugerarten – unter anderem Mammuts, Kamele und Riesenfaultiere – durch extensive Bejagung ausrotteten. In den Geschichtsbüchern steht zwar, daß erst die Spanier im 15. Jahrhundert Pferde nach Nordamerika brachten, in Wirklichkeit jedoch waren Pferde Urbewohner dieses Kontinents; sie verschwanden 10 000 Jahre vor der Landung der „Santa Maria“ infolge umfassender Bejagung.

Ausschlaggebend für den Jagderfolg der Frühmenschen waren weniger ihre neuen Waffen, sondern vielmehr ihre veränderten Verhaltensweisen. Da sie relativ groß, unbeholfen und schlecht zu Fuß waren, konnten sich die Menschen damals nur schlecht an ihre Beute anschleichen und sie wie die meisten Raubtiere durch einen gezielten, raschen Angriff erlegen; statt dessen mußten sie im Team arbeiten, um das Wild zur Strecke zu bringen – und Zusammenarbeit ist nun gerade ein Bereich, in dem der Mensch brilliert. Durch Lärmen und gezieltes Feuerlegen trieben einige Männer die Beute aus dem Busch in die Arme anderer Jäger, die im Hinterhalt auf die fliehenden Tiere lauerten. Derartige Möglichkeiten, den Tieren einen Hinterhalt zu legen, ergaben sich auch, wenn die Menschen auf den oder in der Nähe der jährlichen Wanderrouten der großen Rentiertierherden ihre Lager aufschlugen. Mehr als die Hälfte der prähistorischen Fundorte Süd- und Mittelfrankreichs befinden sich in der Nähe von kleinen oder großen Flüssen, meist unweit einer Furt, wo die Rentiere das Gewässer leicht überqueren konnten.

Daß die Menschen damals sehr viel über die Lebensweisen ihrer Beutetiere wußten, beweist der Fundort Solutré (Saône-et-Loire) in Mittelfrankreich. In diesem Gebiet wurden in der Nähe eines nach drei Seiten steil abfallenden Felshangs Fossilien von über 10 000 Wildpferden gefunden, deren Knochen teilweise Anzeichen dafür aufweisen, daß sie gebraten wurden. Als man den Fundort vor 100 Jahren entdeckte, nahm man an, die Frühmenschen hätten eine Wildpferdherde die Klippen hinuntergejagt, so wie dies einige nordamerikanische Indianerstämme bei der Bisonjagd praktizierten. Allerdings liegen die Überreste der Pferde nicht direkt unter den Steilhängen, sondern befinden sich in einer Art natürlicher Sackgasse, die am Ende eines breiten Tals liegt, das die Bergketten dieser Region durchschneidet. Da die Menschen wußten, daß die Pferde auf ihrer alljährlichen Wanderung von den Sommerweiden ins Winterquartier durch dieses Tal ziehen würden, bauten sie Barrikaden, welche die Herden in diese Sackgasse lenkten, wo die Jäger den Tieren leichter auflauern und sie besser erlegen konnten.

Die größte sprunghafte Veränderung im Alltagsleben unserer Altvorderen, die sich aus dieser neuen Jagdweise ergab, betraf weniger die Art und Weise, wie sie ihre Beute erlegten, sondern eher den kooperativen Sozialaustausch, der sich an die Jagd anschloß. An einem bestimmten Ausgrabungsort fanden Archäologen heraus, daß der Kadaver eines einzigen Tieres an drei verschiedenen Feuerstellen zubereitet wurde, die zig Meter auseinander lagen. Demnach hatten sich wahrscheinlich drei verschiedene Familien ein Tier geteilt – ein soziales Verhalten, das uns auch noch in vielen heutigen Situationen begegnet, sei es nun beim Grillfest im Garten oder bei der Weihnachtsgans.

Kunst als soziales Signal

Die einschneidenden Veränderungen, die parallel zum Aufkommen der Kreativität im Sozialgefüge der Frühmenschen auftraten, spiegeln sich auch in der Tatsache wider, daß diese damals große Mengen an persönlichem Schmuck fabrizierten. So faszinierend die Höhlenmalereien von Lascaux und Altamira sind, stellen sie doch nur den mittleren Abschnitt der menschlichen Kunstgeschichte bis zum heutigen Tag dar. Die ersten künstlerischen Experimente führten unsere Vorfahren beinahe 15 000 Jahre früher durch; damals bemalten sie keine Felswände, sondern fertigten Ziergegenstände wie Perlen, Anhänger und Statuetten an, die sie mit sich umhertrugen.

White fand heraus, wie die Menschen vor 35 000 Jahren Perlen aus Stoßzähnen von Mammuts herstellten; dazu experimentierte er mit Elfenbein, das von den Behörden beschlagnahmt und ihm in kleinen Mengen zur Verfügung gestellt worden war. »Zu den aktuellsten Methoden der Archäologie gehört es, alte menschliche Verhaltensweisen an modernen Materialien auszuprobieren«, verrät er. »Wir wollen beispielsweise wissen, wie die Menschen vor 35 000 Jahren mit Hilfe ihrer damaligen Werkstoffe und Techniken so feine polierte Perlen angefertigt haben. Also nehmen wir ihre Werkstoffe und Techniken und versuchen es einmal selber. Anschließend vergleichen wir unsere eigenen Perlen mit denen der Urmenschen unter dem Rasterelektronenmikroskop – und was, glauben Sie, sieht man dann? Wir haben sie nachgemacht.«

White stellte auch fest, daß die Perlenschnitzerei kein reines Freizeitvergnügen war, sondern eine zeitaufwendige, mühsame Aufgabe. Zunächst muß ein Mammutstoßzahn der Länge nach in kleine, stäbchenförmige und etwa bleistiftgroße Elfenbeinrohlinge gespalten werden. Dann wird um die Basis des Rohlings herum eine ringförmige Rille eingekerbt, die durch weiteres Einkerben nach und nach tiefer wird, bis sich ein etwa pastillengroßes Scheibchen ablöst. Mit Hilfe eines spitzen Steines wird ein Loch in die Perle gemeißelt, die man dann durch Abschaben und Feilen in eine Tränenform bringt. Die Perlen wurden anschließend zu Ketten aufgefädelt oder auf Kleidungsstücke genäht, wie die Lage solcher Perlen vermuten läßt, die in Gräbern gefunden wurden. Die Cro-Magnon-Künstler konnten diese feinen, einheitlich geformten Perlen nur deshalb herstellen, weil sie zuerst das Loch zum Auffädeln anfertigten – ohne Bohrer, den sie damals noch nicht kannten – und dann das angrenzende Material abtrugen

Im Gegensatz zu der weitverbreiteten Behauptung, Kunst sei das Nebenprodukt einer Gesellschaft, deren Mitglieder ihre lebenswichtigen Bedürfnisse befriedigt haben und nun ausreichend Muße besitzen, um kreativ zu sein, verdeutlicht Whites Wiederbelebung der frühzeitlichen Perlenherstellungstechnik, daß Kunst für das Überleben der Frühmenschen ebenso wichtig war wie Nahrungssuche und Unterkünfte. »Diese Perlen waren für die Menschen damals sehr wichtig«, behauptet er. »Sie verbrachten Tausende von Stunden damit, diese Perlen anzufertigen, obwohl sie nur 150 Kilometer von einer gewaltigen Gletschereisdecke entfernt lebten.« In einer 28 000 Jahre alten Grabstätte fand man beispielsweise insgesamt *14 000* Elfenbeinperlen, zu deren Herstellung man je 40 bis 50 Minuten benötigte. Der Zeitaufwand, den unsere Vorfahren trotz der extrem kalten eiszeitlichen Witterung für die Herstellung von Kunstgegenständen betrieben, deutet daraufhin, daß Kunst in ihren Augen nicht als reiner Zeitvertreib galt, sondern einen weitaus bedeutendere Rolle in ihrem Sozialleben spielte. »Die Menschen betrachten Kunst oft als nicht lebensnotwendig«, glaubt White. »Jedoch scheint sie aus dem Versuch heraus entstanden zu sein, mit bestimmten schwierigen Situationen fertigzuwerden. Kunst paßt besser in Streßsituationen als in Zeiten des Wohlbefindens und der Muße. Ganz ohne Frage entsteht Kunst nicht, weil die Menschen etwa mehr Freizeit haben, sondern immer dann, wenn der Teufel los ist und die Leute nichts zu reißen und zu beißen haben.«

Die Kunst half den Frühmenschen, mit den Unbilden eines rauhen Klimas fertig zu werden, indem sie ihnen als Mittel zur sozialen Kooperation diente – Wechselbeziehungen, die damals wie heute für das Überleben der menschlichen Art sehr wichtig sind. Als die Menschen sich mit verschiedenen Kunstgegenständen schmückten, wurden ihre Körper zu „lebendigen Bildern", auf denen unterschiedliche Symbole, Zeichen und Signale Auskunft über ihren Träger gaben. Solche optischen Signale existieren auch in unserer heutigen Gesellschaft, in der Trauringe, Vereinsfarben oder Punkfrisuren die persönliche Einstellung oder Zugehörigkeit eines Einzelnen zu bestimmten Personen oder Gruppen demonstrieren. Die „Kunst", die man am Leibe trägt, wird zum sichtbaren Bekenntnis des eigenen Charakters und fordert andere auf, über ihre Bedeutung nachzudenken. Das Äußere eines Mitmenschen bringt unseren heutigen Verstand oft relativ leicht – und zum Teil auch auf gefährliche Weise – dazu, voreilige Schlüsse über politische Einstellung, finanziellen Status, Herkunft, Klasse, Zuverlässigkeit und Gesamtcharakter dieser Person zu ziehen. Ganz gleich, ob es sich dabei um Tätowierungen, Markenuhren, hochhackige Pumps oder protzige Diamantringe handelt – persönlicher Schmuck von Männern und Frauen stellt eine ganze Palette von Signalen bereit, die auf ihre Attitüden und gesellschaftliche Stellung verweisen. Analog dienten wohl auch die verschiedenen Verzierungen auf Werkzeug und Kleidung der Frühmenschen als eine Art sozialer Kitt, der ihr Sozialgefüge zusammenhielt. So sind beispielsweise in eiszeitliche Werkzeuge aus bestimmten Regionen Europas fast einheitlich die gleichen Tiermotive eingeritzt; die Archäologen nehmen daher an, daß dieses Tierbild als eine Art Totem verwendet wurde, das die Klanzugehörigkeit der Person auswies, die dieses Gerät hergestellt hatte oder es trug.

Genau wie heute, wo eine Rolex nicht bloß Chronometer, sondern auch Statussymbol ist, stellten die Frühmenschen über ihren persönlichen Schmuck die eigenen Leistungen und Erfolge zur Schau; dadurch gaben sie sich ihren Mitmenschen als vertrauenserweckende Partner oder nicht zu unterschätzende Gegner zu erkennen. Etwa ein Drittel der von Archäologen gefundenen, persönlichen Schmuckstükke aus jenen Tagen wurde aus Raubtierzähnen gefertigt, die von Füchsen, Wölfen und Löwen stammen. In einer Grabstätte fand man über 240 Reißzähne von Füchsen, die (vermutlich in Form einer Kette) um die Taille des Toten geschlungen waren – der zu Lebzeiten offensichtlich ein erfolgreicher Fuchsjäger gewesen war. Trotzdem findet man unter den Knochenabfällen aus den ehemaligen Lagern dieser Jäger höchstens zehn Prozent Raubtierknochen. »Sehr wahrscheinlich war es kein bloßer Zufall«, mutmaßt White; »daß Felle und Zähne von Raubtieren, die ja selbst andere Tiere jagen, beim Menschen, dem gefährlichsten aller Raubtiere, zu Statussymbolen wurden.«

Darüber hinaus dient Körperschmuck nicht nur zur Festigung von Bindungen innerhalb einer Gruppe, sondern auch zwischen den verschiedenen „Horden", die das eiszeitliche Europa bewohnten. Relativ früh entstanden bereits Handelsverbindungen und andere Bündnisse, über die ein reger Warenaustausch durch Europa erfolgte. So wurden beispielsweise hochwertige Kernsteine aus Flint, Bernstein sowie Gehäuse von Meeresschnecken und Muschelschalen an Stellen gefunden, die Hunderte von Kilometern von ihren natürlichen Vorkommen entfernt waren. Fundorte, die viele Gegenstände enthalten, wie beispielsweise die Höhle von Altamira in Spanien, dienten möglicherweise als „Begegnungsstätten“ für große Menschenmengen, die sich von weither an diesem Ort einfanden. Die vielen unterschiedlichen Stilrichtungen der in Altamira gefundenen Ziergegenstände legen den Schluß nahe, daß persönlicher Schmuck bei diesen Zusammenkünften als Geschenk ausgetauscht wurde, um beispielsweise einen Pakt zu besiegeln oder Frieden zu schließen – ganz so, wie das auch heute noch üblich ist. Rätselhaft sind die zahlreichen „Venusfiguren“, die man europaweit von Frankreich bis in die russischen Tiefebenen gefunden hat. Dieses mehrere zehntausend Jahre alte Motiv – meist als Flachrelief geritzt oder als Plastik aus Stein herausgehauen – zeigt einen Frauenarchetypus mit übertriebenen weiblichen Attributen: breite Hüften, konisch zulaufende Schultern und Beine, große Brüste und konturlose Gesichter. Diese Venusfiguren repräsentieren offenbar die erste, weiträumig verbreitete Kunstrichtung der Frühmenschen und dienten möglicherweise als Kult- oder Fruchtbarkeitssymbol.

Unterirdische Felsendome

Zu den großartigsten Beispielen der steinzeitlichen Kreativität zählen die eindrucksvollen Höhlenmalereien von Lascaux in Südwestfrankreich [76]. In dieser Höhle, die erst 1940 von vier Jungen entdeckt wurde, finden sich Hunderte von Tierbildern: In einer Kammer scheinen Wildpferde die Wand hinabzugaloppieren, vorbei an einem gewaltigen Auerochsen, direkt auf ein Rudel Hirsche und weitere Auerochsen zu. Im hinteren Teil der Höhle finden sich weitere Abbildungen von Wisenten, Hirschen, Pferden und einem halben Dutzend Höhlenlöwen, die alle sehr detailliert und naturalistisch ausgeführt sind, so daß sie im tänzelnden Licht einer Fackel wahrscheinlich sehr lebendig ausgesehen haben. Ganz im Innern der Höhle findet sich eines der rätselhaftesten Motive eiszeitlicher Kunst: Am Grunde eines etwa acht Meter tiefen Felskamins befindet sich die Zeichnung eines gewaltigen Wisents, der sich gerade, Kopf und Hörner gesenkt, auf ein merkwürdig gezeichnetes „Strichmännchen“ stürzen will, das so etwas wie eine Vogelmaske trägt. Der Wisent wurde von einem Speer verletzt, so daß seine Eingeweide aus dem Bauch quellen, während der Mann direkt vor ihm zu Boden gegangen ist. In unmittelbarer Nähe ist eine Art Waffe abgebildet, die ebenfalls mit einem Vogelmotiv verziert ist.

Das gespenstische Bild vom gestürzten Jäger ist stellvertretend für die unergründlichen Geheimnisse der gesamten eiszeitlichen Kunst. Beim Betrachten drängen sich unweigerlich Fragen nach dem Sinn und Zweck dieser Bilder auf: Was bedeuten sie? Was wollten die Künstler uns damit sagen? Welche Rolle spielte die Kunst in der Gesellschaft? Deshalb überrascht es vielleicht kaum, daß diese Fragen auch an die moderne zeitgenössische Kunst gerichtet werden.

Einer Überlegung zufolge waren die Höhlenmalereien Teil eines Rituals, das die eiszeitlichen Jäger durchführten, um ihr Jagdglück zu erhöhen. Bei der statistischen Auswertung von 2 000 Tierbildern aus einer weiteren französischen Höhle ergab sich, daß möglicherweise die Aggressivität einzelner Tiere ein Kriterium war, diese auf den Höhlenwänden abzubilden. So tauchen beispielsweise gefährliche Tiere, wie Pferd, Wisent und Steinbock, relativ häufig in den Malereien auf, während ihre Knochen in den Abfallhaufen der umliegenden frühmenschlichen Lagerplätze nur selten vorhanden sind. Dies legt nahe, daß die eiszeitlichen Malereien nicht etwa bloß den Jagderfolg der damaligen Menschen plakatierten, sondern daß die Auswahl der Tiermotive auch unter dem Aspekt erfolgte, welches Tier aufgrund seiner besonderen Wildheit eine besondere symbolische Bedeutung besaß.

Weitere Erkenntnisse über die Funktion der Höhlenmalereien in der frühmenschlichen Gesellschaft ergaben sich aus der Analyse der benutzten Farbpigmente. Bei der Untersuchung von 75 Abbildungen aus der Höhle von Niaux (Frankreich) fand man heraus, daß die verwendeten Farben aus einer Mischung von Ocker, Holzkohle und anderen Zutaten – in charakteristischen Zusammensetzungen – hergestellt wurden. Oftmals kann man die Farbe selbst mit Hilfe der üblichen archäologischen Techniken datieren; und in einem Fall stellte sich heraus, daß dieselbe Pigmentmischung, die in verschiedenen Höhlenbildern auftauchte, auch in Farbklecksen auf einigen Knochen aus einem nahegelegenen ehemaligen Lager vorkam, dessen Alter man datieren konnte. Die Untersuchungsergebnisse belegen, daß die Bilder von Niaux nicht etwa zur gleichen Zeit entstanden waren, wie man lange aufgrund des ähnlichen Malstils vermutet hatte, sondern tatsächlich im Abstand von mehreren *Jahrhunderten* gemalt wurden.

Weil diese Symbole etliche Generationen überdauerten, könnte man vermuten, daß sie nicht bloß schöne Bilder waren, sondern jahrhundertelang von unseren Vorfahren als kulturelle Symbole verstanden wurden. »Nehmen wir doch einmal das Kreuz und seine Symbolik«, meint White. »Wenn Sie heute ein Kruzifix an die Wand hängen, erinnern Sie an Ereignisse und Philosophien, die 2 000 Jahre zurückreichen.« Die Pigmentanalyse ergab außerdem, daß die meisten Tierbilder der Höhle von Niaux offenbar mehr oder minder spontan gemalt worden waren; nur die Tiere im sogenannten „Schwarzen Salon“ („Salon noir“) wurden zuerst mit Holzkohle skizziert und dann übermalt. Diese sorgfältige Planung eines Kunstwerks läßt den Gedanken aufkommen, es habe sich hier um eine Art „Allerheiligstes“ gehandelt, dessen Ornamente – vielleicht im Hinblick auf zeremonielle Handlungen – sorgfältig entworfen werden mußten.

Aber es gibt auch noch andere Hinweise, daß die Höhlenmalereien in Ritualen vor Schamanen und geistigen Führern eine Rolle spielten: Zwischen realistischen Abbildungen von Wisenten und Hirschen finden sich an manchen Wänden auch Darstellungen von bizarren Wesen, halb Mensch, halb Tier, sowie mitunter rätselhafte Farbflecken,

Zickzacklinien und andere geheimnisvolle Zeichen. Diese kryptischen Wandmalereien stellen möglicherweise Bilder dar, die Schamanen in Trance gesehen haben: Wie man aus neurologischen Untersuchungen weiß, erleben manche Menschen im Trancezustand Visionen von Punkten, Linien und Kurven – etwa so, wie man „Sternchen" sieht, wenn man sich den Kopf gestoßen hat. Diese Verbindung zwischen Kunst und Spiritualität bildet auch heute noch einen Teil der menschlichen Kultur: So wurden viele Bilder der San, einem Jäger-und-Sammlervolk der Kalahari, von ihren Schamanen gemalt, die in tiefe Trance verfallen, um Kranke zu heilen oder mit der Geisterwelt in Verbindung zu treten.

Die wohl berühmtesten Beispiele von Höhlenmalereien, in denen Schamanentum angedeutet wird, finden sich in den benachbarten Höhlen von Les Trois Frères und Tuc d'Audoubert in Frankreich. Beide liegen etwa fünf Meter voneinander entfernt und waren früher unterirdisch miteinander verbunden. Die Hauptkammer von Les Trois Frères liegt tief im Höhleninneren und ist nur durch einen engen Gang erreichbar, der mit Tierzeichnungen übersät ist. In der Hauptkammer sind viele eingravierte Tierfiguren, aber nur eine gemalte Darstellung: Hoch oben an der Höhlendecke dominiert eine Gestalt den gesamten Raum – der sogenannte „Zauberer", ein Wesen, halb Mensch, halb Tier, mit aufgesetztem Hirschgeweih und weit aufgerissenen „Eulen-Augen". Im Gegensatz zu den meisten anderen eiszeitlichen Höhlengemälden sind die Blicke des „Zauberers" nach außen gerichtet, die Augen wie in Trance erstarrt. Die Figur wird von einigen Forschern als Schamane interpretiert, der in seine rituelle Tracht gehüllt ist. In der Nähe ist ein ähnlicher Tiermensch eingraviert, halb Mensch, halb Wisent, und in einem verborgenen Gang erscheint ein anderer „Zauberer", der offenbar auf einer Art Musikinstrument spielt.

In der Höhle von Tuc d'Audoubert wurde ein ähnlich mysteriöses Szenario entdeckt, das den Betrachter an geheimnisvolle Rituale der Höhlenmenschen glauben läßt, die hier zusammenkamen. Nachdem der Besucher mühsam durch enge Gänge geklettert ist, bietet sich seinen Augen auf dem Weg zur Hauptkammer eine Reihe seltsamer Artefakte – zunächst ein Stapel Kalksteinplatten, viele mit Zeichnungen von Figuren bedeckt sind, gefolgt von den sorgfältig arrangierten Überresten mehrerer Höhlenbärskulpturen sowie den Resten einer Schlangenfigur. Auf einem Sims an der Wand liegen der Zahn eines Fuchses, eines Wisents und eines Auerochsen, alle durchbohrt und mit Ocker bemalt. In einer kleinen, gerade mal 1,5 Meter hohen Seitenkammer befinden sich etwa 50 Fersenabdrücke, deren Muster erkennen läßt, daß hier Kinder eine Art rituellen Tanz aufführten. In der eigentlichen Hauptkammer gibt es keine Malereien, statt dessen jedoch zwei große, sehr lebensechte Wisentskulpturen, beide aus Ton und gut einen halben Meter breit.

Bedenkt man die Bedingungen, unter denen die Eiszeitmenschen vor über 15 000 Jahren diese Kunstwerke betrachteten, so drängt sich der Gedanke auf, daß diese Erfahrung für sie vermutlich sehr ehrfurchteinflößend war. Damals sahen die Menschen das Höhleninnere nicht wie ein heutiger Forscher im hellen Lichtkegel einer Taschenlampe, sondern im trüben Licht von Tranlampen, und um hierher zu gelangen, mußten sie einen beschwerlichen, oft sogar gefährlichen Weg zurücklegen. Höhlen vermitteln häufig das Gefühl, sich in einer anderen Welt zu befinden: ausgedehnte Felslabyrinthe nehmen dem Menschen die Orientierung, die engen Gänge rauben ihm den Atem, luminiszierendes Gestein und bizarr geformte Felsen werden in seiner Phantasie zu bedrohlichen Monstren. Andererseits boten die Höhlen dem Eiszeitmenschen aber auch Wärme und Geborgenheit vor den klimatischen Unbilden seiner Zeit.

Die Rolle der Eiszeitkunst als soziales Bindeglied der damaligen Gesellschaft sollte auch schon deshalb nicht überraschen, weil sich Kunst diese Rolle bis auf den heutigen Tag bewahrt hat. Die Kunst in ihren zahlreichen Manifestationen – als Graffiti, Film, Fernsehen, Malerei und Bildhauerei – beeinflußt auch heute noch unsere Vorstellungen von uns und unserer Umwelt. Die Eiszeitkunst kann somit auch als eine Art „sozialer Kitt“ angesehen werden – Bilder, die unsere Vorfahren aufgrund geteilter Erfahrung verbanden, aber auch die Kunst bildlicher Darstellungen, welche die Generationen überspannte. »Kunst geht über das einzelne menschliche Leben hinaus«, glaubt White. »Ganz gleich, ob es sich um Höhlenmalereien, Steingravuren oder Statuetten handelt, diese Gegenstände sind jahrhundertelang als sichtbare Zeichen von Ideen weitergereicht worden – ein Phänomen, das von den Anthropologen „soziale Reproduktion“ genannt wird und die Weitergabe von Wissen, Gedankengut und Glaubensrichtungen von einer Generation zur nächsten bezeichnet. Soziale Reproduktion wäre ohne diese Gegenstände, die von einer Generation auf die nächste übergingen, niemals möglich gewesen, denn im Grunde sind sie wie die Menschen: Sie besitzen eine Geschichte, und man redet über sie.«

Die künstlerischen Aktivitäten der Frühmenschen signalisieren auch einen Entwicklungsschub in ihrem sozialen und kulturellen Gefüge, der durchaus praktische Aspekte besaß. »Kunst ist das kulturelle Pendant einer Mutation«, behauptet White. »Wir wissen, daß die Bipedie aufgrund einer Mutation entstanden ist, die es einigen Wesen ermöglichte, aufrecht zu stehen, was sich als vorteilhaft erwies. Wie verhält es sich aber mit Einzelwesen oder Gruppen, die irgendwann damit beginnen, Tiere zu malen? Welchen Adaptationsvorteil hat so ein Verhalten? Nun, zum einen bietet sich hier die Möglichkeit, untereinander mit Hilfe von Bildern zu kommunizieren: Die Menschen erkennen, daß sie Ideen, Lebewesen, Gegenstände und Fragen plastisch darstellen können. Sobald man einmal diese Fähigkeit erworben hat, kann man auch darüber reden, ohne daß diese Dinge vorhanden sind. Man kann Gegenstände gedanklich entwerfen; ein bisher nicht existierendes Werkzeug kann konstruiert werden, indem man eine Zeichnung zweier bekannter Werkzeuge anfertigt. Was wären die Ingenieurwissenschaften heute ohne Pläne und Bauzeichnungen? Wir neigten bisher dazu, die bildliche Darstellung jener Periode als

„Kunst“ im lockeren Sinn zu betrachten, nämlich daß Menschen symbolische Bilder sahen, ein besonderes Verhältnis zu den Tieren besaßen und so weiter – und möglicherweise war das wirklich so. Doch gab es auch Leute, die Kunst praktisch umsetzt und ihren Mitmenschen zum Beispiel zeigten, wie sich ein Tier verhält, wo sie ihm am besten mit einem Speer tödliche Wunden beifügen konnten und andere praktische Anwendungen.«

Uralte Melodien

Sollte die eiszeitliche Kunst tatsächlich eine Rolle in den gesellschaftlichen Riten der Frühmenschen gespielt haben, dann wurden diese Zeremonien zweifellos auch von einer anderen bedeutenden Komponente begleitet, welche die menschliche Psyche berührt – von *Musik*. Auch sie scheint für das Seelenleben unserer Altvorderen von Bedeutung gewesen zu sein. An einigen archäologischen Grabungsstätten fanden die Forscher kleine verzierte Knochen- und Elfenbeinfragmente, in die an einem Ende ein winziges Loch gebohrt war. Wenn man diese Geräte an einer Schnur befestigt und dann kreisförmig durch die Luft schwingen läßt, so geben sie einen lauten Summton von sich – der sich genauso anhört wie bei einer modernen Schwirrassel (einem Kinderspielzeug, das aus einem langen dünnen Holzstück an einer kreisförmig geschwungenen Schnur besteht). Außerdem fand man Bruchstücke von Flöten und Pfeifen, die aus den Knochen von Vögeln gefertigt wurden, sowie einen Satz bemalter Mammutknochen, die vielleicht zum Trommeln dienten oder zu einer Art eiszeitlichem Xylophon gehörten.

Vielleicht waren die Höhlenmalereien ja gezielt dort gemalt worden, wo die Höhlen besonders gute akustische Eigenschaften aufwiesen, so daß dem Zuhörer je nach Position ein verstärktes oder abgeschwächtes Echo von den Felswänden zurückschallte. Für drei Höhlen in den Pyrenäen kartierte ein Forscherteam die Stellen mit der besten Akustik, indem die Wissenschaftler jede Höhle langsam abschritten und dabei auf Flöten mit einem Tonumfang von zusammen fünf Oktaven spielten. Beim Vergleich dieser akustischen Karte mit einem Plan, auf dem die einzelnen Höhlenmalereien verzeichnet waren, fiel den Forschern auf, daß an allen Plätzen mit besonders guter Akustik Malereien vorkamen – selbst dann, wenn die Malfläche so klein war, daß dort nur ein paar gezeichnete Symbole hinpaßten. Akustisch schlechte Stellen waren hingegen kaum bemalt. Demnach konnte man an den besten Stellen für die Kunstbetrachtung auch am besten Musikstücken oder Gesängen lauschen.

Daß die Kreativität der Frühmenschen auch die Musik einschloß, überrascht kaum, da Musikalität und Freude an der Musik fest in der menschlichen Psyche verankert sind. In allen Kulturen kommt Musik in der einen oder anderen Form vor, und zudem werden einige Eigenschaften von Tönen von allen Menschen in gleicher Weise wahrgenommen und geordnet: Das menschliche Ohr kann beispielsweise selbst sehr kleine Unterschiede in der Tonhöhe differenzieren, dennoch verteilen nahezu alle Kulturen die wahrnehmbaren Töne normalerweise auf eine fünf- bis siebenstufige Tonleiter. Bezeichnenderweise lassen sich mit dem Nachbau einer Knochenflöte, die in einer eiszeitlichen Höhle gefunden wurde, ebenfalls Töne einer fünfstufigen Tonleiter erzeugen. Weitere Hinweise, daß das Gehirn auch von seiner Anatomie her in der Lage ist, „Musik zu mögen“, stammen von Patienten, die einen Schlaganfall erlitten und anschließend an Amusie – dem Unvermögen, bekannte Töne und Melodien wieder zu erkennen, zu singen oder zu spielen – litten, deren übrige geistige Fähigkeiten aber nicht beeinträchtigt waren. Im Gehirn beginnen die für Musikalität erforderlichen neurologischen Verknüpfungen bereits recht früh im Leben eines Kindes, und seine Musikalität ist wie seine Sprache kulturabhängig. Bereits mit sechs Monaten können Kleinkinder aus einem musikalischen Akkord einen „Mißton“ heraushören. Einjährige Kinder aus den USA konnten eine Melodie leichter lernen, wenn sie aus Tönen einer typisch westlichen Tonleiter aufgebaut war, im Gegensatz zu einer Melodie aus einer etwas exotischeren, indonesischen Tonleiter.

Warum sollte eine gesteigerte Liebe zur Musik Teil jener neuen Verhaltensweisen sein, die parallel zum „kreativen Quantensprung" aufkamen? Im Gegensatz zum Malen und Modellieren ahmt Musik keine alltäglichen Dinge nach. Selbstverständlich gibt es Ausnahmen: Richard Wagner baute beispielsweise Hufgetrappel in den „Ritt der Walküren" ein, Bach läßt in der „Matthäuspassion" das Grollen eines Erdbebens ertönen, und in einigen anderen Orchesterwerken kommen Kuhglocken, Sirenen und andere lauterzeugenden Alltagsgeräte vor. In der Regel klingt Musik jedoch wie Musik, und, wie schon Plato feststellte, ist es schwierig etwas zu finden, das von ihr nachgeahmt wird.

Neuen Forschungsergebnissen zufolge soll Musik, obwohl sie direkt keine natürlichen Klänge kopieren kann, dennoch auf subtilere Weise die Tätigkeit des Gehirns widerspiegeln. Wie Untersuchungen der physikalischen Grundlagen von Klängen nahelegen, empfindet das Gehirn musikalische Kompositionen (seien sie nun Pop, Klassik, westlich oder fernöstlich) deshalb als angenehm, weil sie natürliche Strukturen aufnehmen und wiedergeben, die man in Gebirgszügen, Bäumen und möglicherweise auch im Gehirn selbst findet. Nahezu alle Formen der Musik, alte wie neue, basieren auf einer grundlegenden mathematischen Formel, welche die Beziehung der Töne zueinander beschreibt. Eine Notenfolge, die beispielsweise nach dem Zufallsprinzip auf einem Klavier geklimpert wird, erzeugt Töne, die allerhöchstens das Attribut „Geräusch" verdienen. Das gilt auch dafür, wenn man einfach mit den Fingern über die Tastatur fährt, beispielsweise beim Abwischen mit einem Staubtuch – dieses Geräusch ist so monoton und voraussagbar, daß es ebenfalls nicht als Musik durchginge. *Musik* definieren wir als diejenigen Klanganordnungen, die genau zwischen zufällig entstandenen Geräuschen und monotonen, auf- und abschwingenden Tonfolgen liegen – das gilt für fast jede Musik aus allen Kulturen.

Das gleiche Mischungsverhältnis aus Vorhersagbarkeit und Zufall finden wir auch in vielen natürlichen Anordnungen und Abläufen wieder – am Spülsaum des Meeres, bei Änderungen im Herzschlag, in der elektrischen Aktivität der Nervenzellen im Gehirn, in den Verzweigungsmustern eines Baumes, einer Lunge oder eines Flußdeltas. Die dem zugrundeliegenden mathematischen Gesetzmäßigkeiten – gemeinhin als „Chaostheorie" bezeichnet – werden auch von Informatikern dazu verwendet, um erstaunlich realistische Computersimulationen von Küstenlinien, Wolken, Gebirgszügen und anderen natürlichen Landschaftselementen zu kreieren. Die Natur ist also nicht etwa eine zufällige Anhäufung einzelner Elemente, sondern sie wird überall auf der Welt und in allen Größenordnungen von festen Strukturen und Rhythmen bestimmt – eine Weltordnung, die auch in den veränderlichen Klangmustern von Musik widerklingt. Tatsächlich experimentieren einige zeitgenössische Musiker sogar mit einer Stilrichtung, die sich „fraktale Musik" nennt. Sie verwenden dabei Gleichungen aus der Natur, und ihre Musik hat bemerkenswerte Ähnlichkeit mit Melodien, die menschlichem Geist entspringen.

Möglicherweise hatten die Griechen der Antike in ihrem Glauben, Musik spiegele die Harmonie des Kosmos wider, ja beinahe recht. Die Menschen erfreuen sich an der Musik nicht etwa deshalb, weil sie einen Vogel, einen Wasserfall oder andere Geräusche der Natur imitiert, sondern weil sich die musikalischen Fähigkeiten des Gehirns „abgestimmt" auf die grundlegenden Muster der Natur entwickelten. Wir lieben Musik, weil sie die Rhythmen des Lebens widerspiegelt, und die Wertschätzung für diese Rhythmen ist integraler Bestandteil unserer Psyche.

Wie die Kunst hat auch die Musik zweifellos das soziale Gefüge unserer Vorfahren gefestigt, und sie tut es auch heute noch. Sie stellt nicht nur den gemeinsamen Dialog innerhalb von Kulturgemeinschaften her (beispielsweise über Kirchen- und Vereinslieder, Nationalhymnen und so weiter), sondern wirkt auch viel subtiler. Forschungen ergaben beispielsweise, daß wir unterbewußt bestimmte Untertöne wahrnehmen, die für den alltäglichen Umgang mit unseren Mitmenschen vonnöten sind: So können wir mit nachtwandlerischer Sicherheit im Tonfall unserer Mitmenschen bestimmte Mißtöne heraushören, die als eine Art „Alarmsignal" oder Lügendetektor dienen – angespannte Menschen sprechen nämlich mit leicht erhöhter Stimme. Darüber hinaus fördern einheitlich gesprochene und gehörte Klänge innerhalb einer Gruppe unterschwellig deren Zusammenhalt, während zum Beispiel ein Außenstehender sofort an seinem Akzent erkannt wird. Anders formuliert, ist unsere Fähigkeit, Musik wahrzunehmen, Teil einer Strategie, mit der wir aufgrund „gemeinsam erlebter Klänge" unsere sozialen Beziehungen knüpfen und aufrechterhalten.

Ein modernes Experiment

Mit ihrer unvermittelt einsetzenden kulturellen Blüte schufen unsere Altvorderen neue Sozialstrukturen, die ihre vorherige Lebensweise radikal veränderten. Dadurch drängten sie die menschliche Rasse in eine Entwicklungsrichtung, die etliche tausend Jahre später zu einer weiteren dramatischen Umwälzung führen sollte. Die mentalen Mechanismen, die sich im Laufe der Evolution entwickelten und die wir unter anderem für Kunst und Sprache, bei der Partnerwahl, zum Lösen von Konflikten und zum Aufdecken „sozialer Täuschungsmanöver" verwenden, sind für Menschen gemacht, die in Kleingruppen als Jäger und Sammler lebten. Vor etwa 10 000 Jahren begannen diese Menschen jedoch, plötzlich in großen Gemeinschaften seßhaft zu werden und von Ackerbau und Viehzucht zu leben. Dadurch schufen sie ein völlig neues soziales Umfeld – begleitet von einer Vielzahl

Probleme, die uns auch heute noch einiges abverlangen. Kann ein steinzeitlicher Verstand überhaupt mit den heutigen Problemen fertig werden?

9. Ein neuzeitliches Experiment

Die verschiedensten Illusionen sind es, die unter dem Deckmantel des Friedens die Zivilisation zusammenhalten und ihr Regeln geben.

William Butler Yeats

Als die Abgesandten der Alten Welt vor fast 500 Jahren über den Atlantischen Ozean segelten und den Menschen in der Neuen Welt begegneten, staunten beide Seiten nicht schlecht. Der Spanier Francisco Pizarro, der im Jahre 1532 mit einem kleinen Trupp Conquistadores die Gebirgsketten des heutigen Peru überquerte, hatte damit gerechnet, einen Haufen Wilde in einem unzivilisierten Land anzutreffen – statt dessen stießen er und seine Soldateska auf eine außerordentlich hochentwickelte und komplexe Gesellschaft, die sich in vielerlei Hinsicht kaum von jener Zivilisation unterschied, die sie in Europa zurückgelassen hatten.

Obwohl die Inka weder das Rad noch die Eisenverarbeitung kannten und zudem keine Schreibschrift besaßen, dürfte ihre Zivilisation Pizarro und seinen Leuten eigenartig vertraut vorgekommen sein. In dem schmalen Saum, der sich zwischen der südamerikanischen Pazifikküste und der Andenkette befand, erstreckte sich ein gewaltiges Reich, das von einem mächtigen Monarchen regiert wurde und in dem Adlige, Beamte, Künstler, Krieger und Bauern lebten. An den Andenhängen waren terrassenförmige Felder angelegt worden, die man über ein ausgeklügeltes Bewässerungssystem mit Wasser versorgte. Ein etwa 23 000 km langes Netz gepflasterter Straßen mit gut 10 000 staatlichen Gasthöfen, in denen sogar gefriergetrocknete Nahrung angeboten wurde, verband einen Staat mit zwölf Millionen Einwohnern, der damit größer war als das römische Reich. Cuzco, die Hauptstadt der Inka, war dem Bericht eines Chronisten an den spanischen König Karl I. zufolge »so schön und hat so viele stattliche Gebäude, daß [die Stadt] sogar in Spanien Aufsehen erregen würde«.

Dieser Teil der Anden gehört zu den sechs Regionen der Welt, in denen sich vor knapp 6 000 Jahren erstmalig Menschen niederließen und große, strukturierte Gesellschaften entstanden. Die anderen „Wiegen der Zivilisation“ sind Mesopotamien, wo sich die allerersten Stadtstaaten bildeten, das Industal, Ägypten, China sowie Mittelamerika, wo die Maya und Azteken Reiche bildeten. Obwohl zweifellos einige dieser Völker untereinander Kontakt hatten, entwickelten sich die sechs Zivilisationszentren jedoch unabhängig voneinander. Die Menschen begannen also auf der ganzen Welt und ungefähr zur selben Zeit, in größeren Gruppen seßhaft zu werden.

Der Übergang zu größeren Lebensgemeinschaften stellte für unseren frühzeitlichen Verstand eine gewaltige Herausforderung dar. Unser Seelenleben hatte sich im Verlauf von Tausenden von Jahren in familiärem Rahmen entwickelt: Das soziale Leben unserer Vorfahren spielte sich in erster Linie in nomadischen Kleingruppen ab, bestehend aus Familienangehörigen und engen Freunden, die Pflanzen sammelten und den großen Tierherden hinterherzogen, wobei sie ihre wenige Habe mit sich umherschleppten. Wenn man jedoch innerhalb einer großen Gruppe seßhaft wird, ergeben sich für den Verstand, der den Umgang mit kleinen „Einheiten“ gewöhnt ist, eine Vielzahl neuer Probleme. Um die einfachsten Lebensbedürfnisse zu erfüllen, mußten sich die Menschen plötzlich auf Fremde verlassen, mit denen sie nicht verwandt waren oder noch zu wenig zu tun hatten, als daß eine Beziehung hätte gefestigt werden können. Da Nutzpflanzen nun auf bestimmten Äckern gezogen und die Ernten anschließend gelagert, also nicht mehr täglich frisch gesammelt wurden, war plötzlich der Lebensunterhalt einzelner Personen durch andere gefährdet. Daraus erwuchsen Angst und Mißtrauen gegenüber Fremden ebenso wie das Bedürfnis nach gegenseitiger Verteidigung. Da die Menschen jetzt von einem Stück Land abhängig waren, auf dem sie ihre Nahrungspflanzen anbauten, konnten sie bei Streitereien zwischen Ehepaaren oder Nachbarn nicht so einfach weiterziehen, wie das in früheren Zeiten möglich war.

Vom entwicklungsgeschichtlichen Standpunkt aus war die Entstehung der Zivilisation für den sozial orientierten Verstand nicht gerade der riesige Entwicklungssprung innerhalb der menschlichen Existenz, als der er immer dargestellt wurde. Sicherlich sind die Entwicklung der modernen Medizin und Wissenschaften, die Erfindung der Schrift, Gesetzgebung, die künstlerische Gestaltung und die ausgefeilte Architektur sehr beeindruckend und haben das Leben des modernen Menschen verbessert, doch bringt es nicht nur Vorteile mit sich, wenn man Teil einer komplexen Gesellschaft ist. Zudem wurde die Zivilisation nach ihrer Erfindung nicht automatisch immer und überall von den Menschen übernommen, die ihre zahlreichen Vorteile erkannten. Vielmehr bedeutet das Leben in einer großen Gemeinschaft nichts anderes als ein fein abgestimmtes Gleichgewicht zwischen Kosten und Nutzen, das manchmal dazu führt, daß sich das Leben für einige Menschen verschlechtert statt verbessert. Die Entstehung der Zivilisation ist nicht zwangsläufig gleichbedeutend mit einem unaufhaltsamen Fortschritt, sondern stellt eine Änderung des menschlichen Verhaltens mit dem Ziel dar, angesichts der Herausforderungen der neuen Lebensbedingungen zu überleben. Die Veränderungen, die sich aus diesem sozialen Umbruch ergaben, verursachten unzählige Probleme und lassen auch weiterhin die elementare Frage offen, ob der Mensch überleben kann.

Welchen Nutzen bringt die Zivilisation?

Das Leben in großen, komplexen Gesellschaften stellt eine enorme Herausforderung für unseren frühzeitlichen Verstand dar. Mit einer größeren Anzahl Personen ist es schwieriger, „Tit-for-tat" zu spielen, weil es immer problematischer wird, bei einer Übertretung der Regeln das rechte Strafmaß zu finden. Im Gegensatz zu den kleinen Gruppen, in denen unsere Vorfahren lebten, wird man jemanden, der mogelt, in den Menschenmengen der modernen Zivilisation sehr wahrscheinlich nie wiedersehen. Mit ziemlicher Sicherheit kennen wir einen Räuber, der uns in der Straße auflauert, die Firma, die ihren Giftmüll in der Nachbarschaft ablädt, oder einen Gebrauchtwagenhändler, der uns übers Ohr hauen will, vorher nämlich nicht, und wir werden diesen Menschen auch nicht wieder begegnen. Eine Bestrafung wird zusätzlich durch den Aufwand für Verfolgung und Vergeltung sowie durch die Möglichkeit erschwert, daß der „Betrüger" seinerseits erneute Vergeltung übt. Wenn also in einer Großstadt ein Rowdy unverfroren vor zahlreichen Augenzeugen eine Windschutzscheibe einschlägt, um ein Autoradio zu stehlen, wird das von diesen Zeugen mit der Rechtfertigung ignoriert: „Ich will da bloß nicht hineingezogen werden!"

Zur Untersuchung des kooperativen Verhaltens, das unseren Vorfahren in einem fremden und neuen sozialen Umfeld ein gutes Leben gestattete, führte Robert Axelrod von der Universität von Michigan eine Reihe von weiteren Computersimulationen durch – ähnlich denen, die er bereits bei seinen Untersuchungen zur Evolution der Kooperativität (siehe Kapitel 3) vorgenommen hatte. Diese Forschungsarbeiten sind ein Beispiel für den zunehmenden Trend, zur Erforschung der kulturellen Evolution Computer, mathematische Modelle und die Spieltheorie einzusetzen. In der gleichen Weise, wie ein Biologe die Herausbildung von Körpermerkmalen verfolgt, untersuchen die Forscher Kultur als eine Sammlung von Gedanken oder Abbildern (englisch *icons*), die eine schrittweise Veränderung innerhalb einer

Gesellschaft erfahren. Diese Abbilder werden manchmal als „Kulturgene“ (englisch *memes* oder *cultigens*) bezeichnet. Sie entstehen innerhalb der kollektiven Gedanken einer Gruppe auf ähnliche Weise wie ihre biologischen Gegenstücke, die Gene: Sie konkurrieren miteinander um Überleben, Vervielfältigung oder Aussterben, sobald sich ihre Bedeutung für die Gruppe ändert. Ein neuer Werkzeugtyp, eine neue Technologie, ein neuer Witz oder eine neue gesellschaftliche Grundeinstellung – wie zum Beispiel das Grundgesetz oder die amerikanische *Bill of Rights* – sind Beispiele für solche „Kulturgene“. Anders als bei den Genen ist ihre Vervielfältigung nicht an eine biologische Fortpflanzung gebunden, weshalb sie sich sehr schnell in einer Gesellschaft ausbreiten können und durch Experimentieren und Erneuerung leicht verändern lassen.

Mit Hilfe dieses neuen Forschungszweigs versucht man die Frage zu beantworten, wie sich die Verhaltensnormen in einer Gesellschaft herausbilden. Diese sozialen Normen geben das richtige Verhalten in der Gruppe vor (von *Brüll nicht in der Öffentlichkeit* bis hin zu *Du sollst nicht töten*) und helfen somit den Menschen innerhalb einer Gesellschaft, die Herausforderungen zu meistern, die sich durch das Zusammenleben in größeren Gruppen ergeben. Ein Problem bei der Aufrechterhaltung kooperativen Verhaltens zwischen vielen Personen besteht darin, daß der Preis für eine einzelne Übertretung der Spielregeln von vielen anderen bezahlt wird – sei es, daß sich jemand in einer Schlange vordrängelt, bei der Einkommenssteuererklärung falsche Belege einreicht oder seinen Müll in den See kippt. Durch einen einzelnen Fehltritt kommt zwar niemand ernsthaft zu Schaden, auf längere Sicht jedoch leidet auch die Gruppe als Ganzes.

Eine solches Dilemma der Kooperativität innerhalb einer Gruppe beschreibt folgende Geschichte sehr gut, die in der angelsächsischen Literatur als *tragedy of the commons* (zu deutsch „das Allmende-Problem“) bezeichnet wird. Eine Gruppe von Hirten läßt ihre Schafherden auf der von allen genutzten Gemeindewiese oder „Allmende“

weiden. Eines Tages beschließt ein Hirte, seine Herde um ein Schaf zu vergrößern. Die zusätzliche Belastung für die großen Allmende durch ein einzelnes Schaf ist unbedeutend und fällt daher kaum ins Gewicht. Aber andere Hirten erkennen den deutlichen Vorteil, ein weiteres Schaf zu besitzen, und beschließen deshalb ebenfalls, ein zusätzliches Tier zu kaufen. Die Belastung, die jedes einzelne dieser Schafe für die Allgemeinheit darstellt, ist zwar nur gering, doch schließlich wird die Weide aufgrund der aufsummierten Belastung durch viele zusätzliche Schafe kahl gefressen und verwandelt sich in einen trockenen, staubigen Karstboden. Dieses Beispiel verdeutlicht, warum die Aufrechterhaltung der Kooperativität innerhalb einer großen Gruppe so problematisch ist: Die Kosten für ein einzelnes Fehlverhalten verteilen sich gleichmäßig über die ganze Gruppe, während der Gewinn für denjenigen, der sich nicht an die Regeln hält, hoch ausfällt.

Ein ähnliches Problem wie das beschriebene „Schaf-Dilemma" hat sicherlich schon jeder einmal erlebt: Man verabredet sich, mit mehreren Leuten in einem Restaurant essen zu gehen, und hat vorher vereinbart, die Rechnung am Schluß zu gleichen Teilen auf die Anwesenden umzulegen. Weil die Kosten für jedes einzelne Gericht gleichmäßig verteilt werden, bezahlt jeder, der eine „Extrawurst" bestellt hat, wie beispielsweise Hummer oder Filet Wellington, weniger als er eigentlich müßte. Umgekehrt zieht ein „schlechter Esser", der vielleicht nur einen gemischten Salat bestellt hat, keinen Vorteil aus dieser Vereinbarung und muß sogar mehr bezahlen – schließlich werden ja auch die durch das billige Gericht eingesparten Kosten auf alle verteilt. Nimmt man eine Gruppe aus zehn Personen, so bezahlt derjenige mit dem teuersten Essen nur ein Zehntel der über dem Durchschnittspreis liegenden Kosten, während ein sparsamer Mensch, der ein preiswertes Essen gewählt hat, für seinen Verzicht nur mit einem Zehntel des Ersparten belohnt wird. Das Ende vom Lied ist, daß jeder nur das teuerste Gericht auf der Karte wählt. Das gleiche Problem taucht auch in anderen größeren Gruppen auf: In einem Abgeordnetenhaus, wie beispielsweise dem Kongreß der Vereinigten Staaten oder dem Deutschen Bundestag, kämpft zwar jeder Abgeordnete für Projekte, die seinem Wahlkreis oder dem Staat, den er repräsentiert, nutzen – für die Kosten kommen hinterher jedoch alle Steuerzahler auf.

Diese kooperativitätsbedingten Dilemmata belasten unseren „Gedankenapparat“ auf das Äußerste. Bei vielen Gelegenheiten verhindert die Gesellschaft jedoch, daß es zu einem solchen Dilemma kommt, und in manchen Fällen werden „Übertritte“ als „Verbrechen gegen den Staat“ eingestuft. Wie bei einer Versicherungsgemeinschaft hält die Gesellschaft zusammen und beschließt gemeinsam, daß solche Delikte durch die „Solidargemeinschaft“ bestraft werden. In Situationen, in denen die Ahndung riskant (etwa bei der Verfolgung eines Mörders) oder kostspielig (bei einer Schadensersatzklage gegen den Hersteller eines mangelhaften Produkts) wird, bedienen wir uns eines Stellvertreters (Polizei, Justizbehörden), der in unserem Auftrag handelt. Die Gesellschaft verfügt aber auch über indirekte Bestrafungsmöglichkeiten: Mit Sprache, Sitten, sozialem Druck und Ächtung schufen sich die Menschen vielerlei Wege, um einen Verstoß gegen die Gruppeninteressen spürbar zu bestrafen.

Axelrod geht davon aus, daß die sozialen Konventionen über richtiges Verhalten wesentlich dazu beitragen, daß eine Gruppe als Ganzes kooperiert [77]. »Diese Normen sorgen dafür, daß die meisten Menschen im Supermarkt in der Schlange anstehen, zu Verabredungen einigermaßen pünktlich erscheinen oder regelmäßig ihren Rasen mähen«, sagt er. »Sie verhindern Steuerhinterziehung, festigen die eheliche Treue und mäßigen auf internationaler Ebene sogar das Verhalten von ganzen Nationen«, so Axelrod weiter. Ohne eine unterstützende gesellschaftliche „Norm“ wären Gesetze häufig nicht durchsetzbar. Die Prohibitionsgesetze in den 30er Jahren, das Marihuanaverbot oder „Tempo 50“ in geschlossenen Ortschaften sind Beispiele für Gesetze, die praktisch nur noch auf dem Papier bestehen, weil das entsprechende soziale Normempfinden fehlt. Andererseits gibt es aber auch viele wirksame soziale Kontrollen, die ohne Eingreifen von Gesetzeshütern auskommen: So wird beispielsweise Sklaverei auf der ganzen Welt nicht mehr offen praktiziert, aber nicht etwa aufgrund eines gesetzlichen Verbots, sondern weil es sozial „tabu“ ist, Sklaven zu halten.

Axelrods Computersimulation berücksichtigt eine Reihe von Faktoren, die bei der Aufrechterhaltung sozialer Normen eine Rolle spielen. Bei einer Klassenarbeit muß jeder Schüler den Vorteil, den er durch Schummeln erzielt, gegen die Gefahr abwägen, möglicherweise erwischt und bestraft zu werden. Axelrod spricht hier vom Faktor der „Versuchung“. Desgleichen muß jemand, der einen Mitmenschen beim Betrug beobachtet, zum einen die Folgen des Delikts für die Gemeinschaft (im Fall des mogelnden Schülers etwa das Verändern der Durchschnittsnoten) bedenken, sich andererseits aber auch über die persönlichen Folgen klar sein: So muß er beispielsweise die Anschuldigung erheben, aber auch befürchten, daß der Delinquent sich an ihm rächt. Axelrod variierte darüber hinaus die „Courage“ der Mitspieler (darunter versteht er die Risikobereitschaft) wie auch deren „Vergeltungstrieb“ (das heißt, den Eifer, einen „Mogler“ zu bestrafen).

Alle diese Faktoren berücksichtigte Axelrod bei seiner Simulation und überließ es seinem Computer, die Evolution dieser „Kultur“ zu lenken. Dazu gab er vor, daß die „Courage-“ und „Vergeltungstaktiken“ in verschiedenen Varianten miteinander agieren und anschließend die erfolgreichen Strategien sich vermehren, die „Verlierer“ jedoch zahlenmäßig zurückgehen sollten. Zu seinem Schrecken mußte er feststellen, daß es sehr schwierig war, eine soziale Norm ohne Schummelei aufrechtzuerhalten. Bei der Evolution sämtlicher Simulationen kristallisierte sich heraus, daß es so gut wie keine Vergeltungsstrategien mehr gab, dafür aber haufenweise kühne Betrügereien. Ein Teil des Problems besteht darin, daß der Einzelne sehr viel „Energie“ aufbringen muß, um eine Norm durchzusetzen, die Gruppe in ihrer Gesamtheit aber andererseits kaum von der Vergeltung (für die Nichtbeachtung dieser Norm) profitiert. Laut Axelrods Aussage stellt sich jeder Einzelne dieselbe Frage: »Warum soll ich hier den Polizisten spielen, wenn ich nichts dafür bekomme?« Er leitet daraus ab: »Die Logik, die sich hinter dieser Frage verbirgt, verringert die Rachsucht.«

Eine Möglichkeit zur Veränderung dieser Situation besteht darin, einen weiteren Faktor in die Simulation zu integrieren: Nun werden auch Personen bestraft, die ihrerseits einen Betrüger nicht bestrafen. Im wirklichen Leben äußert sich dies in der Ächtung von Personen, die Mitmenschen mit sträflichen Benehmen davonkommen lassen. So werden beispielsweise Politiker wegen ihrer Zugehörigkeit zu Organisationen, die Minderheiten ausschließen, zur Rede gestellt, selbst wenn sie persönlich eine derartige Verhaltensweise nicht billigen. Von gesetzestreuen Menschen wird verlangt, daß sie nicht nur keinen Umgang mit Kriminellen pflegen, sondern auch keinen Kontakt zu Personen haben, die sich mit Kriminellen solidarisieren. Desgleichen würden die meisten Leute das Verhalten eines Menschen, der absichtlich einen Mörder entkommen läßt, als moralisch verwerflich ansehen. »Wenn sich jemand nicht an der Bestrafung des Täters beteiligt, wird das als Betrug an der Gruppe aufgefaßt«, meint Axelrod. Wenn in der Computersimulation zusätzlich die Regel *Bestrafe denjenigen, der einen Betrüger nicht bestraft* hinzugefügt wird, kann es plötzlich sehr teuer werden, einen „Mogler" *nicht* zu bestrafen; als Resultat ergibt sich, daß diese Computergesellschaft ihre Normen besser durchsetzen kann. Aus diesem Grund behält eine Norm wie *Bei einer Klassenarbeit mogelt man nicht* ihre Gültigkeit. »Das System fungiert als ein Selbstläufer«, stellt Axelrod fest, »und die Normen konnten sich voll etablieren.«

Obwohl die vorgenannte Computergesellschaft selbstverständlich nur ein stark vereinfachtes Modell darstellt, hat dieses Forschungsprojekt dennoch erstaunliche Auswirkungen auf das alltägliche Leben. Demnach reagieren Werte, Konventionen, Moral und Verhaltensnormen einer Gesellschaft sehr empfindlich auf die Bereitschaft der Menschen, diejenigen zu bestrafen, die ihre Spielregeln mißachten – und auf die Bereitschaft, „Betrüger“ zu decken. Althergebrachte Ideale wie Verantwortungsbewußtsein für die Gemeinschaft, staatsbürgerliches Denken sowie ein guter Leumund, Charakterstärke und Ethik haben tatsächlich selbst in der modernen, zynischen Welt nicht an Wert verloren. Führungskräfte aus Politik, Wirtschaft und Gesellschaft, die bei „schwarzen Schafen“ in den eigenen Reihen ein Auge zudrücken – oder sich dem Ton der Zeit entsprechend damit begnügen, die eigene Schuld und Verantwortung abzustreiten –, senken in Wirklichkeit das Niveau der „sozialen Bestrafung“ und lassen so die gesamte Gesellschaft darunter leiden. Wenn Leute jedoch überzeugt sind, daß sie selbst ja kein Verbrechen begehen, wenn sie weiterhin mit Freunden oder Nachbarn verkehren, die in großem Stil Steuern hinterziehen oder Autos, Schmuck und andere Waren an stadtbekannte Drogendealer oder andere Kriminelle verkaufen, so wird der Zusammenhalt der Gesellschaft weiter geschwächt. Unsere gesellschaftlichen Wertvorstellungen werden nicht nur durch korrupte Politiker, zwielichtige Bankangestellte oder ruchlose Straßengangster gefährdet, sondern auch durch die Tatsache, daß diese Leute trotz ihres Verhaltens immer noch *Freunde* besitzen, die ihrerseits wiederum Freunde haben. Wenn Menschen wegsehen und nichts damit zu tun haben wollen, wird oftmals der zur Zusammenarbeit erforderliche Zwang geringer, Normen weichen auf und die „Verstöße“ nehmen überhand. »Dieser Erosionsprozeß fängt an der Spitze an und arbeitet sich nach unten durch«, meint Axelrod. »Vor fünfzig Jahren scheute ein gesetzestreuer Bürger unter Umständen nicht nur den Umgang mit Drogenabhängigen, sondern auch den Kontakt mit deren Freunden. Obwohl es immer noch Leute geben mag, zu deren engerem Freundeskreis keine Drogenabhängigen zählen, ist es heute unwahrscheinlich, daß sich viele von uns gezielt von Leuten fernhalten, deren Bekannte Drogen verwenden.«

Axelrods Computersimulation macht deutlich, daß Verhaltensnormen nur dann stabil bleiben, wenn die Strafe für „soziale Abweichung" von Anfang an hoch ist. Anders formuliert, müssen solche Normen also von vornherein vorhanden sein, wenn sie in einer Gesellschaft Bestand haben sollen. Mitunter werden Normen durch Menschen kreiert, die gesellschaftlich oder politisch bedeutende Persönlichkeiten imitieren, indem sie sich zum Beispiel anziehen wie Madonna oder East 17 oder Pfälzer Saumagen essen wie der Bundeskanzler; in anderen Fällen werden Normen in religiöse und moralische Werte einer Gesellschaft „verpackt" und dann oft so verinnerlicht, daß ihre Mißachtung zu Schuld- und Schamgefühlen führt. Das Benehmen Dritter hat häufig starken Einfluß auf das eigene Verhalten: Eine Person, der es niemals einfiele, ein Bonbonpapier in der Oper zu Boden fallen zu lassen, wirft vielleicht im Kino ohne Zögern eine ganze leere Popcorntüte unter den Sitz.

Indem die Evolution des kooperativen Verhaltens Menschen dazu bringt, mächtige und einflußreiche Personen nachzuahmen, kann sie sogar den Selbsterhaltungstrieb dieser Menschen ausschalten. Ein Beispiel hierfür sind die japanischen Kamikazeflieger im Zweiten Weltkrieg. Sie waren nicht etwa durchweg naive, zweihundertprozentige patriotische Halbwüchsige, sondern oft erfahrene Piloten, die sehr wohl mit der Realität des Krieges vertraut waren. Die wachsende Anzahl von Piloten, die freiwillig in den Tod gingen, kann als übertriebene Evolution des kulturellen Prinzips der Selbstaufopferung zum Wohle der Nation aufgefaßt werden. Ähnlich wie die Entstehung des kunstvollen Pfauenschwanzes durch einen *sexuellen* Selektionsdruck zustande kam, entwickelte sich das *kulturell* geprägte Prinzip der Selbstaufopferung, das bei den Japanern ohnehin schon vorhanden war, unter dem Druck des Krieges weiter zu seiner Extremform, dem Selbstmord.

Staat und Zivilisation

Warum gaben unsere Vorfahren plötzlich ihre Lebensweise als Jäger und Sammler auf und ließen sich nieder, wenn die moderne Gesellschaft unserem frühzeitlichen Verstand so viele Probleme bereitet [78]? Was brachte sie dazu, riesige Bauprojekte zu starten, sich in unterschiedlichen Handwerksberufen zu spezialisieren und Staatsgebilde zu schaffen, die in soziale, wirtschaftliche und religiöse Kasten gegliedert waren? Über die Entstehung der modernen Zivilisation gibt es zwei Haupttheorien: Auf der einen Seite steht die sogenannte „Konflikttheorie", derzufolge die moderne Gesellschaft entstand, als eine kleine Gruppe von Menschen wichtige Rohstoffquellen an sich riß und andere – durch militärischen Druck oder mit indirekten Mitteln – dazu zwang, für sie zu arbeiten; dieser Schule hängen viele marxistisch orientierte Archäologen an. Die „Konflikttheorie" geht davon aus, daß die Zivilisation im wesentlichen aufgrund innergesellschaftlicher Faktoren entstanden ist: Der persönliche Ehrgeiz einer Elite sorgt dafür, daß ein Staatengebilde entsteht, das den Interessen dieser herrschenden Klasse dient, und dessen sämtliche Institutionen – unabhängig davon, wie sie einem zufälligen Betrachter erscheinen – ausschließlich dazu da sind, diese Interessen zu befördern und zu erweitern.

Ganz anders die „Integrationstheorie"; diese Theorie geht davon aus, daß Staaten als kollektive Reaktion der Bevölkerung eines bestimmten Gebietes auf äußere Zwänge entstanden sind. Diese Zwänge können Nahrungsmittelverknappung, Bevölkerungswachstum, Klimaveränderungen oder Konkurrenz beziehungsweise Krieg mit anderen Gruppen gewesen sein; und sie wirken beispielsweise noch stärker, wenn die betreffende Population geographisch – durch Meere, Gebirgsketten oder andere natürliche Begrenzungen – eingegrenzt ist. Staaten entstehen aus dem kollektiven Wunsch, Probleme zu lösen, beispielsweise durch den Bau eines Bewässerungssystems, den Import wichtiger Rohstoffe oder ähnliche Projekte, von denen alle Mitglieder einer Gemeinschaft profitieren.

Sehr wahrscheinlich war für die Entstehung komplexer Gesellschaften nicht einer der beiden Faktoren allein entscheidend, sondern beide zusammen: Eine Gesellschaft muß als Ganzes auf bestimmte Probleme reagieren, und sie fühlt sich zu Persönlichkeiten hingezogen, die von Natur aus Macht besitzen oder danach streben. Ein Staat kann aber auch aus dem einen Grunde, zum Beispiel aus dem Kampf um Ressourcen, entstehen und sich dann im Laufe der Zeit so wandeln, daß die Staatsräson einem anderen Zweck (etwa dem Wohle aller) dient – und umgekehrt kann aus einem Wohlfahrtsstaat ein Cliquen-Regime werden. Bei dem Versuch, die Ursprünge der Staatenbildung zu erklären, ignorieren jedoch beide Theorien letzten Endes einen grundsätzlichen psychologischen Aspekt, nämlich die menschliche Kooperativität. Ganz egal, ob es sich um einen grausamen oder einen gütigen Regenten handelt, besteht zwischen denen, die führen, und denen, die geführt werden, ein Vertrag, der für beide Seiten gilt.

Beim Aufbau einer komplexen Gesellschaft ist unter anderem entscheidend, daß die Herrschenden weiterhin ihre Legitimation für dieses kooperative Abkommen mit ihren „Untertanen" behalten. Dabei ist es unerheblich, ob ihnen Macht gewaltsam oder per Volksentscheid zugefallen ist; sie müssen ihren Verpflichtungen aus der kooperativen Beziehung mit dem Volk als Ganzem nachkommen, damit es weiterhin „mitspielt", indem es seine Steuern zahlt, seinen Wehr- und Zivildienst leistet und so weiter. Diese Legitimation kann zwar auch mit dem Gewehr erzwungen werden, mit zunehmender Unterdrückung wird es jedoch immer schwieriger, die bestehenden Herrschaftsverhältnisse aufrechtzuerhalten. Wenn die Aufwendungen für diese Legitimation den zu erwartenden Nutzen übersteigen, kann der Staat zusammenbrechen. Staatengebilde lassen sich demnach wie alle menschlichen Beziehungen bis hin zur Zweierbeziehung als kooperаtive Verbindungen betrachten. In seiner Gesamtheit stellt ein Staat eine komplizierte Mischung aus teilweise konkurrierenden Interessen und Zielsetzungen dar; zahlreiche innere und äußere Faktoren entscheiden darüber, wie ein Staatswesen funktioniert – und ob es überlebt.

Da die Errichtung von Bewässerungsgräben, Terrassenfeldern und befestigten Straßen letzten Endes allen Mitgliedern eines Staates zugute kommt – selbst wenn die herrschende Klasse unverhältnismäßig stärker von diesem Nutzen profitiert –, liegt es auf der Hand, daß die Eliten zwar durchaus aus reinem Eigennutz die Macht ergreifen können, trotzdem aber auch für das Wohlergehen ihrer Untergebenen verantwortlich sind. Machiavelli mag zwar gesagt haben, daß ein kluger Herrscher sein Wort nicht halten sollte, wenn ihm dadurch ein Nachteil erwachse, doch hätte ein solcher Fürst sicher seine liebe Not, um dem gemeinen Volk die Kooperativität abzuringen, auf der seine Herrschaft ruht.

Die Notwendigkeit, daß ein Herrscher zumindest von einem seiner „Untertanen" unterstützt werden muß, ist sogar bei Affen- und Menschenaffenhorden zu beobachten. So könnte man beispielsweise erwarten, daß das dominante Männchen in einer Schimpansenhorde normalerweise das stärkste und aggressivste Tier ist. Forschungsarbeiten zeigen hingegen, daß die Anführer der Primatengruppe nicht etwa über große Körperkräfte verfügen, sondern vielmehr Tiere sind, die besonders gut *Bündnisse* mit anderen Gruppenmitgliedern schließen können. Ältere Männchen konnten beispielsweise ihre soziale Stellung behalten, indem sie sich schlauerweise mit jüngeren, kräftigen „Vasallen" von niederem Rang verbündeten. »Während eines Machtkampfes versuchen ältere Schimpansenmännchen, die Unterstützung von den Weibchen zu bekommen, indem sie mit deren Jungen spielen«, meint der Primatenforscher Frans de Waal. »Aus demselben Grund küssen Präsidentschaftskandidaten Babys.« Auch Affen rotten sich zusammen, um einen Höhergestellten zu Fall zu bringen. In einem Experiment wurde ein ranghöheres Weibchen von seinen Verbündeten getrennt und in ein Gehege gesetzt, das von einer Gruppe rangniedrigerer Weibchen bewohnt wurde. Die sozial niedrigeren Tiere verschworen sich gemeinsam gegen das höhere Weibchen und stellten die Machtverhältnisse auf den Kopf.

Ein wichtiger Hinweis für das Verständnis der engen kooperativen Bindungen zwischen Herrscher und Beherrschtem stammt von Archäologen: Obgleich die Inkaherrscher sich nicht scheuten, zur Verteidigung ihres Riesenreiches Gewalt anzuwenden, zeigte sich ihre wahre Genialität nicht etwa in der Anwendung von Repression, sondern in einer Art „Appeasement-Politik". Die Inka erkannten, daß der Unterhalt von Besatzungstruppen auf feindlichem Boden sehr teuer war, weshalb sie auf wirtschaftlichem, politischem und religiösem Wege versuchten, die unterworfenen Volksstämme für eine friedliche Koexistenz innerhalb des Inkareiches zu gewinnen. Obwohl man von den Inka weiß, daß sie blutige Massaker begingen und aufsässige Stämme brutal umsiedelten, ließen sie die bestehenden Sozialstrukturen eines unterworfenen Volksstammes in vielen Fällen im wesentlichen unangetastet. Häufig blieben die ortsansässigen Anführer in ihren Positionen und wurden zu Regierungsbeamten des Inkareiches, wobei sie allerdings in die Inkahierarchie integriert waren. Der Landbevölkerung wurden Frondienste auferlegt, die sie durch Teilzeitarbeit auf den Feldern der Staatsgüter, Dienst im Heer oder durch Fertigung von Töpferwaren und Stoffen ableisteten; ansonsten veränderte sich in der typischen Lebensweise der Bauern oft überhaupt nichts. Bei der Untersuchung des Alltagslebens der Wanka vor und nach der Unterwerfung durch die Inka, stellten die Archäologen fest, daß die Wanka ungeachtet der gestiegenen Abgaben an die neuen Machthaber in vielerlei Hinsicht einen höheren Lebensstandard besaßen, nachdem sie dem Inkareich einverleibt worden waren – beispielsweise, weil sie dann seltener Krieg mit ihren Nachbarn führten oder besser mit Lebensmitteln und anderen Waren versorgt waren. Das soll allerdings nicht bedeuten, daß die Wanka ungeachtet der besseren materiellen Versorgung mit dem Los der Unterjochung durch die Inka rundum zufrieden waren; denn als Pizarro ansetzte, die Inkakönige zu stürzen, wurde er dabei sogleich von den Wanka unterstützt.

Die Regierungstaktik der Inka beruhte zum Teil auf ihrer außerordentlich effektiven Öffentlichkeitsarbeit, denn wie archäologische Ausgrabungen zeigen, verstanden sie es hervorragend, ihre Untertanen nicht nur physisch auszunutzen, sondern auch gedanklich zu manipulieren. Bei der Freilegung eines Verwaltungssitzes der Inka, der weitab der Hauptstadt Cuzco in der Provinz lag, stellten die Forscher fest, daß der Hauptzweck dieser Anlage nicht darin bestand, direkten politischen oder wirtschaftlichen Druck auszuüben, sondern daß sie vielmehr als großzügige Tempelanlage für die einheimische Bevölkerung gebaut wurde. Hier wurden feierliche Zeremonien abgehalten, die allein dazu dienten, eine ideologische Verknüpfung zwischen den Inkaherrschern und der Provinzbevölkerung herzustellen; dank dieser PR-Kampagne sollte letztere das Gefühl gewinnen, daß die Zugehörigkeit zum Inkareich etwas mehr bedeute, als diesem lediglich als Bauer oder Krieger zu dienen.

Das Dilemma, dem sich die Inka bei der Beherrschung ihrer Satellitenstaaten ausgesetzt sahen, hat für die Führungsschichten heutiger Staaten immer noch nicht an Aktualität verloren, denn auch sie müssen ihre Legitimation gegenüber ihren Untertanen permanent wirtschaftlich, ideologisch oder gewaltsam rechtfertigen. Als beispielsweise in Osteuropa die Bedrohung durch die UdSSR nicht mehr gegeben war, brachen die Regierungen der einzelnen Ostblockstaaten quasi über Nacht zusammen, da sie – ohne die Macht der sowjetischen Streitkräfte im Hintergrund – die ideologische und wirtschaftliche Berechtigung zur Weiterführung der Regierung verloren hatten. In China verliefen hingegen die demokratischen Demonstrationen auf dem Platz des Himmlischen Friedens völlig anders, denn dies war eine Revolution, die im wesentlich von Studenten und Städtern getragen wurde. Der Aufstand wurde brutal durch das Militär niedergeschlagen, das seine Soldaten vor allem aus der Landbevölkerung, weniger aus Städtern rekrutiert. Für die Bauern besitzen die Machthaber in Peking weiterhin ihre Legitimation, da die ländliche Bevölkerung seinerzeit wirtschaftlich von der Landreform Mao Tse-tungs profitierte.

Die grüne Vergangenheit beginnt

Die soziale Vielschichtigkeit, die moderne Gesellschaften kennzeichnet, reicht zurück bis zu jener plötzlichen Entfaltung der menschlichen Kreativität vor etwa 40 000 Jahren. Körperschmuck – wie zum Beispiel durchbohrte Raubtierzähne, geschnitzte Anhänger und sorgfältig gearbeitete Perlen – markiert den Anfang einer komplexen Sozialstruktur, die infolge zunehmender Zusammenarbeit zwischen den einzelnen Mitgliedern einer Gruppe beziehungsweise zwischen einzelnen Gruppen innerhalb einer Region entstand. Dies verdeutlicht beispielsweise eine Fundstätte in der heutigen Ukraine. In Meschiritsch wurden fünf einzelne Rundbauten mit einem Durchmesser von drei bis fünf Metern und einer Innenfläche von 12 bis 23 Quadratmetern gefunden; in jeder dieser 15 000 Jahre alten Behausungen lebten damals etwa 50 Menschen. Da es in den Tundren und Steppen, deren kaltes Klima noch von der letzten Eiszeit geprägt war, kaum Holz gab, verwendeten die Menschen von Meschiritsch Hunderte von Mammutknochen als Baumaterial. Man nimmt an, daß zum Bau eines einzigen dieser Rundbauten zehn Menschen etwa fünf Tage lang hätten arbeiten müssen. Da diese Jungsteinzeitler keinen Ackerbau betrieben, gab es in dieser Gegend offenbar genug Wild und Wildpflanzen, so daß die Menschen etwa neun Monate im Jahr hier wohnen konnten; nur im Frühjahr und Sommer, wenn vom nahegelegenen Fluß Gefahr durch Hochwasser drohte, verließen sie ihre Behausungen. Offenbar standen diese Menschen bereits ins Handelsbeziehungen zum etwa 450 Kilometer südlich gelegenen Schwarzen Meer, denn die vor Ort gefundenen Muscheln und Schneckengehäuse stammen von Arten, die in diesem Gewässer lebten. Im Erdreich in der Nähe der Hütten waren mehrere tiefe Gruben ausgehoben worden, die wahrscheinlich als Eiskeller zum Lagern von Lebensmitteln benutzt wurden. Die Tatsache, daß einige „Kühlschränke" größer waren als die anderen, könnte ein Hinweis für eine soziale Hierarchie sein, in der sich einige Bewohner einen größeren Fleischvorrat als andere anlegen konnten. Aus mehreren Begräbnisstätten in der russischen Tiefebene stammen Hinweise, daß es vor 20 000 Jahren möglicherweise bereits komplexe Sozialstrukturen gab: Neben den menschlichen Fossilien in diesen Gräbern fand man Tausende von Elfenbeinperlen, Waffen und anderen Schmuckstücken. Aufgrund dieser Grabbeigaben könnte man vermuten, daß sich bereits mehrere soziale Schichten entwickelt hatten, in denen einzelne Personen Schmuck und andere Güter anhäufen konnten. Desgleichen spricht die Tatsache, daß man auch in den Grabstätten zweier Kinder Schmuck und Waffen als Beigaben gefunden hat, für die Vermutung, daß Reichtum und Status von einer Generation an die nächste weitergegeben wurde.

Vor etwa 6 000 Jahren begann sich die nomadenhafte Lebensweise kleiner Jäger-und Sammlergruppen zunehmend in Richtung einer Lebensweise in Form großer, komplexer Gesellschaften zu verlagern, wie sie heute noch bestehen. Im Laufe der nächsten 2 000 Jahre entstanden große Stadtstaaten; die ersten waren sumerische Siedlungen in Mesopotamien (dem heutigen Irak), denen schon bald Siedlungen in den Stromtälern von Nil und Indus, in Ostasien sowie Mittel- und Südamerika folgten.

Eine der Hauptursachen für diese Entwicklung war das Aufkommen der Landwirtschaft [79]. Diese hatte man jahrelang fälschlicherweise als eine „Erfindung" oder „Revolution" bezeichnet, welche die sogenannten fortschrittlicheren von den primitiveren Gesellschaften unterscheide. Da für uns heute Gesellschaft ohne Landwirtschaft nicht mehr vorstellbar ist, erscheint es uns nur logisch, daß die Menschen, nachdem sie entdeckt hatten, daß man Pflanzen auch kultivieren kann, ganz selbstverständlich zum Ackerbau übergingen, weil dadurch ihr Leben ja wesentlich erleichtert wurde. Einige Forscher gingen sogar soweit zu behaupten, daß sich einzelne Mitglieder dieser höherentwikkelten Agrargesellschaften mit Booten aufgemacht hätten, um jenen „primitiven“ Kulturen sozusagen die „Fackel der Landwirtschaft“ zu überbringen (wie Prometheus das Feuer) – und als deren Begleiterscheinung dann auch die komplexe, moderne Zivilisation.

In Wirklichkeit ist Landwirtschaft natürlich nicht entstanden, weil sich irgendein Steinzeitmensch plötzlich überlegt hat, man könne ja mal den Ackerbau erfinden – tatsächlich war dies nämlich nahezu unmöglich. Äußerlich wie genetisch unterscheiden sich Kulturpflanzen – ähnlich wie auch Haustiere – von jenen Wildformen, aus denen sie hervorgegangen sind. Viele Wildpflanzen blühen und fruchten beispielsweise nicht gleichzeitig; deshalb kann eine Gruppe Frühmenschen nicht so einfach das Jagen und Sammeln aufgeben und stattdessen Getreide aussäen und im Folgejahr ernten. Um biologische Veränderungen zu erzielen, die aus einer Wild- eine Kulturpflanze machen, wodurch wiederum Landwirtschaft möglich wird, müssen sich die Menschen mit mehreren Generationen dieser Pflanze beschäftigt haben, ehe sie tatsächlich mit deren Anbau beginnen können.

In Wirklichkeit bedarf es mindestens eines Zeitraums von zwanzig Jahren, um durch sorgfältige Auslese und Zucht aus einer Wildpflanze eine Kulturform zu machen – was in etwa einer Menschengeneration entspricht. Deshalb ist es sehr unwahrscheinlich, daß unsere Vorfahren vor 10 000 Jahren bewußt einen Prozeß begannen, der bis zu den ersten eindeutigen Ergebnissen etwa ein Vierteljahrhundert in Anspruch nehmen würde – besonders angesichts der Tatsache, daß sich die Menschen Pflanzen suchten, weil sie hungrig waren. Diese ersten Bauern konnten im Prinzip überhaupt noch nicht wissen, daß derartige

Veränderungen bei einer Pflanze überhaupt möglich waren, und erst recht nicht, welcher potentielle Nutzen ihnen daraus erwüchse.

Die Entstehung der Landwirtschaft war also weniger eine „Revolution", in deren Verlauf der Mensch sich die Pflanzen „untertan" machte, sondern eher eine *Koevolution*, wobei Menschen und Pflanzen ihre normale Lebensweise zum Nutzen beider Seiten veränderten. Sicherlich haben weder Menschen noch Pflanzen zunächst versucht, ihr Leben „bewußt" umzustellen. Doch indem unsere Vorfahren im Laufe der Jahrtausende gezielt bestimmte Wildpflanzen als Nahrung sammelten, übten sie einen Selektionsdruck auf das pflanzliche Ökosystem aus – und veränderten es in winzig kleinen Schritten.

Sogar ohne wissentlich Landwirtschaft betreiben zu wollen, hätten die Frühmenschen demnach den Erfolg bestimmter Pflanzen unabwendbar beeinflußt, indem sie diese Pflanzen schützten, ihre Konkurrenzpflanzen vernichteten und ihren Samen verbreiteten. So wurde möglicherweise ein Baum mit besonders großen Früchten nur selten gefällt, um daraus Feuerholz zu machen oder Unterstände zu bauen, während andere Bäume, die nicht so gut trugen, dafür um so häufiger abgeholzt wurden. Der Einfluß unserer Vorfahren auf die pflanzliche Umwelt erfolgte sehr wahrscheinlich viel unauffälliger und unbewußter als beispielsweise moderne Techniken in der Landwirtschaft, wo der Boden umgepflügt oder die Nutzpflanzen bewässert werden – jedoch wirkte er sehr einschneidend auf die Evolution der damaligen Flora. Allein dadurch, daß der Mensch die Umgebung der Pflanzen durcheinanderbrachte, während er nach Nahrung suchte, schuf er diesen neue Entwicklungsmöglichkeiten.

Folglich begannen die Pflanzen, um die Aufmerksamkeit des Menschen zu „konkurrieren". Wenn die Frühmenschen beispielsweise die Körner von Wildgräsern sammelten, um sie zu verzehren, so wurde möglicherweise eine bestimmte Weizenmutante häufiger gesammelt, weil ihre Halmfasern nicht so schnell brachen und sie sich deshalb leichter einsammeln ließ. Die Mutante wurde öfters ins Hauptlager der Frühmenschen gebracht, so daß ihre Körner häufiger in der Nähe des Lagers zu Boden fielen, dort auskeimten und dann wieder mit höherer Wahrscheinlichkeit von den Menschen gefunden und verzehrt wurden. Je öfter dieser Prozeß ablief, desto häufiger tauchte die Mutante (mittlerweile eine schon stärker kultivierte Weizenform) in der Umwelt unserer Vorfahren auf – und zwar ohne daß diese das so geplant hätten.

In der Natur gibt es viele Beispiele für eine ähnliche Koevolution zwischen Tieren und Pflanzen. So werden beispielsweise Feigenbäume von bestimmten Wespenarten bestäubt, während zum Beispiel Eichhörnchen, die im Herbst Eicheln und Bucheckern sammeln, dafür sorgen, daß beide Baumarten verbreitet werden. Viele Vögel fressen Beeren und Steinfrüchte, deren Samen sie zusammen mit dem Kot ausscheiden. Ein besonders bizarres Beispiel für diese kooperative Verbreitungsweise ist eine Melonenart, deren Samen erst den Verdauungstrakt eines Erdferkels passieren müssen, um keimen zu können. Wenn das Tier seinen Kot ausscheidet und verbuddelt, vergräbt es auch die unverdaulichen Melonenkerne, aus denen wieder neue Pflanzen wachsen. Dieser Kreislauf wiederholt sich Jahr für Jahr, so daß man das Erdferkel im Prinzip als „Melonenzüchter" bezeichnen könnte.

Jeder, der jetzt noch bezweifelt, daß Pflanzen mit dem Menschen – ohne dessen bewußtes Zutun – eine „innige Verbindung" eingehen können, braucht nur einmal in seinen Garten zu schauen: Dort zeigen Löwenzahn, Quecke und Vogelmiere, daß Pflanzen keine spezielle Aufmerksamkeit des Menschen benötigen, um sich in unserem Leben festzuwurzeln – die sogenannten Unkräuter haben sich nämlich an die neue Umwelt adaptiert, die der Mensch geschaffen hat, obwohl er sich redlich bemüht, sie aus seinem „Garten Eden" zu vertreiben. Der Unterschied zwischen Nutz- und Unkrautpflanzen besteht mit anderen Worten letztlich nur darin, daß wir keine Verwendung für Unkraut haben, obgleich beide Pflanzengruppen über die Jahrtausende hinweg infolge des gleichen menschlichen Eingreifens entstanden sind.

Der beste Freund des Menschen

Die Theorie, daß Domestizierung eher ein Kooperations- beziehungsweise Koevolutionsprozeß als ein Vorgang der Unterjochung anderer Arten durch den Menschen ist, trifft auch auf die Tierwelt zu. Die ersten Haushunde, die seit etwa 12 000 Jahren fossil belegt sind, unterscheiden sich von ihrem Körperbau und Verhalten her deutlich von jenen Wölfen des Vorderen Orients, von denen sie abstammen. Im Vergleich zum Wolf besitzt der Hund eine kürzere Schnauze, wird schneller geschlechtsreif und ist insgesamt von kleinerer Statur – ein Merkmalspaket, das einen zunehmenden Trend in Richtung „Neotenie“ (das heißt, die Ausprägung jugendlicher Merkmale bei Erwachsenen) widerspiegelt. Wie bei den Pflanzen müssen sich auch hier die körperlichen Veränderungen und Verhaltensänderungen über etliche Generationen erstreckt haben, und als der Mensch begann, Hunde zu züchten, lebten beide wahrscheinlich schon lange in Gemeinschaft.

Die äußerlichen „Welpenmerkmale“, die man beim ausgewachsenen Hund feststellen kann, lassen sich auch auf sein Verhalten übertragen: Erwachsene Hunde verhalten sich nicht so defensiv wie Wölfe und betteln oft in Welpenmanier um Zuneigung oder Futter – Verhaltensmuster, die bei adulten Wölfen verschwinden. Weil die Evolution den Menschen dahingehend geprägt hat, beim eigenen Nachwuchs freundlich auf kindliches Verhalten zu reagieren, machten sich auch Wolfsvorfahren des heutigen Haushundes bei ihm beliebt, die sich ähnlich verhielten. Der Lohn der Sanftmut waren Duldung, Zuwendung und später vielleicht Fütterung. Diese Wölfe konnten vermutlich mehr Welpen aufziehen, wodurch sich dieser Evolutionstrend fortsetzte und letztlich eine neue Art, nämlich den Haushund, hervorbrachte, der sich dem neuen sozialen Umfeld des Menschen anpaßte. Da Wölfe von Natur aus sehr soziale Wesen sind, waren sie als Begleiter des Menschen prädestiniert: Wölfe jagen nicht nur gemeinsam im Rudel und teilen ihre Beute, sondern leben auch in einer hierarchisch gegliederten Gruppe, die von einem Leitwolf angeführt wird – eine Rolle, die heute der Hundehalter übernommen hat.

Von der kooperativen Beziehung zwischen Mensch und Wolfshund profitierten wiederum beide Seiten – Hunde erhielten Schutz, Wärme und Futter, während sie im Gegenzug dem Menschen beim Jagen und Aufspüren von Beute halfen. Sehr wahrscheinlich wurden manche Haushunde wohl auch als Wachhunde gezüchtet – Wölfe, Schakale und andere Hundeverwandte bellen hingegen nicht. Andere Haustiere – wie Pferd, Rind, Schaf und Huhn – wurden wohl auch nicht nur deswegen gezähmt, weil der Mensch sie sich als Nutz- und Zugtiere wünschte, sondern weil diese Tiere bestimmte Eigenschaften besitzen, aufgrund derer sie sich überhaupt als Hausgenossen eignen. Für die Frühmenschen, die noch nicht wußten, wie man Zäune baut, wäre es sicher nicht so einfach gewesen, die Vorläufer unserer heutigen Haustiere zu bändigen, wenn die Tiere damals nicht ebenfalls bereitwillig „mitgespielt" hätten. Wenn man heute im Supermarkt Rindersteaks anstelle von Zebraschnitzel kaufen kann, so liegt das mithin daran, daß sich Rinder als Haustiere halten lassen, Zebras jedoch nicht [80].

Sicherlich wird sich jeder, der einmal eine Hühnerfarm oder Bullenmastanstalt besucht hat, fragen, ob sich die Domestizierung für Rinder und Hühner denn überhaupt gelohnt hat. Wenn unsere Haustiere jedoch nicht diese Koevolution durchlaufen hätten und keine „partnerschaftliche Bindung" mit dem Menschen eingegangen wären, wären sie zweifellos längst ausgestorben wie Auerochse und Mammut. Ein ähnliches Schicksal wie diesen beiden Großsäugern, die wir nur aus Fossilien und steinzeitlichen Höhlenmalereien kennen, droht zur Zeit dem Afrikanischen Elefanten, dessen Bestände gnadenlos von wildernden Elfenbeinjägern dezimiert werden; der „gezähmte" Indische Elefant hingegen wird im Straßenbau, in Forstbetrieben und der Landwirtschaft eingesetzt und ist daher nicht direkt vom Aussterben bedroht. Manche Menschen behaupten nun, Haustierhaltung liefe auf das gleiche hinaus wie Sklaverei. Wie die Evolution der Domestizierung jedoch zeigt, handelt es sich bei den heutigen Haustieren nicht um Wildtiere, die wie Sklaven gegen ihren Willen gefangengehalten werden, vielmehr stellen sie neue Rassen dar, die sich an die Umwelt des Menschen voll und ganz angepaßt haben. Wenn von heute auf morgen alle Menschen zu Vegetariern würden und außerdem sämtliche Haustiere freiließen, so nähmen die Populationen der Hunde und Katzen, Hühner und Enten, Rinder, Schweine, Schafe, Ziegen und Pferde rapide ab – diese Tiere können nur als „Partner" des Menschen überleben.

Historische Katastrophen

Der Wechsel zu einer agrarischen Lebensweise brachte weitaus tiefgreifendere soziale Veränderungen mit sich als nur das Schaffen „neuer" landwirtschaftlicher Techniken. Immerhin bestand bereits lange vor der planmäßigen Bodenbearbeitung und Viehhaltung ein „kooperatives Verhältnis" zwischen dem Menschen und bestimmten Tieren und Pflanzen. Die dramatische soziale Veränderung konnte letztlich nur durch das Zusammenspiel verschiedener Faktoren – unter anderem ein rasches Bevölkerungswachstum und eine Klimaveränderung – zuwegekommen. Und da man nur sehr ungern einen Lebensstil zugunsten eines völlig anders gearteten aufgibt, sind unsere Vorfahren höchstwahrscheinlich nur deshalb Bauern geworden, weil sie durch radikale Umstände, die sie nicht beeinflussen konnten, dazu gezwungen wurden.

Landwirtschaft tritt erstmals in einer Periode der relativen globalen Erwärmung in Erscheinung, die auf die letzte Eiszeit folgte. Etwa 100 000 Jahre lang hatte die Nordhalbkugel – Nordamerika, der größte Teil Nord- und Mitteleuropas sowie Sibirien – unter einer dicken Eisdecke gelegen. Das Wachsen und Schwinden der Eisdecke der Erde ist Teil eines noch andauernden globalen Zyklus. Die letzte

Eiszeit setzte etwa zu Lebzeiten des *Homo habilis* vor gut zwei Millionen Jahren ein. Tatsächlich ist diese Eiszeit eigentlich noch gar nicht zu Ende: Im Laufe der Jahrtausende schwankte das Erdklima zwischen längeren Phasen intensiver Vereisung (die meist um die 100 000 Jahre anhielten) und kürzeren Wärmeperioden, den Interglazialen, die meist 10 000 Jahre dauerten. Die Erde verließ die letzte Eiszeit vor etwa 125 000 Jahren und tauchte in eine kurze Wärmeperiode ein – etwa zu der Zeit, als der erste *Homo sapiens* auftauchte. Dann wurde es rasch wieder kälter, und dieses Klima hielt sich fast während der gesamten Spanne der menschlichen Existenz. Zuletzt kam es vor etwa 10 000 Jahren zu einer dauerhaften Temperaturerhöhung, und während dieser relativ kurzen Wärmephase entstand alles, was wir mit unserem heutigen Leben in Verbindung bringen – Ackerbau und Viehzucht, Metallverarbeitung, Schrift, Zivilisation und so weiter. Tatsache ist, daß sich die Erde ihrem natürlichen Zyklus entsprechend in absehbarer Zeit wieder in eine neue Eiszeit mit vermehrter Gletscherwanderung und sinkenden Temperaturen bewegen müßte – obgleich der Anstieg des Kohlendioxids und anderer sogenannter „Treibhausgase“ in der Atmosphäre diesem Prozeß möglicherweise entgegenwirkt.

Die Gletscher erreichten ihre maximale Ausdehnung vor etwa 18 000 Jahren und zogen sich dann allmählich wieder zurück; parallel zum Abtauen der Eismassen begannen viele der damaligen Großtierarten, von der Erdoberfläche zu verschwinden – Opfer der Klimaveränderung und der intensiven Bejagung durch den *Homo sapiens*. Als die großen Beutetiere immer seltener wurden, die Zahl der Menschen jedoch zunahm, mußten sie neue Nahrungsquellen erschließen – von nun an machten sie auch Jagd auf kleinere Säugetiere, Vögel, Fische und anderes Meeresgetier. Weil damals auch die großen Rentier- und Pferdeherden zurückgingen, denen die Menschen hinterhergezogen waren, mußten sie vermehrt Pflanzen essen, was sie zusätzlich dazu bewegte, seßhaft zu werden: Denn da sie die Wildpflanzen nicht mitnehmen konnten, mußten die Menschen eben dort bleiben, wo diese wuchsen.

Eine der Erdregionen, in denen die Menschen seßhaft wurden, war die östliche Levante, ein Teil der Mittelmeerküste, der von der südlichen Küste der Türkei über Syrien, den Libanon und Jordanien bis an das Südende Israels reicht. Vor etwa 12 500 bis 10 500 Jahren wurde dieser Küstenstreifen von den Völkern des Natufien besiedelt. Diese Volksgruppe bildeten die erste permanent seßhafte Kultur, und zwar als Reaktion auf einen klimatischen „Doppelschlag", der während der massiven Aufwärmung des Globus auftrat. Als die Gletscher schmolzen, stieg der Meeresspiegel an manchen Stellen um fast 120 Meter, wodurch Alaska von Sibirien und Neuguinea von Australien getrennt wurden. Die arktischen Tundren, die jahrtausendelang den größten Teil Europas, Nordamerikas und Nordasiens bedeckt hatten, wurden durch Wälder und Grassteppen ersetzt, und das Weltklima stieg rasch auf etwa heutige Temperaturen an. Diese Klimaveränderung machte sich besonders in der östlichen Levante bemerkbar: Die Hügellandschaft wurde von üppiger Vegetation überwuchert, und die vorhandene Fauna wurde durch Bergzüge im Norden, das Mittelmeer im Westen sowie ausgedehnten Wüsten im Süden und Osten daran gehindert abzuwandern. Die Menschen des Natufien reagierten auf die Eingrenzung ihres Lebensraums, indem sie ihr Nomadendasein aufgaben und sich niederließen, obwohl sie weiterhin als Jäger und Sammler lebten.

Ein Hinweis, daß die Jäger des Natufien tatsächlich seßhaft waren, ergaben die Untersuchungen fossiler Gazellenzähne; diese Kleinantilopen wachsen je nach Jahreszeit langsamer oder schneller, was man am Zuwachsmuster der Zähne erkennen kann. An den Lagerstätten, die von Jägern hinterlassen wurden, die unmittelbar vor den Natufien-Menschen hier lebten, fand man Zähne von Gazellen, die nur zu einer einzigen Jahreszeit getötet worden waren – also beispielsweise nur im Herbst oder nur im Frühjahr. Daraus schloß man, daß es sich um vorübergehende Aufenthaltsorte handelte, die von den damaligen

Menschen nur zu bestimmten Jahreszeiten genutzt wurden. An den Lagerstätten der Natufien-Jäger fanden sich jedoch Zähne von Gazellen, die man zu allen Jahreszeiten erlegt hatte; demnach hielten sich die Menschen des Natufien dauernd an diesem Ort auf und bejagten die Gazellen, die sie im Umkreis des Lagers antrafen. An diesen Stätten findet man auch die ersten Fossilien jenes Nagers, aus dem sich unsere heutige Hausmaus entwickelt hat, und diese Knochen haben etwa das gleiche Alter wie die Gazellenzähne. Die Jäger des Natufien bejagten nämlich nicht nur die ortsansässige Tierwelt, sondern gingen offenbar auch dazu über, wilden Weizen und andere Wildgräser, die in dieser Gegend wuchsen, zu sammeln und zu speichern. Archäologen haben Mahlsteine und Sicheln gefunden, und fossile Zähne der Natufien-Menschen zeigen Abnutzungen, wie man sie normalerweise bei Menschen findet, die sich von hartfaserigen Pflanzen ernähren. Diese besondere Kombination aus komplexer Sozialstruktur, seßhafter Lebensweise und der Möglichkeit, Wildgräser zu sammeln, zu verarbeiten und zu lagern, prädestinierte die Menschen des Natufien dafür, die ersten Bauern zu werden.

Die Menschen des Natufien lebten erfolgreich als seßhafte Jäger und Sammler, bis sie vor etwa 11 000 Jahren von der zweiten Phase des „Klima-Doppelschlages" getroffen wurden: Nun brach eine große Kältewelle über sie herein. Aus bisher unbekannten Gründen kehrten sich die Temperaturen des langsam wärmer werdenden Globus plötzlich um, und für etwa 1000 Jahre kam das eiszeitliche Klima zurück. Die kühle Witterung wirkte sich wieder radikal auf die Levante aus: Pflanzen, die an das milde Mittelmeerklima adaptiert waren, verschwanden und mit ihnen viele der Tiere, die sich von ihnen ernährt hatten. Für die Jäger und Sammler des Natufien muß diese Phase sehr beschwerlich gewesen sein. Nach Jahrhunderten mit warmem Klima wehte plötzlich ein kalter Wind, die Sommer wurden kürzer, und der Boden trocknete aus. Das einst blühende Land nährte seine Bewohner nur noch widerwillig. Da die Menschen des Natufien schon seit Generationen seßhaft waren, standen sie nun vor der Wahl, wieder zu wandern oder eine alternative Lebensweise zu suchen: Sie entschieden sich für die Landwirtschaft [81].

Um diese Lebensweise aufzunehmen, bedurfte es keiner großen technologischen Durchbrüche mehr. Denn obwohl sie als Jäger und Sammler gelebt hatten, waren den Menschen der Levante Getreidepflanzen seit Generationen vertraut. An einer archäologischen Ausgrabungsstätte in Israel fand man beispielsweise Gerstenkörner, die etwa 19 000 Jahre alt waren. Und aufgrund ihrer langjährigen Erfahrung mit Wildgetreide war es für die Natufien-Menschen sicherlich nur ein kleiner Schritt, die erste gezielte Aussaat vorzunehmen – und zudem für Menschen naheliegend, die neue Nahrungsquellen erschließen wollen.

Selbstverständlich brauchten die Menschen auf der ganzen Welt nicht allesamt erst von einer gewaltigen Klimaverschlechterung betroffen zu sein, die sie dann nur als seßhafte Landwirte überleben konnte. Indem sie seßhaft wurden, bereiteten die Menschen automatisch den Weg für Ackerbau und Viehzucht vor. Denn durch „Standorttreue" steigt auch die Bevölkerungszahl: Die Frauen befinden sich nicht dauernd auf Wanderschaft und können daher weitere Kinder bekommen, derweil sie ihre etwas älteren, aber immer noch hilfsbedürftigen Kinder zwar beaufsichtigen, jedoch nicht mehr mit sich tragen müssen. Dieser Umstand erhöht die Geburtenziffer, wodurch die Bevölkerung derart zunimmt, daß manche Gesellschaften schließlich ihre gesamten Nahrungsquellen restlos aufbrauchen.

Fluch und Segen der Landwirtschaft

Von einem ruhmreichen Aufstieg zur Zivilisation, wie er lange beschrieben wurde, konnte jedoch keine Rede sein, denn zunächst bürdete der Wechsel der Lebensweise den Menschen erst einmal viele neue Mühen auf. Die Umstellung auf eine bäuerliche Ernährung führte bei den ehemaligen Jägern und Sammlern zu Unterernährung und chronischen Krankheiten. Da die Jäger und Sammler ständig auf Wanderschaft waren, nahmen sie auch eine abwechslungsreiche Kost zu sich, die aus vielen unterschiedlichen Quellen stammte; dadurch erhöhte sich die Wahrscheinlichkeit, daß bestimmte Vitamine, Mineralien und essentielle Nährstoffe, die in der Nahrung von einer bestimmten Stelle nicht vorkamen, mit Nahrungsmittel aufgenommen wurden, die von einem anderen Ort stammten. Außerdem sorgte die nomadische Lebensweise der Jäger und Sammler dafür, daß die Menschen seltener krank wurden, da sie quasi vor den Krankheitserregern wegliefen.

Also ergaben sich für unsere frühen Vorfahren mit der neuen bäuerlichen und damit verbundenen seßhaften Lebensweise völlig neuartige Probleme. Die Tiere und Pflanzen, die der Mensch domestizierte, wurden nach Kriterien wie einfache Haltung, leichtes Ernten und Lagern sowie Geschmack und Nährwert ausgewählt – Kriterien, die auch heute noch zählen, wie beispielsweise bei den faustgroßen Fleischtomaten. Da sich die Menschen jedoch mitunter nur auf den Anbau von zwei Feldfruchtarten beschränkten, führte ihre einseitige Ernährung manchmal zu Vitamin- und Mineralienmangel. Zudem führte das ganzjährige enge Zusammenleben der Menschen dazu, daß sich Krankheiten besser verbreiten konnten – zum Beispiel auch Pokken und Masern, die aus Viehkrankheiten entstanden und sich an den Menschen als Wirt anpaßten. Das Problem, menschliche Fäkalien, Essensabfälle und anderen Müll zu beseitigen, konnte man ebenfalls nicht mehr einfach dadurch lösen, daß die Menschen weiterzogen.

All das läßt den Verdacht aufkommen, daß diese dramatische Umstellung der Lebensumstände unserer Vorfahren keine glorreiche Novität, sondern ein Akt der Verzweiflung war, um überhaupt zu überleben. Deshalb wundert es kaum, daß das alttestamentarische Buch der Genesis – eine der kulturellen Großleistungen, die in der Levante vollbracht wurden – Menschen beschreibt, die in einem Paradies leben, aus dem sie vertrieben werden, um „im Schweiße ihres Angesichts" ihr Brot zu essen und ihre Äcker zu bestellen. Die Parallelen zwischen der Vertreibung von Adam und Eva aus dem Garten Eden und der Umstellung der Lebensweise unserer Altvorderen von Jägern und Sammlern zu Bauern sind möglicherweise mehr als ein bloßer Zufall. Der Übergang zur Landwirtschaft stellte einen kritischen Wendepunkt in der Geschichte des *Homo sapiens* dar. Dieser Prozeß löste die bei weitem größte, vom Menschen geschaffene „Katastrophe" für das Ökosystem der Erde aus, da Fauna und Flora unseres Planeten nachhaltig durch die Landwirtschaft beeinflußt werden.

Obwohl sie viele neue Probleme für unsere Vorfahren mit sich brachte, stellte die Landwirtschaft auch einen gewaltigen Vorteil dar, der letztlich zu ihrer weltweiten Verbreitung führte: Ackerbau und Viehzucht bringen mehr Nahrung pro Fläche, als man durch eine Lebensweise als Jäger und Sammler je beschaffen könnte, so daß mehr Menschen von den Rohstoffen eines bestimmten Areals leben können. Mit zunehmender Bevölkerungszahl wurde die Landwirtschaft unverzichtbar: Je mehr Mäuler es zu stopfen galt, desto weniger war es möglich, das Leben als Jäger und Sammler wieder aufzunehmen. Einmal Bauer, immer Bauer – eine Situation, die bis heute aktuell geblieben ist. Möglicherweise war Landwirtschaft der letzte Strohhalm, an den sich unsere Vorfahren klammern konnten, um zu überleben, jedoch brachte sie unvorhersehbare Veränderungenmit sich: Die Bevölkerungszahl des Menschen stieg rapide an, wodurch es ihm möglich wurde, den gesamten Erdball zu besiedeln und überall Städte, Staaten und Nationen zu schaffen.

Zivilisation unter Zwang?

Die zahlreichen Komplikationen und Gefahren, die das Leben in einer großen Gruppe mitsichbringt, lassen den Verdacht aufkommen, daß sich die Menschen – ähnlich wie beim Übergang zur bäuerlichen Lebensweise – mehr oder weniger freiwillig zusammenschlossen. Möglicherweise erfolgte der Druck, die Lebensweise in kleinen Jäger-und-Sammlergruppen zugunsten einer großen, mehrschichtigen Gesellschaft aufzugeben, nicht nur durch das gegebene Klima, sondern auch durch bereits vorhandene komplexe Gesellschaften. Indem letztere in der Lage sind, umfassendere und kompliziertere Aufgaben zu lösen, stellen sie für benachbarte Kleingruppen eine Herausforderung dar. Zusammenarbeit ist nicht nur nützlich, sondern auch sehr effektiv, denn viele Aufgaben, die der Einzelne nicht bewältigen kann, können durch die Zusammenarbeit vieler Menschen erledigt werden. Großangelegte Bauprojekte, wie beispielsweise ein Bewässerungssystem, sind ebenso wie gewaltige Armeen kennzeichnend für eine komplexe Gesellschaft. Diese kann Menschenmassen mobilisieren, Informationen aufnehmen und gezielt weiterleiten, umfangreiche Aufgaben wahrnehmen – und dadurch wird aus ihr mehr als eine bloße Ansammlung von Menschen. Der Staat wird so letztlich zu einem Wesen mit eigener Berechtigung, das bestimmte Projekte initiiert (wie etwa Kriege zu führen), die letzten Endes ihm, dem Staat, zugute kommen, während einzelne Mitglieder dabei durchaus Schaden nehmen können.

In der jüngsten Geschichte erwuchsen die größten Probleme jeder x-beliebigen Menschengruppe zunehmend aus Begegnungen mit *anderen* Gruppen. Diese Probleme müssen nicht unbedingt aus so offensichtlich feindlichen Akten, wie beispielsweise Kriegserklärungen oder der Annektierung von Rohstoffen, bestanden haben; denn da Staaten genauso wie Einzelpersonen zur Zusammenarbeit fähig sind, verliefen viele Begegnungen auch kooperativ: Als Beispiele sind Handel, Schutzgemeinschaften oder die gemeinsame Erschließung und Nutzung von Rohstoffen zu nennen. Wie bei Einzelpersonen hängt das Ergebnis zwischenstaatlicher Kooperationen sehr stark davon ab, inwieweit beide Parteien beurteilen können, welchen Wert das Verhandlungsobjekt für den anderen hat – beispielsweise, wer momentan besonders dringend ein Faß Öl benötigt; gleichzeitig müssen beide Seiten aber auch in der Lage sein, Fehlverhalten zu bestrafen. In dieser Art kooperativer Transaktionen können große, hochorganisierte Staatengebilde eine stärkere Hebelwirkung ausüben als kleinere, weniger strukturierte Gruppen beziehungsweise Einzelpersonen.

Eine Ursache, weswegen sich Menschen zu Großgruppen zusammenschlossen, war wohl, daß sie schlichtweg keine andere Wahl hatten: Sobald sich eine Gruppe von Menschen erst einmal zu einer komplexen Gesellschaft organisiert hatte, übte sie aufgrund ihres erhöhten kooperativen Potentials solchen Druck auf kleinere Einheiten aus, daß für diese Menschen die Nachteile, *keiner* großen Gruppe anzugehören, gegenüber jeglichem Manko, das eine Gruppenzugehörigkeit mitsichbringt, überwogen – oder anders gesagt: Kann man den Feind nicht schlagen, so muß man sich mit ihm verbünden. Wie sowohl der weltweite Rückgang der Jäger-und-Sammlergemeinschaften als auch die Vernichtung der Kultur der nordamerikanischen Indianer (die ähnlich lebten) durch die Europäer belegen, besitzen Staaten – zum Guten wie zum Schlechten – die Macht, schwächer strukturierte Gemeinschaften von der Landkarte zu radieren.

Obwohl viele Menschen Zivilisation mit Fortschritt gleichsetzen, hat diese der Menschheit mindestens genauso viel Schaden wie Segen gebracht. Faktoren wie Bevölkerungswachstum, Sterblichkeitsrate sowie fehlernährungs- und krankheitsbedingte Streßsymptome an fossilen menschlichen Skeletten zeigen, daß im Verlauf der Geschichte – unterm Strich gesehen – das allgemeine Wohlbefinden der meisten „zivilisierten" Menschen zurückging. Während beispielsweise im Europa des 18. Jahrhunderts eine kleine Eliteschicht besser lebte als ihre

Vorfahren, lag die Lebenserwartung vieler Städter damals unter derjenigen der urzeitlichen Jäger und Sammler.

Hier drängt sich nun die philosophische Frage auf, ob Zivilisation wirklich gut für den Menschen ist [82]. Ganz gleich, wie man die Frage individuell beantwortet (was ebensosehr von der persönlichen Einstellung abhängt wie die Interpretation wissenschaftlicher Daten), eines macht die Fragestellung deutlich: Die einfache These, die Evolution der Gesellschaft sei ein unaufhaltsamer, von technischen Neuerungen und Durchbrüchen vorangetriebener Marsch in ein besseres Leben, ist nichts als reine Täuschung. Man könnte auch umgekehrt argumentieren, daß die technischen, landwirtschaftlichen und gesellschaftlichen „Revolutionen" lediglich aneinandergereihte Verzweiflungstaten waren, die unsere Vorfahren begingen, um in einer Welt mit schwindenden Rohstoffen und unaufhaltsam steigenden Bevölkerungszahlen überleben zu können. Der Schwachpunkt beider Hypothesen ist aber letztlich, daß sie die moderne Zivilisation als Endstation der Evolution der menschlichen Gesellschaft betrachten. In einem Punkt mag diese Annahme jedoch stimmen, weil nämlich die schätzungsweise fünf Milliarden Menschen, die heute die Welt bevölkern, sicherlich nicht überleben könnten, wenn sie wieder Jäger und Sammler werden beziehungsweise in kleinerem Ausmaß Ackerbau und Viehzucht betreiben wollten. Dafür gibt es schlichtweg zu wenig Rohstoffe und Platz.

Der einfache Vergleich zwischen Gestern und Heute verwischt jedoch die Tatsache, daß die menschliche Gesellschaft nie starr, sondern immer so angelegt war, daß sie sich selbst verändern konnte. Möglicherweise lebte die englische Bevölkerung im 18. Jahrhunderts nicht viel besser als die eiszeitlichen Jäger und Sammler, jedoch haben zweifellos die Menschen des 20. Jahrhunderts im Durchschnitt den besten Ernährungszustand und die höchste Lebenserwartung in der gesamten Menschheitsgeschichte. Dieser Zustand folgt wiederum direkt aus den Fortschritten in Medizin, Hygiene und Landwirtschaft, die ihrerseits ein Produkt der Zivilisation sind. Allerdings haben sich nicht nur die Gesellschaften verändert, sondern auch die Kriterien, aufgrund derer sie als *gut* oder *schlecht* eingestuft werden. Der Gesundheitszustand ist beispielsweise nur ein Bemessensfaktor für die Lebensqualität in einer Gesellschaft: Die Wanka-Indios, die im 15. Jahrhundert von den Inka unterjocht wurden, litten während dieser Besatzung sicherlich seltener unter Hunger oder Kriegsfolgen, doch ob sie sich dabei wohl gefühlt haben, ist Ansichtssache – den Wanka selbst gefiel es offensichtlich nicht.

Obgleich das Phänomen der komplexen Gesellschaft erst relativ spät in der Menschheitsgeschichte auftaucht, haben die Menschen, nachdem sie vor etwa 10 000 Jahren erstmals in Gruppen seßhaft wurden, eine verwirrende Vielfalt von Gesellschaftsformen entwikkelt. Die Frage, ob die menschliche Gesellschaft in ihrem jetzigen Zustand geeignet ist, um die nächsten 1 000 Jahre, eventuell auch nur das nächste Jahrhundert zu überleben, beschäftigt seit Jahren – und zweifellos auch noch in Zukunft – die berufsmäßigen Ersteller von Prognosen. Doch wenn uns die Geschichte einen Fingerzeig liefert, so ist es der, daß die Menschheit bei weitem noch nicht ihr Potential erschöpft hat, um Welten zu schaffen, in denen es sich leben läßt. Bleibt jedoch nur eine Frage offen: Wird unsere vollendete Fähigkeit, kooperativ zu handeln, am Ende auch der Grund für unseren Untergang sein?

Epilog: Wir oder sie

Menschlichkeit ist etwas, das sich entwickelt.

Tennessee Williams, Camino Real

Wissenschaftler wie Laien haben lange Zeit die Evolution des Menschen als eines der größten Ereignisse in der Entfaltung des irdischen Lebens angesehen – als eine Geschichte voller Leidenschaft, Herausforderungen und großer Abenteuer, die sich alle um jenen Helden ranken, der uns ach so sehr am Herzen liegt – den Menschen. In solchen prosaischen Darstellungen werden unsere Vorfahren als einsame Streiter beschrieben, welche die Sicherheit der heimischen Wälder wie auch ihre weniger draufgängerischen Cousins, die Menschenaffen, verließen, um ganz auf sich gestellt den enormen Herausforderungen der Savanne, einer völlig fremden Welt, zu trotzen [83]. Meistern konnten sie diese gewaltigen Herausforderungen dank einer besonderen Gabe, nämlich ihres großen Gehirns. Doch letzten Endes droht gerade diese besondere Gabe zur größten Herausforderung des Menschen zu werden: Seine Intelligenz half ihm, die Erde zu erobern, doch steckt darin auch das Potential der Selbstzerstörung. »Der Mensch bemerkt, daß er zwar die Macht von Göttern besitzt«, so die Anthropologin Misia Landau, die speziell Mythen über die Entstehungsgeschichte untersucht, »jedoch nicht ihre Weisheit.«

Verständlicherweise neigen wir wohl oft dazu, unsere Vorfahren als Protagonisten einer zielgerichteten Evolution zu sehen. Für unseren Verstand ist es des weiteren typisch, daß wir versuchen, hinter jedem Verhalten von Mitmenschen, Tieren – ja sogar des Wetters – irgendeine Ziel oder Absicht zu erkennen – wie beispielsweise „Er hat das nur gemacht, weil er sauer war“ oder „Es mußte ja regnen, weil ich für heute ein Picknick geplant hatte“. So ist es nicht erstaunlich, daß wir fälschlicherweise annehmen, auch die Evolution verfolge einen Sinn und Zweck. Dieser Trugschluß gipfelt oft in der Annahme, Hauptziel der Jahrtausende währenden Evolution des irdischen Lebens sei der Mensch – ein stets wiederkehrendes Klischee, das beinahe jedes Schul- und Lehrbuch ziert. Besonders häufig findet man folgende Darstellung: Ein primitiver Fisch krabbelt aus dem Meer und bildet das Ende einer Tierkarawane, die einen Hügel hinaufsteigt – zunächst ein Wesen, das einem Igel ähnelt, davor ein Menschenaffe und ein urtümlich aussehender Hominide, und ganz oben, auf der Hügelkuppe – quasi als „Sahnehäubchen“ der Evolution – der moderne Mensch [84].

Die Evolution stellt jedoch keine Zukunftspläne auf. Was wir heute sind, spiegelt nur die Strategien wider, die unseren Vorfahren in der Vergangenheit zum Erfolg verhalfen. Wenn auch die Evolution des irdischen Lebens dadurch charakterisiert ist, daß die Lebensformen immer komplexer werden, ist die Behauptung sinnlos, ein Tier sei „höher entwickelt“ als ein anderes. Im Gegensatz zu einem weitverbreiteten Aberglauben hat sich der Mensch nicht „aus dem Schimpansen entwickelt“. Vielmehr haben sich die Schimpansen innerhalb der vergangenen fünf Millionen Jahre, seit die Entwicklungslinien von Mensch und Schimpanse von einem gemeinsamen menschenaffenähnlichen Vorfahren abgezweigt sind, genauso stark weiterentwickelt wie wir. Die menschliche Art sollte man besser nicht als „Scheitelpunkt“ einer aufsteigenden Tierkarawane, sondern eher als Seitenast eines niedrigen, dichten Busches darstellen, der sich in alle Richtungen verzweigt. In Wirklichkeit reichten viele der älteren, mittlerweile „abgestorbenen“ Zweige des Hominidenbusches viel weiter als der Ast des *Homo sapiens*.

Die Evolution des modernen Menschen stellte wie auch die Entwicklung anderer Arten ein Einzelereignis dar, das sich genauso wenig vorherbestimmen oder vermeiden ließ wie beispielsweise die Entstehung von Beutelteufeln oder Stubenfliegen. Im Prinzip ist der moderne Mensch lediglich ein sehr erfolgreicher Vertreter unter gut einem halben Dutzend intelligenter, bipeder Primaten, welche die Erde im Laufe der vergangenen vier Millionen Jahre bevölkerten – tatsächlich haben wir uns vor noch nicht einmal 40 000 Jahren den Globus mit mehreren anderen humanoiden Primaten teilen dürfen. Immerhin beweist die Tatsache, daß unsere Art als einzige bis heute überlebt hat, unsere bemerkenswerte Anpassungsfähigkeit – und sicherlich gehörte auch eine Portion Glück dazu –, doch ist das noch lange kein Beweis für unsere herausragende Stellung auf der Evolutionsleiter. Der relativ kleine, auf Bäumen lebende *Homo habilis* mit seinem winzigen Gehirn kam dem *Homo sapiens* kaum gleich, jedoch lebte er gut eine Million Jahre auf der Erde – also zehnmal länger, als der moderne Mensch bisher existiert. Um das Gleiche zu erreichen, müßte unsere Zivilisation nicht nur das 21. Jahrhundert überleben, sondern darüber hinaus noch weitere 9 000 Jahrhunderte.

Die Entwicklung von Zukunftsperspektiven

Wenn wir uns also länger als unsere Vorfahren auf der Erde halten wollen, müssen wir im Prinzip die gleichen Grundsatzprobleme bewältigen, mit denen sich die Urmenschen in der Savanne konfrontiert sahen, nämlich den Umgang miteinander. Nicht die Bedrohung durch die Atombombe, die Aussicht auf drastische Klimaveränderungen oder die Ausbreitung tödlicher Krankheiten bedrohen unsere zukünftige Existenz, sondern gerade der Umstand, der in erster Linie dafür verantwortlich ist, daß die Gattung Mensch das 20. Jahrhundert erreicht hat – unser komplexes Seelenleben mit seiner außerordentlich bemerkenswerten Fähigkeit zur Kooperation. Bei unseren Vorfahren entstand ein „maßgeschneidertes“ Gehirn, das ihnen half, miteinander klarzukommen und solche Aufgaben, die sich nur sehr schwer – wenn überhaupt – alleine bewältigen lassen, gemeinsam zu meistern.

Die menschliche Psyche, die im Grunde genommen noch dem Steinzeitalter verhaftet ist, ist heute unser größtes Sorgenkind. Entwicklungsgeschichtlich betrachtet, leben wir unter bisher einmaligen Umständen: Fast während der gesamten Menschheitsgeschichte, die sich über Millionen von Jahren erstreckt, lief das soziale Leben unserer Vorfahren in Kleingruppen ab, die – wenn sie auch oft durch ein weiträumiges Netz aus Handelsbeziehungen miteinander verbunden waren – im Alltag mehr oder weniger von anderen Gruppen isoliert lebten. Rein mental ist der moderne Menschen also auf eine soziale Lebensform „getrimmt“, die sich kaum von der Lebensweise eines Crom-Magnon-Menschen unterscheidet, der vor etwa 30 000 Jahren in Europa lebte. Die Anzahl der Menschen, die wir wirklich gut kennen – meist sind das nicht mehr als 100 Personen – hat sich in Wirklichkeit seit den Lebzeiten unserer Vorfahren nicht mehr geändert, obwohl wir heute in einer Massengesellschaften mit Abermillionen von Menschen leben. Unser Seelenleben ist einfach nicht darauf eingerichtet, komplexe kooperative Beziehungen mit einer größeren Menge an Menschen als der oben angegebenen aufzubauen und aufrechtzuerhalten, weil jede Form der Kooperation sehr gefährlich, extrem lohnenswert und außerordentlich „nervenaufreibend“ ist.

Vergleicht man die Gehirngröße verschiedener anderer Primatenarten mit der Größe der sozialen Gruppen, in denen diese Tiere normalerweise leben, so stößt man auf eine einfache Korrelation: Je größer das Gehirn, desto größer ist auch die Gruppe. Wenn man nun diese Gehirn-Gruppengröße-Relation auf den Menschen überträgt, so ergeben sich als ideale Gruppenstärke etwa 150 Personen. Faszinierenderweise nähert sich diese Zahl nun gerade jener Größe, wie sie vor Jahrtausenden für viele Jäger-und-Sammlergesellschaften und die ersten Dorfgemeinschaften charakteristisch war. Diese Gruppenstärke taucht auch in der modernen Industriegesellschaft auf: Die kleinste

Kampfeinheit einer modernen Armee ist die Kompanie, die aus etwa 130 bis 150 Soldaten besteht, und im Geschäftsleben wird eine Firma, die mehr als 150 Angestellte beschäftigt, üblicherweise hierarchisch gegliedert. Auch an Universitäten findet man in den einzelnen Fachbereichen fast immer 100 bis 200 Studenten, die einen einzigen Semesterjahrgang bilden. Eine Gruppe religiöser Fundamentalisten, die Hutterer, begrenzen die Bewohner ihrer sogenannten „Bruderhöfe" auf 150 Personen. Als Grund geben sie eine Tatsache an, die im wesentlichen mit der Entwicklung der menschlichen Psyche zu tun hat: Wenn ihre Gruppen größer sind, so die Hutterer, können einzelne Brüder und Schwestern nicht mehr nur durch sozialen Druck kontrolliert werden.

Die Probleme, mit denen unser urzeitliches Seelenleben im neuen sozialen Umfeld der Großstädte und Nationen konfrontiert wird, lassen den Verdacht aufkommen, daß der Mensch keineswegs gegen weiteren Selektionsdruck immun ist und noch längst nicht sein Endstadium erreicht hat, wie es manche Leute gerne glauben wollen. Die moderne Technologie hat den Selektionsdruck auf unseren Körper drastisch reduziert, unser neues soziales Umfeld begünstigt jedoch weiterhin einen Verstand, der aufgrund seiner psychischen Konstitution gut mit anderen Menschen klarkommt. Unter einem ähnlichem Druck entwickelten sich bei unseren Vorfahren komplizierte „Gedankenapparate" – so daß kein Grund zur Annahme besteht, dieser Selektionsdruck sei nicht mehr vorhanden. Allerdings dauerte es Millionen von Jahren, bis die menschliche Psyche mit all diesen Fähigkeiten entstanden war; unsere Art lebt jedoch erst ein paar tausend Jahre in einer radikal veränderten sozialen Umgebung – demnach ist bisher viel zu wenig Zeit verstrichen, als daß irgendein neuer „mentaler Apparat" hätte entstehen können.

Der menschlichen Rasse ist es wirklich prima gelungen, als Einzelpersonen in Kleingruppen zusammenzuarbeiten; dabei waren Sprache, Kultur und andere Errungenschaften des menschlichen Geistes

Hilfsmittel, die dieses schwierige Unterfangen gelingen ließen. Radikal anders verhält es sich mit der sozialen Umgebung eines komplexen Sozialgebildes wie der heutigen Gesellschaft: Hier haben wir es mit einer Vielzahl von Menschen zu tun, von denen viele unterschiedliche Ziele verfolgen oder nur kurzfristig mit uns leben; hinzu kommt, daß man in diesem technologisch sehr komplizierten Umfeld oft nur schwer feststellen kann, wer welche Funktionen besitzt oder wer welchen sozialen Rang einnimmt. Unsere Lebensmittel kaufen wir nicht mehr beim Händler an der Ecke, den wir täglich sehen, sondern in einer anonymen Filiale einer uns ebenfalls unbekannten Supermarktkette. Für unseren persönlichen Schutz garantieren nicht mehr Familie oder Freunde, die notfalls eine Vendetta anzetteln, um uns zu rächen, sondern ein anonymer Polizeiapparat, wo wir niemanden persönlich kennen. Um uns herum leben Menschen anderer Konfessionen, mit völlig unterschiedlichen Moralvorstellungen und Ansichten über Leben und Tod. Trotzdem gelingt es uns, unsere Gemeinschaften zu verflechten, indem wir Vertrauen, Toleranz und den Glauben an eine gemeinsame Zukunft aufbieten; unsere Kooperativität wird dabei allerdings aufs äußerste strapaziert.

Gruppe gegen Gruppe

Traurig, aber wahr: Ausgerechnet aufgrund derselben Eigenschaft, die uns zur Bindung befähigt, können wir auch eine Gruppe innerhalb einer Gruppe bilden. Der Mensch verwendet seine bemerkenswerte Kooperativität, um mächtige Bündnisse, Kartelle, Interessensverbände und Banden aufzubauen oder um Ränke zu schmieden. Neben solchen Gruppen stehen der Einzelne wie auch weniger geschlossen auftretende Gruppen oftmals im Abseits. Im Prinzip entsteht erst dadurch, daß es eine verschworene Gemeinschaft gibt, der erforderliche Druck, sich anzuschließen oder eine eigene Gruppe zu bilden. Auf diese Weise passiert es, daß die im Laufe der Jahrtausende entstandenen kooperativen Fähigkeiten des Menschen, die seinen Vorfahren zu überleben halfen, heute in Fremdenhaß, ungezügelten Nationalismus, Klassenkampf und Rassismus ausarten.

Die entsetzlichsten Greueltaten unserer modernen Gesellschaft sind demnach auf dem Nährboden unseres kooperativen Verhaltens erwachsen. Wenn immer mehr unbekannte Gesichter in einer Gesellschaft auftauchen und die magische „150-Personen-Schallmauer" – jene Anzahl an Leuten, mit denen ein einzelner Mensch im Alltag gerade noch kooperativ kommunizieren kann – durchbrochen wird, verfallen die Mitglieder dieser Gesellschaft in ein einfaches „Schubladendenken" und urteilen nach Äußerlichkeiten (beispielsweise ökonomischem Status, Klassenzugehörigkeit oder Rasse), um Feind und Freund auseinanderzuhalten. Leider kann es innerhalb einer Gesellschaft immer wieder zu anhaltenden Reibereien und Dauerfeindlichkeiten zwischen Gruppen kommen, selbst wenn solche Situationen langfristig zu einem gravierenden Problem für die ganze Gesellschaft auswuchern. In einer weiteren Variante seiner Computersimulation hat Robert Axelrod ein Modell aufgestellt, wie ein derartiger Gruppenantagonismus immer dann entstehen kann, wenn Menschen mit Hilfe von „Schubladendenken" entscheiden, welche Dauerstrategie sie gegenüber dem jeweiligen „Mitspieler" anwenden sollen.

Axelrod geht beispielsweise von einer Gesellschaft aus, in der jeder entweder einen blauen oder einen grünen Hut trägt. Weiter wird angenommen, daß jeder eine identische Strategie verfolgt, wenn er mit jemand anderem in Kontakt tritt. Die Strategie lautet folgendermaßen: *Immer wenn du einen Menschen mit derselben Hutfarbe wie deiner eigenen begegnest, dann spiele „Tit-for-tat" – also vergelte Gleiches mit Gleichem –, wenn er einen andersfarbigen Hut trägt, dann spiele generell falsch.* Treffen also zwei Menschen mit grünen Hüten aufeinander, so kooperieren beide und profitieren beidseitig, und das Gleiche gilt für zwei blaue Hutträger. Wenn aber ein grüner Hutträger auf einen blauen trifft, behandelt jeder den anderen als potentiellen Falschspieler, und beide „beschummeln" einander.

Zu Axelrods Bestürzung ergab sein Computermodell, daß eine Population aus zwei Gruppen mit blauen und grünen Hüten, die nach obiger Strategie vorging, „evolutionsstabil" ist: Wenn erst einmal die gesamte Population nach dieser Taktik vorgeht, kann niemand mit einer anderen Strategie besser fahren. Wenn beispielsweise ein blauer Hut aus dem System ausschert und versucht, mit einem grünen Hut zu kooperieren, wird man ihn im Gegenzug bestrafen. Die besondere Tragik liegt darin, daß sich „Blauhüte" und „Grünkappen" gegenseitig schädigen müssen und es ihnen insgesamt gesehen schlechter ergeht, als wenn jeder ignorierte, welche Hutfarbe der andere besitzt, und einfach nur mit ihm „Tit-for-tat" spielte.

Wenn man die Beziehungen zwischen verschiedenen Volksgruppen und anderen Interessengemeinschaften innerhalb einer modernen Gesellschaft betrachtet, muß man mit noch größerem Schrecken entdekken, daß die Personen aus Minderheitengruppen insgesamt schlechter abschneiden als Mitglieder der großen Mehrheit. Der Grund ist wohl einfach der, daß Mitglieder einer größeren Gruppe bei einem zufälligen Gruppenkontakt öfter untereinander agieren, denn es sind ja einfach mehr Leute da – und deshalb werden sie auch öfter von einer gegenseitigen Kooperation profitieren. Umgekehrt werden die Personen einer kleineren Gruppe häufiger auf Mitglieder der Mehrheit stoßen und dabei bestraft beziehungsweise betrogen werden. Darüber hinaus wirkt sich ein Betrug durch die Gegenseite auf die Mehrheit insgesamt schwächer aus als umgekehrt auf die Minderheit, weil sich der daraus erwachsende Nachteil auf eine größere Anzahl Personen verteilt. Die Ergebnisse haben Bedeutung für die Beziehungen zwischen einzelnen Rassen – wenn Angehörige verschiedener Rassen unter der Prämisse zusammenkommen, daß die andere Seite sie betrügen will, so wird dieser Verdacht zwangsläufig zur Prophezeiung, die sich selbst erfüllt.

Rassismus an sich ist jedoch nicht Teil unseres entwicklungsgeschichtlich geprägten Seelenlebens. Vielmehr stolpert unser urzeitlicher Verstand über ein grundlegendes Prinzip, das da lautet „wir" gegen „sie, die anderen". So wie unser Appetit auf fette Kost daraus entstanden ist, daß wir in der Vergangenheit kaum Fett bekommen haben, so ist auch unsere „Fremdenfeindlichkeit" – daß wir andere als nicht zu „uns" gehörig ansehen – in den Gesellschaftsformen unserer Vorfahren verwurzelt. Die Frühmenschen verbrachten die meiste Zeit ihres Lebens in der Gemeinschaft weniger Personen, die alle von gleichem Aussehen waren, das gleiche Verhalten zeigten und nur selten in Berührung mit Fremden oder Mitgliedern benachbarter Gruppen kamen. Wenn nur wenig Aussicht besteht, einem Menschen in Zukunft erneut zu begegnen, dann ist es auch höchst unwahrscheinlich, daß eine Bereitschaft zur Kooperation entsteht. Demnach betrachten wir mental jeden, der nicht zu unserem engen Kreis gehört, als „anders" oder „fremdartig".

Eine andere Hautfarbe ist wohl die einfachste Schablone, die zur Unterscheidung von Menschen dient, und sie läßt rasch eine Reihe von Vorurteilen aufkommen, wie sich ein „Andersfarbiger" verhalten wird (was dann leider zu den bekannten Folgen führt). Doch ist sie nicht das einzige offensichtliche Merkmal, das „uns" von „anderen" unterscheidet. Akzent, Sprache, Volksgruppenzugehörigkeit, Wuchs, Haarfarbe und Kleidung dienen auf der ganzen Welt als Mittel, um Gruppen voneinander zu unterscheiden. Konflikte zwischen den einzelnen Schattierungen finden überall in der Gesellschaft statt – Reiche gegen Arme, Liberale gegen Konservative, Katholiken gegen Protestanten, Ossis gegen Wessis, Schalker gegen Bayern, Jazz-Fans gegen Anhänger des Musikantenstadels und so weiter. Einige Gruppierungen, die bei der Konfrontation mit anderen Gruppen wie „Pech und Schwefel" zusammenhalten, spalten sich oft sogar in kleinere Untergruppen, beispielsweise in „Geldadel" und „Neureiche", in Leninisten und Maoisten, in Afroamerikaner mit hellerer Haut und solche mit dunklerer Haut. Manchmal „beharken“ sich beispielsweise sogar Anhänger von Bob-Dylan-Songs, die mit der akustischen Gitarre gespielt werden, und Fans von Dylan-Liedern in der E-Gitarren-Version.

Noch beunruhigender als dieser Hang zu Frömmlertum und Rassismus ist die Tatsache, daß er letztlich aus einer noch dunkleren Ecke unserer Psyche stammt, nämlich unserem Drang, daß wir allen Gruppen mit Ausnahme der eigenen die Daseinsberechtigung aberkennen. Unsere Bereitschaft, die anderen als „Fremde“ zu brandmarken und sie im Vergleich zur eigenen Gruppe als minderwertig anzusehen, stellt ein gewaltiges Problem für die menschliche Rasse dar.

Letztlich gehört auch unsere Neigung, Gruppierungen, Cliquen, Vereine, Geheimbünde und „Insider-Gruppen“ zu bilden, um den eigenen Nutzen zu mehren und andere davon auszuschließen, mit zu den Überlebensstrategien unserer Vorfahren. Kürzlich haben psychologische Experimente ergeben, daß dieser Trieb, sich mit den Gruppeninteressen zu identifizieren, sogar wildfremde Menschen für einen Nachmittag zusammenschweißen kann. In einer Reihe von Experimenten erhielt jeder der insgesamt neun Freiwilligen, die einander nicht kannten, 5 DM und wurde anschließend um folgende Entscheidung gebeten: „Wenn fünf oder mehr Personen ihr Geld abgäben, damit es auf die ganze Gruppe verteilt werde, würde jedes Gruppenmitglied einen zusätzlichen Bonus von 10 DM erhalten. Diejenigen, die ihr Geld nicht mit der Gruppe teilen wollten, würden den Bonus trotzdem bekommen, obwohl sie nichts abgegeben haben. Andererseits würde es keinen Bonus geben, wenn weniger als fünf Mitspieler ihr Geld abträten; diese würden ihre 5 DM dann ebenfalls verlieren.“ Wenn man den Probanden einer Testgruppe Gelegenheit gab, sich miteinander kurz zu beraten, bekamen sie immer den Bonus, wobei normalerweise sieben oder acht Personen ihr Geld abgaben. Die Gruppen, denen man keine Beratungszeit zugestand, schnitten schlechter ab; sie bekamen den Bonus nur in 60 Prozent der Fälle. Diese Ergebnisse lassen für die kooperative Natur des Menschen zwar hoffen, doch schon das Folgeexperiment offenbarte den ersten Wermutstropfen: Wenn man den Probanden in einer Gruppe sagte, ihre Beiträge und Bonusgelder kämen nicht ihnen, sondern den Mitgliedern einer anderen Gruppe zugute, sank die Bereitschaft, sein Scherflein zum „Wohl der Allgemeinheit" beizusteuern, rapide auf Null ab. Offenbar ist es wohl weniger das altruistische Handlungsbedürfnis gegen Außenstehende als vielmehr der Wunsch, den Gesamtnutzen für die eigene Gruppe zu mehren, der ein kooperatives Gruppenverhalten hervorbringt.

Eine globales Gerangel

Im Gegensatz zum Leben unserer Vorfahren läßt die Möglichkeit der Konkurrenz zwischen verschiedenen Gruppen den kooperativen Zusammenhalt großer Gesellschaften in einem neuen Licht erscheinen. In kooperativen Beziehungen muß der Einzelne in der Lage sein, seinen Partner zu erkennen, Geben und Nehmen innerhalb der Beziehung zu registrieren, Kosten und Nutzen abzuwägen, Betrüger zu entlarven und vor allem zukünftige Interaktionen abzuschätzen. Das erscheint uns alles recht leicht und unproblematisch, aber immerhin hatte der menschliche Geist mit Millionen von Jahren ausreichend Zeit, sich dieser Aufgabe entsprechend zu entwickeln. Der *Homo sapiens* hat überlebt – als ein brillanter Beweis, daß das Dilemma der alltäglichen Kooperation überwunden werden kann, und zwar zum gegenseitigen Nutzen.

Allerdings bleibt abzuwarten, ob Gruppen, die aus Einzelpersonen bestehen, in der Lage sind, die Kooperationsdilemmata zu lösen, welche jetzt in einem globalen Maßstab auftreten. Die Welt ist ein großes Spielfeld voller kooperativer Koalitionen, die aus Menschen mit unterschiedlichen Zielsetzungen und Absichten bestehen. Das Dilemma, kooperativ zu handeln, müssen ethnische Gruppen, religiöse Vereinigungen, internationale Geschäftskonzerne, einzelne Nationen und multinationale Bündnisse gleichermaßen in einer Art globalem Match bewältigen, dessen Spielregeln in der Zwischenzeit dauernd umgeschrieben werden.

Obwohl der menschliche Geist entwicklungsgeschichtlich ein Vermächtnis unserer Vorfahren ist, bedeutet das nicht automatisch, daß Rassismus, Fremdenhaß und ethnische Konflikte unausweichlich sind. Neue evolutionspsychologische Untersuchungen legen den Gedanken nahe, daß wir auch mentale Fähigkeiten entwickeln können, um mit diesen zukünftigen Problemen fertig zu werden. Eine Grundvoraussetzung für den Erfolg unserer Rasse war, daß wir mit anderen Menschen enge Bündnisse eingehen, kooperative Beziehungen sogar mit sehr egozentrischen Menschen pflegen und insbesondere erkennen können, daß die Zukunft nach wie vor von Kompromißbereitschaft und gegenseitigem Entgegenkommen abhängt. Wie wir bereits wissen, bedeutet „kooperativ" nicht einfach bloß „nett" zu sein. Besonders wichtig ist dabei die menschliche Fähigkeit, quasi mit jedermann kooperative Bindungen einzugehen – sogar mit alten Feinden. Wie wir auch aus der Geschichte wissen, können selbst die erbittertsten Feinde einer Gruppe in kurzer Zeit zu engsten Verbündeten werden.

Dem Beispiel unserer Vorfahren folgend, können heute die verschiedenen Gruppen auf der Welt gegenseitiges Vertrauen entwickeln, daraus gegenseitigen Nutzen ziehen und Regelverstöße ahnden. Ob den einzelnen modernen Gruppen letztlich eine Kooperation gelingt, hängt wie schon damals von ihrer Fähigkeit ab, neue kulturelle Formen zu entwickeln, miteinander zu kommunizieren und kurzfristigen Verlockungen zugunsten eines langfristigen Nutzens zu widerstehen. Die Nationen der Erde brauchen keine Bedrohung „von außen" (wie beispielsweise die oft beschworene Invasion aus dem Weltall), um kooperative Verbindungen aufzubauen. Letztendlich wird sich unsere Welt, die momentan noch vom Grundsatz „wir oder sie" charakterisiert ist, garantiert nicht in dem Moment ändern, in dem plötzlich aggressive grüne Männchen auf der Erde landen oder eine zentrale Weltregierung per Dekret Rassismus und Vorurteile verbietet; eine Wende wird nur dann eintreten, wenn die verschiedenen Gruppen – kleine wie große – erkennen, daß es für alle nur eine gemeinsame Zukunft gibt.

Die Herausforderung, daß verschiedene Gruppen miteinander auskommen müssen, ist für uns tatsächlich neu. Unsere moderne Gesellschaft existiert in dieser Größenordnung erst seit etwa 5 000 Jahren – was auf die gesamte Menschheitsgeschichte gerechnet nur eine kleine Spanne ausmacht. In der überwiegenden Zeit galt für den Menschen, daß eine Gruppe wächst, sich spaltet und einzelne Mitglieder oder Grüppchen fortziehen, um möglichen Konflikten aus dem Wege zu gehen. Nun besitzt die Erde keine Stellen mehr, auf die der Mensch seinen Fuß noch nicht gesetzt hätte – und auch die Rohstoffe dieses Planeten werden knapper. Allein in dieser Evolutionsphase des Menschen, wo wir jeden Fleck der Erde mit Beschlag belegen, muß es geschehen, daß die verschiedenen Gruppen anfangen zu erkennen, daß die Zukunft aller Menschen von ihrer Kooperationsbereitschaft abhängt. In welchem Umfang uns unser „mentales und psychisches Rüstzeug" dabei unterstützen kann, hängt wiederum davon ab, inwieweit wir unsere Vergangenheit wie auch die Möglichkeiten verstehen, die sich für die Zukunft der menschlichen Gesellschaft auftun.

Die Menschheitsgeschichte ist ein dynamischer, steten Veränderungen unterworfener Prozeß. Neue Untersuchungen unserer sozialen Intelligenz zeigen, daß die menschlichen Vorfahren nie in einer stabilen und perfekten Harmonie mit der Natur oder gar miteinander lebten, und es gibt auch keine Patentregel der natürlichen Lebensweise. Stattdessen mußte der Mensch seinen Platz in der Natur ständig neu behaupten, mußte sich und das eigene Verhalten dauernd neu definieren, um in einer sich ständig verändernden Welt überleben zu können. Heute stehen wir immer noch vor neuen Herausforderungen, beispielsweise der erhöhten Gefahr durch die moderne Kriegsführung, möglichen Klimaveränderungen und einer rapide wachsenden Bevölkerung. In gewisser Hinsicht sind diese Herausforderungen jedoch nicht schrecklicher als jene, die unsere Vorfahren vor Jahrmillionen in der Savanne bewältigen mußten. Sie überlebten, weil sie die Zukunft meisterten. Unsere Aufgabe steht der ihren in keiner Hinsicht nach.

Anmerkungen

Einführung

[1] Humphrey, N. K. *The Social Function of Intellect*. In: Byrne, R.; Whiten, A. (Hrsg.) *Machiavellian Intelligence: Social Expertise and the Evolution of Intellect in Monkeys, Apes, and Humans*. Oxford/New York (Oxford University Press) 1988.

[2] Einen wissenschaftlich sehr exakten Überblick über die Evolution des Menschen gibt Klein, R. *The Human Career: Human Biological and Cultural Origins*. Chicago (University of Chicago Press) 1989.

[3] Pinker, S.; Bloom, P. *Natural Language and Natural Selection*. In: *Behavioral and Brain Sciences* 13 (1990).

[4] Tooby, J.; DeVore, I. *The Reconstruction of Hominid Behavioral Evolution Through Strategic Modelling*. In: Kinzey, W. (Hrsg.) *The Evolution of Human Behavior: Primate Models*. Albany, NY (State University of New York) 1987.

[5] Cartmill, M. *Four Legs Good, Two Legs Bad*. In: *Natural History* 11 (1990).

1. Der Sturm auf die Festung

[6] Stephen J. Gould, zitiert in Degler, C. N. *In Search of Human Nature: The Decline and Revival of Darwinism in American Social Thought*. Oxford/New York (Oxford University Press) 1991.

[7] Pines, D. *Emerging Syntheses in Science*. Reading, MA (Addison-Wesley) 1988.

[8] *From Evolution to Behavior: Evolutionary Psychology as the Missing Link*. Aus: Dupre, J. (Hrsg.) *The Latest on the Best: Essays on Evolution and Optimality*. Cambridge, MA (MIT Press) 1987.

[9] Richards, R. *Darwin and the Emergence of Evolutionary Theories of Mind and Behavior*. Chicago (University of Chicago Press) 1987.

[10] Konner, M. *The Tangled Wing: Biological Constraints on the Human Spirit*. New York (Henry Holt) 1982.

[11] Tooby, J.; DeVore, I. *The Reconstruction of Hominid Behavioral Evolution Through Strategic Modelling*. In: Kinzey, W. (Hrsg.) *The Evolution of Human Behavior: Primate Models*. Albany, NY (State University of New York) 1987.

[12] Brown, D. E. *Human Universals*. New York/Maidenhead (McGraw-Hill) 1991.

[13] Noam Chomsky, zitiert in Symons, D. *The Evolution of Human Sexuality*. Oxford/New York (Oxford University Press) 1979.

[14] Cosmides, L.; Tooby, J: *Evolutionary Psychology and the Generation of Culture, Part II: A Computational Theory of Social Exchange*. In: *Ethology and Sociobiology* 10 (1989).

[15] Pinker, S.; Bloom, P. *Natural Language and Natural Selection*. In: *Behavioral and Brain Sciences* 13 (1990).

[16] Symons, D. *If We're All Darwinians, What's the Fuss About?* In: Crawford, C. et al. (Hrsg.) *Sociobiology and Psychology:*

Ideas, Issues, and Applications. Hove, East Sussex (Lawrence Erlbaum) 1987.

[17] Dupre, J. (Hrsg.) *The Latest on the Best: Essays on Evolution and Optimality*. Cambridge, MA (MIT Press) 1987.

[18] Symons, D. *If We're All Darwinians, What's the Fuss About?* In: Crawford, C. et al. (Hrsg.) *Sociobiology and Psychology: Ideas, Issues, and Applications*. Hove, East Sussex (Lawrence Erlbaum) 1987.

[19] Symons, D. *The Evolution of Human Sexuality*. Oxford/New York (Oxford University Press) 1979.

[20] Silverman, I.; Eals, M. *Sex Differences in Spatial Abilities: Evolutionary Theory and Data*. In: Barkow, J.; Cosmides, L.; Tooby, J. (Hrsg.) *The Adapted Mind*. Oxford/New York (Oxford University Press) 1992.

[21] Diese Untersuchung führte Thomas Bever von der Universität Rochester durch.

2. Ein soziales Gehirn

[22] Cheney, D. L.; Seyfarth, R. M. *How Monkeys See the World: Inside the Mind of Another Species*. Chicago (University of Chicago Press) 1990. [deutsch: *Wie Affen die Welt sehen. Das Denken einer anderen Art*. München (Hanser) 1995.]

[23] Milton, K. *Foraging Behaviour and the Evolution of Primate Intelligence*. In: Byrne, R.; Whiten, A. (Hrsg.) *Machiavellian Intelligence: Social Expertise and the Evolution of Intellect in Monkeys, Apes, and Humans*. Oxford/New York (Oxford University Press) 1988.

[24] Richard Passingham, Hirnforscher an der Universität von Oxford, zitiert im *New Scientist* vom 4. November 1982, S. 288.

[25] Kenneth Oakley, zitiert in Wynn, T. *Tools and the Evolution of Human Intelligence*. In: Byrne, R.; Whiten, A. (Hrsg.) *Machiavellian Intelligence: Social Expertise and the Evolution of Intellect in Monkeys, Apes, and Humans*. Oxford/New York (Oxford University Press) 1988.

[26] Harcourt, A. *Alliances in Contests and Social Intelligence*. In: Byrne, R.; Whiten, A. (Hrsg.) *Machiavellian Intelligence: Social Expertise and the Evolution of Intellect in Monkeys, Apes, and Humans*. Oxford/New York (Oxford University Press) 1988.

[27] Premack, D. *The Infant's Theory of Self-Propelled Objects*. In: *Cognition* 36 (1990).

[28] Cheney, D. L.; Seyfarth, R. M. *How Monkeys See the World: Inside the Mind of Another Species*. Chicago (University of Chicago Press) 1990. [deutsch: *Wie Affen die Welt sehen. Das Denken einer anderen Art*. München (Hanser) 1995.]

[29] Cheney, D. L.; Seyfarth, R. M. *How Monkeys See the World: Inside the Mind of Another Species*. Chicago (University of Chicago Press) 1990. [deutsch: *Wie Affen die Welt sehen. Das Denken einer anderen Art*. München (Hanser) 1995.]

[30] Premack, D. *Does the Chimpanzee Have a Theory of Mind?* In: *Behavioral and Brain Sciences* 1 (1978) S. 512–526.

[31] Whiten, A. *The Theory of Mind Impairment in Autism: Evidence for a Modular Mechanism of Development*. In: *Natural Theories of Mind: Evolution, Development, and Simulation of Everyday Mindreading*. Oxford (Blackwell) 1991.

[32] Alexander, R. *Evolution of the Human Psyche*. In: Mellars, P.; Stringer, C. (Hrsg.) *The Human Revolution: Behavioral and Biological Perspectives in the Origins of Modern Humans*. Edinburgh (Edinburgh University Press) 1989.

3. Die Netten werden die Ersten sein

[33] Axelrod, R. *The Evolution of Cooperation*. New York (Basic Books) 1984. [deutsch: *Die Evolution der Kooperation*. München (Oldenbourg) 1991.]

[34] Eine Anekdote aus *Getting to Yes* (Houghton Mifflin 1992) von R. Fisher und W. Ury vom Harvard Negotiation Project.

[35] de Waal, F. *Peacemaking Among Primates*. Cambridge, MA (Harvard University Press) 1989. [deutsch: *Wilde Diplomaten*. München (Hanser) 1992.]

[36] Ron Luciano, zitiert in Axelrod, R. *The Evolution of Cooperation*. New York (Basic Books) 1984. [deutsch: *Die Evolution der Kooperation*. München (Oldenbourg) 1991.]

4. Wozu ist es gut, sich schlecht zu fühlen?

[37] Goodall, J. *Through a Window: My Thirty Years with the Chimpanzees of Gombe*. Boston (Houghton Mifflin) 1990. [deutsch: *Ein Herz für Schimpansen. Meine 30 Jahre am Gombe-Strom*. Reinbek (Rowohlt) 1991.]

[38] Ekman, P. *Telling Lies: Clues to Deceit in the Marketplace, Politics, and Marriage*. London/New York (W. W. Norton) 1985. [deutsch: *Weshalb Lügen kurze Beine haben*. Berlin (de Gruyter) 1989.]

[39] Frank, R. *Passions Within Reason: The Strategic Role of Emotions*. London/New York (W. W. Norton) 1988.

[40] Siehe *Ancestors May Provide Clinical Answers, Say 'Darwinian' Medical Evolutionists*. In: *Journal of the American Medical Association* 269/12 (1993).

[41] Moore, T.; Haig, D. *Genomic Imprinting in Mammalian Development: A Parental Tug-of-War*. In: *Trends in Genetics* 7/45 (1991).

[42] Profet, M. *Pregnancy Sickness as Adaptation: A Deterrent to Maternal Ingestion of Teratogens*. In: Barkow, J.; Cosmides, L.; Tooby, J. (Hrsg.) *The Adapted Mind*. Oxford/New York (Oxford University Press) 1992.

[43] Williams, G. C.; Nesse, R. M. *The Dawn of Darwinian Medicine*. In: *Quarterly Review of Biology* 1 (3/1991).

5. Die Evolution der Liebe

[44] Buss, D. M. *Sex Differences in Human Mate Preferences: Evolutionary Hypotheses Tested in Thirty-Seven Cultures*. In: *Behavioral and Brain Sciences* 12/1 (3/1989).

[45] Singh, D. *Body Shape and Female Attractiveness: The Critical Role of Waist-to-Hip-Ratio*. In: *Human Nature* 4/3 (1993).

[46] Kendrick, D. et al. *Integrating Evolutionary and Social Exchange Perspectives on Relationships: Effects of Gender, Self-Appraisal, and Involvement Level on Mate Selection Criteria*. In: *Journal of Personality and Social Psychology* 64/6 (1993).

[47] Cashdan, E. *Attracting Mates: Effects of Paternal Investment on Mate Attraction Strategies*. In: *Ethology and Sociobiology* 14 (1993).

[48] Fisher, H. E. *The Anatomy of Love: The Natural History of Monogamy, Adultery, and Divorce*. London/New York (W. W. Norton) 1992.

[49] Klein, R. *The Human Career: Human Biological and Cultural Origins*. Chicago (University of Chicago Press) 1989.

[50] Baker, R. R.; Bellis, M. A. *Kamikaze Sperm in Mammals?* In: *Animal Behavior* 36/3 (1987).

[51] Smuts, B. *Male Aggression Against Women: An Evolutionary Perspective*. In: *Human Nature* 3/1 (1992).

[52] Baker, R. R.; Bellis, M. A. *Human Sperm Competition: Ejaculate Manipulation by Females and a Function for the Female Orgasm*. In: *Animal Behavior* 45 (1993).

[53] Fisher, H. E. *The Anatomy of Love: The Natural History of Monogamy, Adultery, and Divorce*. London/New York (W. W. Norton) 1992.

[54] Symons, D. *The Evolution of Human Sexuality*. Oxford/New York (Oxford University Press) 1979.

[55] Ellis, B. J.; Symons, D. *Sex Differences in Sexual Fantasy: An Evolutionary Psychological Approach*. In: *Journal of Sex Research* 27/4 (11/1990).

[56] Wilson, M.; Daly, M. *The Man Who Mistook His Wife for a Chattel*. In: Barkow, J.; Cosmides, L.; Tooby, J. (Hrsg.) *The Adapted Mind*. Oxford/New York (Oxford University Press) 1992.

6. Das Biest im Menschen

[57] Goodall, J. *Through a Window: My Thirty Years with the Chimpanzees of Gombe*. Boston (Houghton Mifflin) 1990. [deutsch: *Ein Herz für Schimpansen. Meine 30 Jahre am Gombe-Strom*. Reinbek (Rowohlt) 1991.]

[58] Charles Darwin, zitiert in: Klama, J. *Aggression: The Myth of the Beast Within*. New York (John Wiley) 1988.

[59] Smuts, B. *Male Aggression Against Women: An Evolutionary Perspective*. In: *Human Nature* 3/1 (1992).

[60] Daly, M.; Wilson, M. *Evolutionary Social Psychology and Family Homicide*. In: *Science* 242 vom 28. Oktober 1988.

[61] Daly, M.; Wilson, M. *Evolutionary Social Psychology and Family Homicide*. In: *Science* 242 vom 28. Oktober 1988.

7. Als die Gedanken sprechen lernten

[62] Pinker, S.; Bloom, P. *Natural Language and Natural Selection*. In: *Behavioral and Brain Sciences* 13 (1990).

[63] Konner, M. *The Tangled Wing: Biological Constraints on the Human Spirit*. New York (Henry Holt) 1982.

[64] Petito, L. A.; Marentette, P. F. *Babbling in the Manual Mode: Evidence for the Ontogeny of Language*. In: *Science* vom 22. März 1991.

[65] Beispiel aus: Bickerton, D. *Language and Species*. Chicago (University of Chicago Press) 1990.

[66] Pullum, G. K. *The Great Eskimo Hoax and Other Irreverent Essays on the Study of Language*. Chicago (University of Chicago Press) 1991.

[67] Cheney, D. L.; Seyfarth, R. M. *How Monkeys See the World: Inside the Mind of Another Species*. Chicago (University of Chicago Press) 1990. [deutsch: *Wie Affen die Welt sehen. Das Denken einer anderen Art*. München (Hanser) 1995.]

[68] Dennet, D. *The Intentional Stance in Theory and Practice*. In: Byrne, R.; Whiten, A. (Hrsg.) *Machiavellian Intelligence: Social Expertise and the Evolution of Intellect in Monkeys, Apes, and Humans*. Oxford/New York (Oxford University Press) 1988.

8. Der kreative Quantensprung

[69] Mellars, P.; Stringer, C. (Hrsg.) *The Human Revolution: Behavioral and Biological Perspectives in the Origins of Modern Humans*. Edinburgh (Edinburgh University Press) 1989.

[70] White, R. *Production Complexity and Standardization in Early Aurignacian Bead and Pendant Manufacture: Evolutionary Im-*

plications. In: Mellars, P.; Stringer, C. (Hrsg.) *The Human Revolution: Behavioral and Biological Perspectives in the Origins of Modern Humans*. Edinburgh (Edinburgh University Press) 1989.

[71] Brown, D. E. *Human Universals*. New York/Maidenhead (McGraw-Hill) 1991.

[72] White, R. *Thoughts on Social Relationships and Language in Hominid Evolution*. In: *Journal of Social and Personal Relationships* 2 (1985).

[73] Stringer, C.; Gamble, C. *In Search of the Neanderthals*. London/New York (Thames and Hudson) 1993.

[74] Klein, R. *The Human Career: Human Biological and Cultural Origins*. Chicago (University of Chicago Press) 1989.

[75] Potts, R. *Early Hominid Activities at Olduvai*. New York (Aldine de Gruyter) 1988.

[76] Pfeiffer, J. E. *The Creative Explosion: An Inquiry into the Origins of Art and Religion*. New York (Harper and Row) 1982.

9. Ein neuzeitliches Experiment

[77] Axelrod, R. *An Evolutionary Approach to Norms*. In: *American Political Science Review* 80/4 (12/1986).

[78] Tainter, J. *The Collapse of Complex Societies*. Cambridge/New York (Cambridge University Press) 1988.

[79] Rindos, D. *The Origins of Agriculture: An Evolutionary Perspective*. London (Academic Press) 1984.

[80] Cohen, M. N. *Health and the Rise of Civilization*. London (Yale University Press) 1989.

[81] Bar-Josef, O.; Belfer-Cohen, A. *From Foraging to Farming in the Mediterranean Levant*. In: Gebauer, A.; Price, T. (Hrsg.)

Transitions to Agriculture in Prehistory. Madison (University of Wisconsin Press) 1992.
[82] Cohen, M. N. *Health and the Rise of Civilization*. London (Yale University Press) 1989.

Epilog: Wir oder sie

[83] Landau, M. *Human Evolution as a Narrative*. In: *American Scientist* 72 (5–6/1984).
[84] Foley, R. A. (Hrsg.) *The Origins of Human Behaviour*. Cambridge, MA (Unwin Hyman) 1991.

Literatur

* Die so gekennzeichneten Bücher und Artikel sind für die deutschsprachige Ausgabe zusätzlich aufgenommen worden.

Alexander, R. D. *The Biology of Moral Systems.* New York (Aldine de Gruyter) 1987.

Axelrod, R. *An Evolutionary Approach to Norms.* In: *American Political Science Review* 80/4 (12/1986).

Axelrod, R. *Die Evolution der Kooperation.* München (Oldenbourg) 1991.

Baker, R. R.; Bellis, M. A. *Human Sperm Competition: Ejaculate Manipulation by Females and a Function for the Female Orgasm.* In: *Animal Behavior* 45 (1993).

Baker, R. R.; Bellis, M. A. *Human Sperm Competition: Ejaculate Adjustment by Males and the Function of Masturbation.* In: *Animal Behavior* 45 (1993)

Baker, R. R.; Bellis, M. A. *Do Females Promote Sperm Competition? Data for Humans.* In: *Animal Behavior* 40/5 (1990).

Baker, R. R.; Bellis, M. A. *Number of Sperm in Human Ejaculates Varies in Accordance with Sperm Competition Theory.* In: *Animal Behavior* 37/5 (1988).

Baker, R. R.; Bellis, M. A. *Kamikaze Sperm in Mammals?* In: *Animal Behavior* 36/3 (1987).

Barash, D. *Soziobiologie und Verhalten*. Hamburg (Paul Parey) 1980.*

Bar-Yosef, O.; Belfer-Cohen, A. *From Foraging to Farming in the Mediterranean Levant*. In: Gebauer, A.; Price, T. *Transitions to Agriculture in Prehistory*. Madison (University of Wisconsin Press) 1992.

Barkow, J.; Cosmides, L.; Tooby, J. (Hrsg.) *The Adapted Mind*. Oxford/NewYork (Oxford University Press) 1992.

Belsky, J.; Steinberg, L.; Draper, P. *Childhood Experience, Interpersonal Development, and Reproductive Strategy: An Evolutionary Theory of Socialization*. In: *Child Development* 62 (1991).

Bickerton, D. *Language and Species*. Chicago (University of Chicago Press) 1990.

Brown, D. E. *Human Universals*. New York/Maidenhead (McGraw-Hill) 1991.

Buss, D. *Die Evolution des Begehrens. Geheimnisse der Partnerwahl*. Hamburg (Kobel) 1994.*

Buss, D. M. *Sex Differences in Human Mate Preferences: Evolutionary Hypotheses Tested in Thirty-seven Cultures*. In: *Behavioral and Brain Sciences* 12/1 (3/1989).

Buss, D. M.; Schmitt, D. P. *Sexual Strategies Theory: An Evolutionary Perspective on Human Mating*. In: *Psychological Review* 100/2 (1993).

Byrne, R.; Whiten, A. (Hrsg.) *Machiavellian Intelligence: Social Expertise and the Evolution of Intellect in Monkeys, Apes, and Humans*. Oxford/New York (Oxford University Press) 1988.

Cartmill, M. *Four Legs Good, Two Legs Bad*. In: *Natural History* 11 (1990).

Cashdan, E. *Attracting Mates: Effects of Paternal Investment on Mate Attraction Strategies*. In: *Ethology and Sociobiology* 14 (1993).

Chagnon, N. A. *Die Yanomamö. Leben und Sterben der Indianer am Orinoco.* Berlin (Byblos) 1993.

Cheney, D. L.; Seyfarth, R. M. *Wie Affen die Welt sehen. Das Denken einer anderen Art.* München (Hanser) 1995.

Cohen, M. N. *Health and the Rise of Civilization.* London (Yale University Press) 1989.

Cosmides, L. *The Logic of Social Exchange: Has Natural Selection Shaped How Humans Reason?* In: *Cognition* 31 (1989).

Cosmides, L.; Tooby, J: *Evolutionary Psychology and the Generation of Culture. Part II: A Computational Theory of Social Exchange.* In: *Ethology and Sociobiology* 10 (1989).

Cronin, H. *The Ant and the Peacock.* Cambridge/New York (Cambridge University Press) 1991.

Daly, M.; Wilson, M. *Killing the Competition: Female/Female and Male/Male Homicide.* In: *Human Nature* 1/1 (1990).

Daly, M.; Wilson, M. *Evolutionary Social Psychology and Family Homicide.* In: *Science* 242 (28. 10. 1988).

Daly, M.; Wilson, M. *Homicide.* New York (Aldine de Gruyter) 1988.

Daly, M.; Wilson, M. *Sex, Evolution, and Behavior.* Belmont, CA (Wadsworth) 1983.

Dawkins, R. *Das egoistische Gen.* Heidelberg (Spektrum Akademischer Verlag) 1994.*

Dawkins, R. *Der blinde Uhrmacher – Ein neues Plädoyer für den Darwinismus.* München (dtv) 1990.*

Degler, C. N. *In Search of Human Nature: The Decline and Revival of Darwinism in American Social Thought.* Oxford/New York (Oxford University Press) 1991.

Deutsch, D. *The Psychology of Music.* London (Academic Press) 1982.

Dupre, J. (Hrsg.) *The Latest on the Best: Essays on Evolution and Optimality.* Cambridge, MA (MIT Press) 1987.

Ekman, P. *Weshalb Lügen kurze Beine haben. Über Täuschungen und deren Aufdeckung im privaten und öffentlichen Leben.* Berlin (de Gruyter) 1989.

Ellis, B. J.; Symons, D. *Sex Differences in Sexual Fantasy: An Evolutionary Psychological Approach.* In: *Journal of Sex Research* 27/4 (11/1990).

Falk, D. *Braindance oder warum Schimpansen nicht steppen können – Die Entwicklung des menschlichen Gehirns.* Basel (Birkhäuser) 1994.

Fisher, H. E. *The Anatomy of Love: The Natural History of Monogamy, Adultery, and Divorce.* London/New York (W. W. Norton) 1992.

Foley, R. A. (Hrsg.) *The Origins of Human Behavior.* Cambridge, MA (Unwin Hyman) 1991.

Frank, R. *Passions Within Reason: The Strategic Role of Emotions.* London/New York (W. W. Norton) 1988.

Gribbin, J.; Gribbin M. *Ein Prozent Vorteil – Wie wenig uns vom Affen trennt.* Basel (Birkhäuser) 1993.*

Gribbin, J.; Gribbin, M. *Kinder der Eiszeit – Beeinflußt das Klima die Evolution des Menschen?* Basel (Birkhäuser) 1992.*

Gazzaniga, M. S. *Nature's Mind: The Biological Roots of Thinking, Emotions, Sexuality, Language, and Intelligence.* New York (Basic Books) 1992.

Goodall, J. *Ein Herz für Schimpansen: Meine 30 Jahre am Gombe-Strom.* Reinbek (Rowohlt) 1991.

Grammer, K. *Signale der Liebe. Die biologischen Gesetze der Partnerschaft.* Hamburg (Hoffmann und Campe) 1993.*

Haaf, G.; Schrader, C. *Vom ersten Schrei zum ganzen Satz.* In: *GEO Wissen*, 9/1993, 40–47.*

Harcourt, A.; de Waal, F. *Coalition and Alliances in Humans and Other Animals.* Oxford/New York (Oxford University Press) 1992.

Hass, J. *The Evolution of the Prehistoric State.* New York (Columbia University Press) 1982.

Heltne, P. G.; Marquardt, L. A. *Understanding Chimpanzees*. Cambridge, MA/London (Harvard University Press) 1989.

Herrmann, J.; Ullrich, H. (Hrsg.) *Menschwerdung. Millionen Jahre Menschheitsentwicklung – Natur- und geisteswissenschaftliche Ergebnisse*. Berlin (Akademie-Verlag) 1991.*

Hinde, R. A.; Goebel, J. *Cooperation and Prosocial Behavior*. Cambridge/New York (Cambridge University Press) 1991.

Horgan, J. *Die neuen Sozialdarwinisten*. In: *Spektrum der Wissenschaft* 12 (1995) 80–88.*

Humphrey, N. *Consciousness Regained: Chapters in the Development of Mind*. Oxford/New York (Oxford University Press) 1984.

Johanson, D; Maitland, E. *Lucy – Die Anfänge der Menschheit*. München (Piper) 1992.*

Kendrick, D. et al. *Integrating Evolutionary and Social Exchange Perspectives on Relationships: Effects of Gender, Self-Appraisal, and Involvement Level on Mate Selection Criteria*. In: *Journal of Personality and Social Psychology* 64/6 (1993).

Kitcher, P. *Vaulting Ambition: Sociobiology and the Quest for Human Nature*. Cambridge, MA (MIT-Press) 1987.

Klama, J. *Aggression: The Myth of the Beast Within*. New York (John Wiley) 1988.

Klein, R. *The Human Career: Human, Biological, and Cultural Origins*. Chicago (University of Chicago Press) 1989.

Kolb, B.; Whishaw I. Q. *Neuropsychologie*. Heidelberg (Spektrum Akademischer Verlag) 1993.*

Konner, M. *The Tangled Wing: Biological Constraints on the Human Spirit*. New York (Henry Holt) 1982.

Lambert, H. L. *Klima und Kulturgeschichte – Der Einfluß des Wetters auf den Gang der Geschichte*. Reinbek (Wunderlich Verlag) 1989.*

Landau, M. *Human Evolution as a Narrative*. In: *American Scientist* 72 (5–6/1984).

Landau, T. *Von Angesicht zu Angesicht. Was Gesichter verraten und was sie verbergen.* Heidelberg (Spektrum Akademischer Verlag) 1993.*

Lieberman, D. E. *Seasonality and Gazelle Hunting at Hayonim Cave: New Evidence for Sedentism During the Natufian.* In: *Paleorient* 17/1 (1991).

Logue, A. W. *Die Psychologie des Essens und Trinkens.* Heidelberg (Spektrum Akademischer Verlag) 1995.*

Loy, J. D.; Peters, C. B. *Understanding Behavior: What Primate Studies Tell Us About Human Behavior.* Oxford/New York (Oxford University Press) 1991.

Lewin, R. *Spuren der Menschwerdung. Die Evolution des Homo sapiens.* Heidelberg (Spektrum Akademischer Verlag) 1992.*

Lumsden, C. J.; Wilson, E. O. *Das Feuer des Prometheus – Wie das menschliche Denken entstand.* München (Piper) 1984.*

Manson, J. H.; Wrangham, R. W. *Intergroup Aggression in Chimpanzees and Humans.* In: *Current Anthropology* 32/4 (1991).

Maynard Smith, J. *Biologie, Probleme – Themen – Fragen.* Basel (Birkhäuser) 1992.*

Maynard Smith, J. *Evolution and the Theory of Games.* Cambridge/New York (Cambridge University Press) 1982.

Mellars, P.; Stringer, C. (Hrsg.) *The Human Revolution: Behavioral and Biological Perspectives in the Origins of Modern Humans.* Edinburgh (Edinburgh University Press) 1989.

Moore, T.; Haig, D. *Genomic Imprinting in Mammalian Development: A Parental Tug-of-War.* In: *Trends in Genetics* 7/45 (1991).

Mueller, U. (Hrsg.) *Evolution und Spieltheorie.* München (Oldenbourg) 1990.*

Nesse, R. M. *Evolutionary Explanation of the Emotions.* In: *Human Nature* 1/3 (1990).

Nowak, M. A.; May, R. M.; Sigmund, K. *Das Einmaleins des Miteinanders.* In: *Spektrum der Wissenschaft* 8 (1995) 46–53.*

Parker, S. T.; Gibson, K. R. *„Language" and Intelligence in Monkeys and Apes*. Cambridge/New York (Cambridge University Press) 1990.

Pines, D. *Emerging Syntheses in Science*. Reading, MA (Addison-Wesley) 1988.

Petito, L. A. *On the Autonomy of Language and Gesture: Evidence from the Acquisition of Personal Pronouns in American Sign Language*. In: *Cognition* 27/1 (10/1987).

Petito, L. A.; Marentette, P. F. *Babbling in the Manual Mode: Evidence for the Ontogeny of Language*. In: *Science* (22. 3. 1991).

Pfeiffer, J. E. *The Creative Explosion: An Inquiry into the Origins of Art and Religion*. New York (Harper and Row) 1982.

Pinker, S.; Bloom, P. *Natural Language and Natural Selection*. In: *Behavioral and Brain Sciences* 13 (1990).

Potts, R. *Early Hominid Activities at Olduvai*. New York (Aldine de Gruyter) 1988.

Potts, R.; Shipman, P. *Cutmarks Made by Stone Tools on Bones from Olduvai Gorge, Tanzania*. In: *Nature* 291 (1981).

Premack, D. *The Infant's Theory of Self-Propelled Objects*. In: *Cognition* 36 (1990).

Premack, D. *Does the Chimpanzee Have a Theory of Mind?* In: *Behavioral and Brain Sciences* 1 (1978) S. 512–526.

Pullum, G. K. *The Great Eskimo Hoax and Other Irreverent Essays on the Study of Language*. Chicago (University of Chicago Press) 1991.

Richards, R. *Darwin and the Emergence of Evolutionary Theories of Mind and Behavior*. Chicago (University of Chicago Press) 1987.

Ridley, M. *Eros und Evolution. Die Naturgeschichte der Sexualität*. München (Droemer Knaur) 1995.*

Rindos, D. *The Origins of Agriculture: An Evolutionary Perspective*. London (Academic Press) 1984.

Robinson, M. H.; Tiger, L. *Man and Beast Revisited*. Washington, D.C. (Smithsonian Institution Press) 1991.

Savage-Rumbaugh, S.; Lewin, R. *Kanzi – der sprechende Schimpanse. Was den tierischen vom menschlichen Verstand unterscheidet.* München (Droemer Knaur) 1995.*

Sigmund, K. *Spielpläne. Zufall, Chaos und die Strategie der Evolution.* Hamburg (Hoffmann und Campe) 1995.*

Singh, D. *Body Shape and Female Attractiveness: The Critical Role of Waist-to-Hip-Ratio*. In: *Human Nature* 4/3 (1993).

Smith, E. A.; Winterhalder, B. *Evolutionary Ecology and Human Behavior*. New York (Aldine de Gruyter) 1992.

Smuts, B. *Male Aggression Against Women: An Evolutionary Perspective*. In: *Human Nature* 3/1 (1992).

Smuts, B.; Smuts, R. W. *Male Aggression and Sexual Coercion of Females in Nonhuman Primates and Other Mammals: Evidence and Theoretical Implications*. In: Slater, P. J. (Hrsg.) *Advances in the Study of Behavior*. Bd. 22. London (Academic Press) 1992.

Symons, D. *Adaptiveness and Adaptation*. In: *Ethology and Sociobiology* 11/4–5 (1990).

Symons, D. *If We're All Darwinians, What's the Fuss About?* In: Crawford, C. et al. (Hrsg.) *Sociobiology and Psychology: Ideas, Issues, and Applications*. Hove, East Sussex (Lawrence Erlbaum) 1987.

Symons, D. *The Evolution of Human Sexuality*. Oxford/New York (Oxford University Press) 1979.

Stringer, C.; Gamble, C. *In Search of the Neanderthals*. London/New York (Thames and Hudson) 1993.

Tainter, J. *The Collapse of Complex Societies*. Cambridge/New York (Cambridge University Press) 1988.

Thornhill, R.; Gangestad, S. W. *Human Facial Beauty: Averageness, Symmetry, and Parasite Resistance*. In: *Human Nature* 4/3 (1993).

Tiger, L. *The Pursuit of Pleasure*. Boston, MA/London (Little Brown) 1992.

Tooby, J.; Cosmides, L. *Evolutionary Psychology and the Generation of Culture, Part I: Theoretical Considerations*. In: *Ethology and Sociobiology* 10 (1989).

Tooby, J.; Cosmides, L. *On the Universality of Human Nature and the Uniqueness of the Individual: The Role of Genetics and Adaptation*. In: *Journal of Personality* 58 (1990).

Tooby, J.; Cosmides, L. *The Past Explains the Present: Emotional Adaptations and the Structure of Ancestral Environments*. In: *Ethology and Sociobiology* 11/4–5 (1990).

Tooby, J.; DeVore, I. *The Reconstruction of Hominid Behavioral Evolution Through Strategic Modelling*. In: Kinzey, W. (Hrsg.) *The Evolution of Human Behavior: Primate Models*. Albany, NY (State University of New York) 1987.

Trinkaus, E.; Tompkins, R. L. *The Neanderthal Life Cycles: The Possibility, Probability, and Perceptibility of Contrasts with Recent Humans*. In: Rousseau, C. J. de (Hrsg.) *Primate Life History and Evolution*. New York (Wiley-Liss) 1990.

Trinkaus, E.; Shipman, P. *Die Neandertaler – Spiegel der Menschheit*. München (Bertelsmann) 1993.*

de Waal, F. *Die Bonobos und ihre weiblich bestimmte Gemeinschaft*. In: *Spektrum der Wissenschaft* 5 (1995) 76–83.*

de Waal, F. *Wilde Diplomaten*. München (Hanser) 1992.

White, R. *Thoughts on Social Relationship and Language in Hominid Evolution*. In: *Journal of Social and Personal Relationships* 2 (1985).

White, R. *Production Complexity and Standardization in Early Aurignacian Bead and Pendant Manufacture*. In: Mellars, P.; Stringer, C. (Hrsg.) *The Human Revolution: Behavioural and Biological Perspectives in the Origins of Modern Humans*. Edinburgh (Edinburgh University Press) 1989.

White, R. *Visual Thinking in the Ice Age*. In: *Scientific American* 7 (1989).

Whiten, A. *Natural Theories of Mind: Evolution, Development, and Simulation of Everyday Mindreading*. Oxford (Blackwell) 1991.

Williams, G. C.; Nesse, R. M. *The Dawn of Darwinian Medicine*. In: *Quarterly Review of Biology* 1 (3/1991).

Wilson, M.; Daly, M. *The Man Who Mistook His Wife for a Chattel*. In: Barkow, J.; Cosmides, L.; Tooby, J. (Hrsg.) *The Adapted Mind*. Oxford/New York (Oxford University Press) 1992.

Wilson, E. O. *Biologie als Schicksal – Die soziobiologischen Grundlagen des menschlichen Verhaltens*. Frankfurt/Main (Ullstein) 1980.*

Index

A

B

C

D

E

F

G

H

I

J

K

L

M

N

O

P

R

S